2021年版全国一级建造师执业资格考试五年真题三套模拟

建设工程项目管理

五年真题三套模拟

全国一级建造师执业资格考试五年真题三套模拟编写委员会　编写

中国建筑工业出版社

图书在版编目（CIP）数据

建设工程项目管理五年真题三套模拟/全国一级建造师执业资格考试五年真题三套模拟编写委员会编写．—北京：中国建筑工业出版社，2021.5

2021年版全国一级建造师执业资格考试五年真题三套模拟

ISBN 978-7-112-26045-4

Ⅰ.①建… Ⅱ.①全… Ⅲ.①基本建设项目-项目管理-资格考试-习题集 Ⅳ.① F284-44

中国版本图书馆CIP数据核字（2021）第064299号

本书汇集了近 5 年一级建造师考试真题，充分反映了近年的命题趋势，同时还精心编写了 3 套高质量的模拟试题，以帮助考生自我测试、考前热身。书中对每道题目都进行了全面、深入、细致的解析，力争帮助考生深刻领会命题思路，做到举一反三、触类旁通，快速提高考试成绩。

本书由建造师考试领域的权威专家执笔编写，是参加 2021 年度全国一级建造师执业资格考试考生的必备复习资料。

责任编辑：田立平
责任校对：李美娜

2021 年版全国一级建造师执业资格考试五年真题三套模拟
建设工程项目管理五年真题三套模拟
全国一级建造师执业资格考试五年真题三套模拟编写委员会　编写

*

中国建筑工业出版社出版、发行（北京海淀三里河路9号）
各地新华书店、建筑书店经销
北京建筑工业印刷厂制版
北京市密东印刷有限公司印刷

*

开本：787毫米×1092毫米　1/16　印张：20¾　字数：505千字
2021年5月第一版　2021年5月第一次印刷
定价：**52.00**元
ISBN 978-7-112-26045-4
（37240）

出版说明

全国一级建造师执业资格考试制度实施以来，考生报名人数逐年增多，但考试通过率却一直不高。为了满足广大考生应试复习的需要，便于考生准确理解《一级建造师执业资格考试大纲》的要求，正确把握考试的范围和难度，更好地适应考试，中国建筑工业出版社组织权威专家编写了这套《全国一级建造师执业资格考试五年真题三套模拟》丛书。本套丛书共6册，涵盖一级建造师执业资格考试的主要科目，分别为：

- 《建设工程经济五年真题三套模拟》
- 《建设工程项目管理五年真题三套模拟》
- 《建设工程法规及相关知识五年真题三套模拟》
- 《建筑工程管理与实务五年真题三套模拟》
- 《机电工程管理与实务五年真题三套模拟》
- 《市政公用工程管理与实务五年真题三套模拟》

本套丛书与我社出版的全国一级建造师《考试大纲》《考试用书》及《考试辅导》互为补充，又环环相扣，各具特色，能分别满足考生在不同阶段的复习需要。本套丛书具有以下特点：

汇集近年权威真题。本套丛书选取了2016—2020年连续5年考试真题，充分反映了近年的命题趋势。考虑到《考试大纲》的版本更新，以及早年考试真题的命题思路和难度水平与目前已有较大差异，丛书摒弃了对目前考生指导意义有限的早年真题，以使考生的复习更具针对性。

精心打磨高效模拟。本套丛书由我们组织建造师考试领域的权威专家执笔编写，丛书在汇集了近五年真题之后，专家们还精心编写了三套高质量的模拟试题，以帮助考生在复习的最后阶段自我测试、考前热身。

答案准确、解析翔实。书中答案依据相关权威标准，最大程度保证答案的正确性。同时，书中对每道题目都进行了全面、深入、细致的解析，力争帮助考生深刻领会命题思路，做到举一反三、触类旁通，快速提高考试成绩。

考试真题命题严谨，思路稳定；模拟试题精心编写，热身必备，对广大考生复习备考具有重要的引领作用。利用好本丛书，将有效地帮助考生迅速熟悉考试题型和难度，发现命题思路和规律，从而提高复习的针对性，顺利通过考试。本套丛书在编写过程中，虽经多次校核和修改，仍难免有不妥甚至疏漏之处，恳请广大读者批评指正，以便我们修订再版时完善。

中国建筑工业出版社
2021年5月

目　录

第一部分

真题汇编及解析

2020年度一级建造师执业资格考试
《建设工程项目管理》真题

一、单项选择题（共70题，每题1分。每题的备选项中，只有1个最符合题意）

1. 建设工程管理工作的核心任务是（　　）。

A. 质量管理　　B. 安全管理

C. 目标控制　　D. 增值服务

2. 根据《建设项目工程总承包管理规范》，项目总承包方项目管理工作涉及（　　）。

A. 项目决策管理、设计管理、施工管理和试运行管理

B. 项目设计管理、施工管理、试运行管理和项目收尾

C. 项目决策管理、设计管理、施工管理、试运行管理和项目收尾

D. 项目设计管理、采购管理、施工管理、试运行管理和项目收尾

3. 关于项目管理职能分工表的说法，正确的是（　　）。

A. 业主方和项目各参与方应编制统一的项目管理职能分工表

B. 管理职能分工表不适用于企业管理

C. 可以用管理职能分工描述书代替管理职能分工表

D. 管理职能分工表可以表示项目各参与方的管理职能分工

4. 下列工程项目决策阶段策划工作内容中，属于组织策划的是（　　）。

A. 设计项目管理组织结构　　B. 制定项目管理工作流程

C. 确定项目实施期组织总体方案　　D. 进行项目管理职能分工

5. 下列工程项目策划工作中，属于实施阶段策划的是（　　）。

A. 项目实施期管理总体方案策划　　B. 项目实施的风险策划

C. 实施期合同结构总体方案策划　　D. 生产运营期经营管理总体方案策划

6. 与施工总承包模式相比，施工总承包管理模式在合同价格方面的特点是（　　）。

A. 合同总价一次性确定，对业主投资控制有利

B. 施工总承包管理合同中确定总承包管理费和建安工程造价

C. 所有分包工程都需要再次进行发包，不利于业主节约投资

D. 分包合同价对业主是透明的

7. 根据《建设工程项目管理规范》，项目管理实施规划应由（　　）组织编制。

A. 项目技术负责人　　B. 项目经理

C. 企业技术负责人　　D. 企业负责人

8. 根据《建筑施工组织设计规范》，关于施工组织设计审批的说法，正确的是（　　）。

A. 专项施工方案应由项目技术负责人审批

B. 施工方案应由项目总监理工程师审批

C. 施工组织总设计应由建设单位技术负责人审批

D. 单位工程施工组织设计应由承包单位技术负责人审批

9. 施工过程中投资的计划值和实际值进行比较时，相对于工程合同价可作为投资计划值的是（　　）。

A. 投资估算　　B. 工程结算

C. 施工图预算　　D. 竣工决算

10. 项目各参与方沟通过程的五个要素是指沟通主体、沟通客体、沟通介体以及（　　）。

A. 沟通内容和沟通渠道　　B. 沟通环境和沟通方法

C. 沟通内容和沟通方法　　D. 沟通环境和沟通渠道

11. 取得建造师注册证书的人员是否担任工程项目施工的项目经理，取决于（　　）。

A. 建筑业企业　　B. 建设行政主管部门

C. 建设单位　　D. 建设监督部门

12. 根据《建设工程项目管理规范》，一级风险指（　　）。

A. 风险后果是灾难性的，并造成恶劣社会影响和政治影响

B. 风险后果严重，可能在较大范围内造成破坏或人员伤亡

C. 风险后果一般，对工程建设可能造成破坏的范围较小

D. 风险后果在一定条件下可以忽略，对工程本身以及人员等不会造成较大损失

13. 根据《中华人民共和国建筑法》，工程监理人员发现工程设计不符合建筑工程质量标准或者合同约定的质量要求的，应当（　　）。

A. 报告总监理工程师　　B. 通知施工单位

C. 报告审图机构和建设行政主管部门　　D. 报告建设单位要求设计单位改正

14. 项目管理机构进行成本核算，核算周期按（　　）确定。

A. 规定的会计周期　　B. 业主方的具体指示

C. 合同约定的核算周期　　D. 项目实际施工周期

15. 下列施工成本管理措施中，不需要增加额外费用的是（　　）。

A. 合同措施　　B. 组织措施

C. 技术措施　　D. 优化措施

16. 下列成本计划中，用于确定责任总成本目标的是（　　）。

A. 竞争性成本计划　　B. 指导性成本计划

C. 响应性成本计划　　D. 实施性成本计划

17. 在编制施工成本计划时通常需要进行“两算”对比，“两算”指的是（　　）。

A. 设计概算、施工图预算　　B. 施工图预算、施工预算

C. 设计概算、投资估算　　D. 设计概算、施工预算

18. 某工程第三个月末时的已完工作实际费用（*ACWP*）为 1200 万元、已完工作预算费用（*BCWP*）为 1000 万元、计划工作预算费用（*BCWS*）为 1500 万元，根据赢得值法判断分析应采取的措施是（　　）。

A. 迅速增加人员投入

B. 增加高效人员投入

C. 抽出部分人员，增加少量骨干人员

D. 用工作效率高的人员更换一批工作效率低的人员

19. 某混凝土工程施工情况如下图所示，清单综合单价为 1000 元 /m^3，按月结算。根据赢得值法，该工程 6 月末进度偏差（SV）是（　　）万元。

项目名称	计划施工（m^3 / 月）	实际施工（m^3 / 月）	工程进度（月）								
			1	2	3	4	5	6	7	8	9
A	2500	2300									
B	2600	2500									
C	3100	2900									
D	1000	1000									
E	1200	1250									

图例：
计划进度
实际进度

A. −215　　B. −200

C. −125　　D. −60

20. 根据《财政部关于印发〈企业产品成本核算制度〉（试行）的通知》，下列工程成本费用中，属于其他直接费用的是（　　）。

A. 工程定位复测费　　B. 有助于工程形成的其他材料费

C. 为管理工程施工所发生的费用　　D. 企业管理人员的差旅交通费

21. 关于施工项目成本表格核算法的说法，正确的是（　　）。

A. 方便操作、但覆盖面较小　　B. 人为控制因素少、精度高

C. 项目财务部门比较常用　　D. 对核算工作人员的专业水平要求较高

22. 施工项目的专项成本分析中，“成本支出率”指标用于分析（　　）。

A. 工期成本　　B. 资金成本

C. 成本盈亏　　D. 分部分项工程成本

23. 下列项目成本分析所依据资料中，可以计算项目当前实际成本，并可以确定变动速度和预测成本发展趋势的是（　　）。

A. 表格核算　　B. 会计核算

C. 业务核算　　D. 统计核算

24. 对建设工程项目整个实施阶段的进度进行控制是（　　）的任务。

A. 投资方　　B. DB 总承包方

C. 施工总承包管理方　　D. 项目使用方

25. 关于建设工程项目总进度目标论证工作顺序的说法，正确的是（　　）。

A. 先进行项目工作编码，后进行项目结构分析

B. 先进行计划系统结构分析，后进行项目工作编码

C. 先编制总进度计划，后编制各层进度计划

D. 先进行项目结构分析，后进行资料收集

26. 某项目施工横道图进度计划见下表，如果第二层支设模板需要在第一层浇筑混凝

土完成 1 天后才能开始，则有 1 天的层间技术间歇。正确的层间间歇是（　　）。

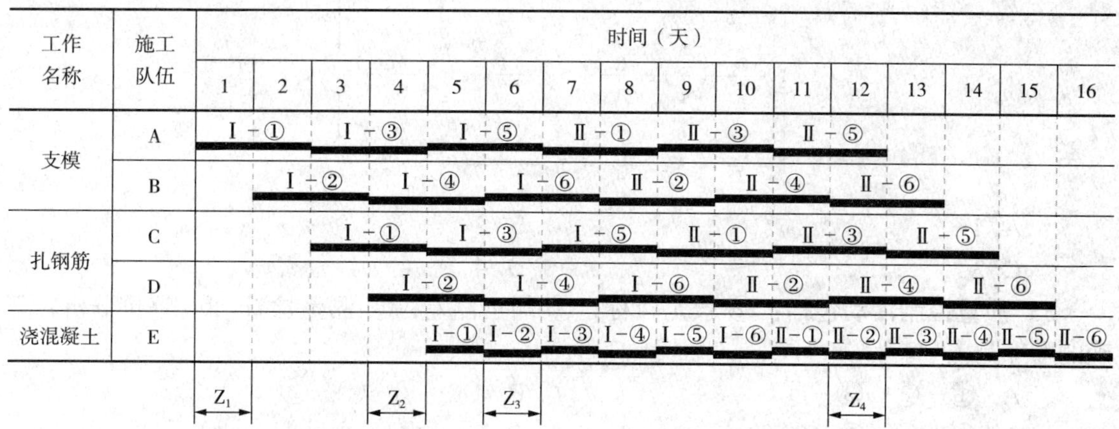

注：Ⅰ、Ⅱ——表示楼层；①②③④⑤⑥——表示施工段。

A. Z_1　　B. Z_2

C. Z_3　　D. Z_4

27. 关于横道图进度计划特点的说法，正确的是（　　）。

A. 可以识别计划的关键工作　　B. 不能表达工作逻辑关系

C. 调整计划的工作量较大　　D. 可以计算工作时差

28. 各工作间逻辑关系表及相应双代号网络图如下图所示，图中虚箭线的作用是（　　）。

工作	A	B	C	D
紧前工作	—	—	A	A、B

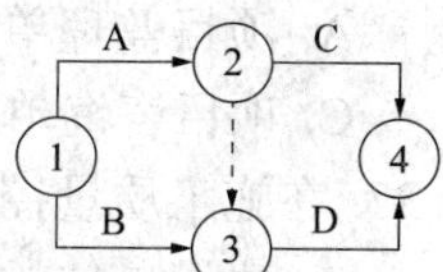

A. 联系　　B. 区分

C. 断路　　D. 指向

29. 关于双代号时标网络计划的说法，正确的是（　　）。

A. 时间坐标系方向可以垂直向上　　B. 可以用水平虚箭线表示虚工作

C. 节点中心必须对准相应时标位置　　D. 时间坐标必须是日历坐标体系

30. 双代号网络计划中，某工作最早第 3 天开始，工作持续时间 2 天，有且仅有 2 个紧后工作，紧后工作最早开始时间分别是第 5 天和第 6 天，对应总时差是 4 天和 2 天。该工作的总时差和自由时差分别是（　　）。

A. 0 天，0 天　　B. 4 天，1 天

C. 2 天，2 天　　D. 3 天，0 天

31. 单代号搭接网络计划中，某工作持续时间 3 天，有且仅有一个紧前工作，紧前工作最早第 2 天开始，工作持续时间 5 天，该工作与紧前工作间的时距是 $FTF=2$ 天。该工作的最早开始时间是第（　　）天。

A. 0　　B. 3

C. 5　　D. 6

32. 某双代号网络计划如下图所示，关键线路有（　　）条。

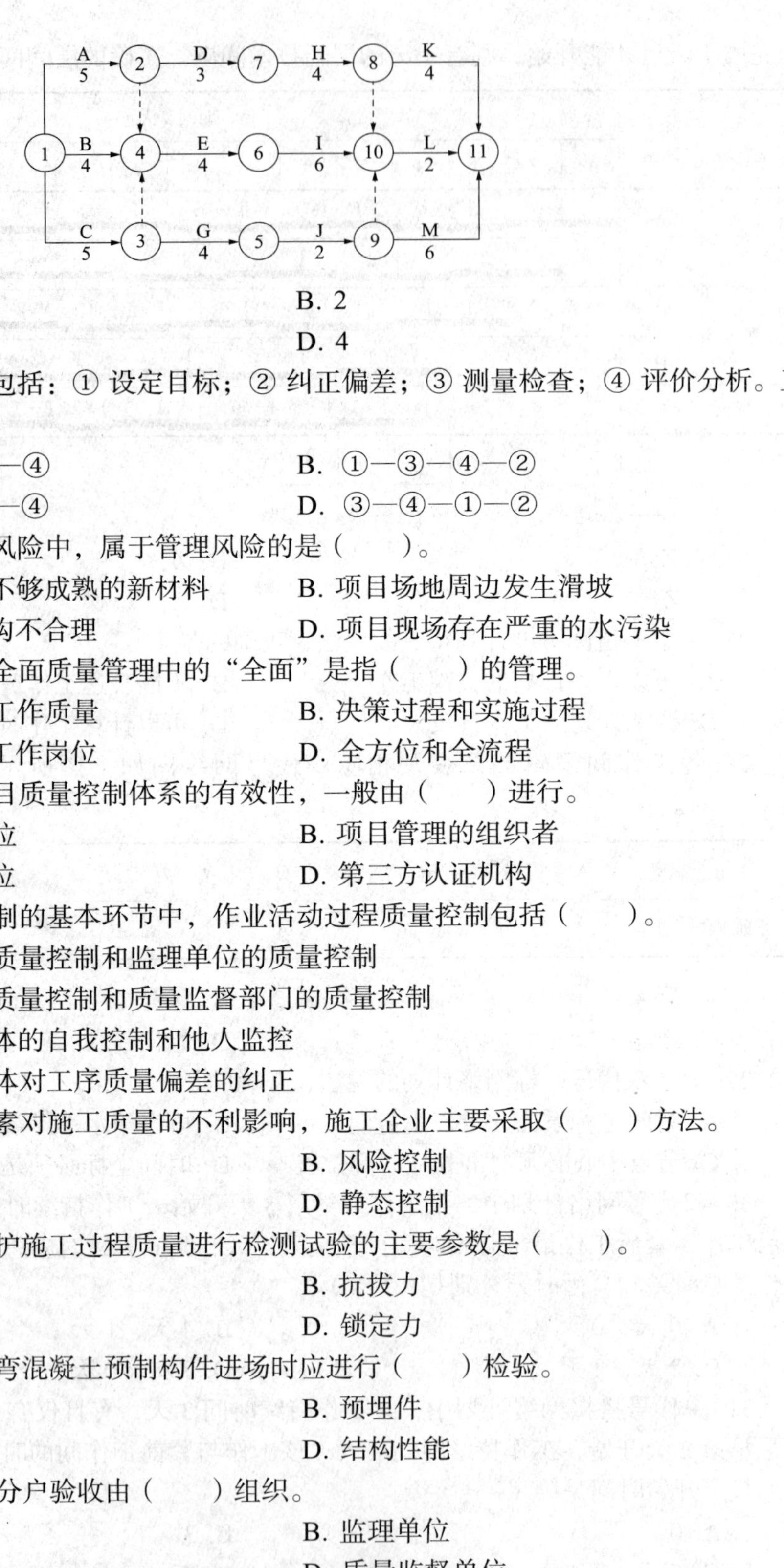

A. 1　　B. 2

C. 3　　D. 4

33. 质量控制活动包括：① 设定目标；② 纠正偏差；③ 测量检查；④ 评价分析。正确的顺序是（　　）。

A. ①—②—③—④　　B. ①—③—④—②

C. ③—①—②—④　　D. ③—④—①—②

34. 下列项目质量风险中，属于管理风险的是（　　）。

A. 项目采用了不够成熟的新材料　　B. 项目场地周边发生滑坡

C. 项目组织结构不合理　　D. 项目现场存在严重的水污染

35. 建设工程项目全面质量管理中的“全面”是指（　　）的管理。

A. 工程质量和工作质量　　B. 决策过程和实施过程

C. 管理岗位和工作岗位　　D. 全方位和全流程

36. 评价和诊断项目质量控制体系的有效性，一般由（　　）进行。

A. 项目监理单位　　B. 项目管理的组织者

C. 项目咨询单位　　D. 第三方认证机构

37. 在施工质量控制的基本环节中，作业活动过程质量控制包括（　　）。

A. 建设单位的质量控制和监理单位的质量控制

B. 监理单位的质量控制和质量监督部门的质量控制

C. 质量活动主体的自我控制和他人监控

D. 质量活动主体对工序质量偏差的纠正

38. 为减少环境因素对施工质量的不利影响，施工企业主要采取（　　）方法。

A. 动态控制　　B. 风险控制

C. 跟踪管理　　D. 静态控制

39. 对水泥土墙支护施工过程质量进行检测试验的主要参数是（　　）。

A. 完整性　　B. 抗拔力

C. 抗渗性　　D. 锁定力

40. 梁板类简支受弯混凝土预制构件进场时应进行（　　）检验。

A. 混凝土强度　　B. 预埋件

C. 灌浆强度　　D. 结构性能

41. 住宅工程质量分户验收由（　　）组织。

A. 建设单位　　B. 监理单位

C. 施工单位　　D. 质量监督单位

42. 关于施工单位质量事故预防措施的说法，错误的是（　　）。

A. 对施工图进行审查复核　　B. 控制建筑材料及制品的质量

C. 做好施工现场环境管理　　D. 选择正确的施工顺序

43. 根据施工质量事故调查处理的一般程序，事故处理的最后一步工作是（　　）。

A. 提出事故鉴定结论　　B. 提交事故处理结果

C. 提出事故处理方案　　D. 提交事故处理报告

44. 在采用因果分析图法进行质量问题原因分析时，“混凝土振捣器损坏”属于（　　）的因素。

A. 人　　B. 机械

C. 材料　　D. 环境

45. 建设工程质量监督机构对地基基础混凝土强度进行监督检测，属于政府质量监督中的（　　）。

A. 生产过程监督　　B. 工程实体质量监督

C. 工程质量行为监督　　D. 施工管理状况监督

46. 企业最高管理者按计划的时间间隔对职业健康安全管理体系进行评价，称为（　　）。

A. 初始状态评审　　B. 内部审核

C. 管理评审　　D. 合规性评价

47. 根据《建设工程安全生产管理条例》，达到一定规模的危险性较大的起重吊装工程应由（　　）进行现场监督。

A. 施工单位技术负责人　　B. 总监理工程师

C. 专职安全生产管理人员　　D. 专业监理工程师

48. 在安全生产管理预警体系中，技术变化的预警属于（　　）系统。

A. 外部环境预警　　B. 内部管理不良预警

C. 预警信息管理　　D. 事故预警

49. 施工单位应定期组织事故发生时疏散及抢救方法的训练和演习，这体现了安全隐患治理原则中的（　　）原则。

A. 单项隐患综合治理　　B. 冗余安全度治理

C. 直接与间接隐患并治　　D. 预防与减灾并重治理

50. 在应急预案体系的构成中，针对具体设施所制定的应急处置措施属于（　　）。

A. 综合应急预案　　B. 专项应急预案

C. 应急行动指南　　D. 现场处置方案

51. 某工程因脚手架坍塌造成960万元的直接经济损失，根据《生产安全事故报告和调查处理条例》，该事故属于（　　）。

A. 特别重大事故　　B. 重大事故

C. 较大事故　　D. 一般事故

52. 关于建设工程施工现场环境保护措施的说法，正确的是（　　）。

A. 主要道路应换土覆盖，定期洒水清扫

B. 搭设专用封闭通道清运建筑物内垃圾

C. 施工现场必须使用预拌混凝土

D. 施工现场可以焚烧材料包装物

53. 关于建设工程施工现场食堂卫生防疫要求的说法，正确的是（　　）。

A. 项目管理人员定期进入现场食堂的制作间进行卫生防疫检查

B. 制作间灶台及周边应贴瓷砖高度不小于 1.5m

C. 食堂外应设置开放式泔水桶

D. 炊事人员必须持岗位技能证上岗

54. 下列分部分项工程中，必须编制单项安全技术措施的是（　　）。

A. 室内隔墙砌筑　　B. 女儿墙钢筋绑扎

C. 基坑混凝土内支撑拆除　　D. 地下室外墙防水施工

55. 关于招标信息发布的说法，正确的是（　　）。

A. 投资 1000 万元的工程施工招标可以采用不公开的方式发布信息

B. 招标公告只能在中国招标投标公共服务平台发布

C. 自招标文件出售之日起至停止出售之日止，最短不得少于 5 天

D. 投标人必须自费购买相关招标或资格预审文件，未中标时予以退还

56. 根据《建设工程施工合同（示范文本）》GF—2017—0201，工程隐蔽部位经承包人自检确认具备覆盖条件的，承包人应在共同检查前（　　）小时书面形式通知监理人检查。

A. 12　　B. 24

C. 36　　D. 48

57. 根据《建设项目总承包合同示范文本（试行）》，关于建设工程项目发包人权利和义务的说法，错误的是（　　）。

A. 负责办理项目的审批、核准或备案手续，取得项目用地的使用权

B. 履行合同中约定的合同价格调整、付款、竣工结算义务

C. 发包人认为有必要的时候，有权以书面形式发出暂停通知

D. 发包人对因承包人原因给发包人带来的损失不能提出赔偿

58. 根据《建设工程施工专业分包合同（示范文本）》，关于专业工程分包人责任和义务的说法，正确的是（　　）。

A. 分包人必须服从发包人直接发出的指令

B. 分包人应允许发包人授权的人员在工作时间内合理进入分包工程施工场地

C. 遵守政府有关主管部门的管理规定但不用办理有关手续

D. 分包人可以直接与发包人或工程师发生直接工作联系

59. 某按单价合同进行计价的招标工程，在评标过程中发现某投标人的总价与单价的计算结果不一致，原因是投标人在计算时将钢材单价 4000 元 /t 误作为 2000 元 /t。对此，业主有权（　　）。

A. 以总价为准调整单价　　B. 以单价为准调整总价

C. 要求投标人重新提交钢材单价　　D. 将该投标文件作废标处理

60. 下列计算方法中，不属于工程咨询合同咨询费计算方法的是（　　）。

A. 人月费单价法　　B. 工程进度百分比

C. 工程建设费用百分比　　D. 按日计费法

61. 关于“一揽子保险”（CIP）的说法，正确的是（　　）。

A. 内容不包括一般责任险　　B. 不能实施有效的风险管理

C. 不便于索赔　　D. 保障范围覆盖业主、承包商及分包商

62. 根据《中华人民共和国担保法》，建设工程中采用的投标保函、履约保函属于（　　）担保。

A. 保证　　B. 抵押

C. 留置　　D. 定金

63. 关于承包人施工合同分析内容的说法，正确的是（　　）。

A. 应明确承包人的合同标的

B. 分析工程变更补偿范围，通常以合同金额的一定百分比表示，百分比值越大，承包人的风险越小

C. 合同实施中，承包人必须无条件执行工程师指令的变更

D. 分析索赔条款，索赔有效期越短，对承包人越有利

64. 建设行政主管部门市场诚信信息平台上良好行为记录信息的公布期限一般为（　　）个月。

A. 3　　B. 6

C. 12　　D. 36

65. 某基础工程合同价为 3000 万元，合同总工期为 30 个月，施工过程中因设计变更，导致增加额外工程 600 万元，业主同意工期顺延。根据比例分析法，承包商可索赔工期（　　）个月。

A. 3　　B. 4

C. 6　　D. 8

66. 下列事件中，承包人不能提出工期索赔的是（　　）。

A. 开工前业主未能及时交付施工图纸

B. 异常恶劣的气候条件

C. 业主未能及时支付工程款造成工期延误

D. 因工期拖延，工程师指示承包人加快施工进度

67. 国际工程施工承包合同争议解决的方式中，最常用、最有效，也是应该首选的是（　　）。

A. 协商　　B. 仲裁

C. 调解　　D. 诉讼

68. 下列建设项目信息中，属于经济类信息的是（　　）。

A. 合同管理信息　　B. 工作量控制信息

C. 质量控制信息　　D. 风险管理信息

69. 工程项目管理信息系统中，属于进度控制功能的是（　　）。

A. 合同执行情况的查询和分析　　B. 根据工程进展进行投资预测

C. 根据工程进展进行施工成本预测　　D. 编制资源需求量计划

70. 下列建设工程项目进度控制措施中，属于经济措施的是（　　）。

A. 增加进度控制的岗位和人员　　B. 比较分析工程物资的采购模式

C. 编制资源需求计划　　　　　　　　　D. 分析施工技术的先进性和经济合理性

二、多项选择题（共30题，每题2分。每题的备选项中，有2个或2个以上符合题意，至少有1个错项。错选，本题不得分；少选，所选的每个选项得0.5分）

71. 下列工作流程组织中，属于管理工作流程组织的有（　　）。

A. 基坑开挖施工流程　　　　　　　　　B. 设计变更工作流程

C. 投资控制工作流程　　　　　　　　　D. 房屋装修施工流程

E. 装配式构件深化设计流程

72. 根据《建设项目工程总承包管理规范》，工程总承包方在项目管理收尾阶段的工作有（　　）。

A. 办理决算手续　　　　　　　　　　　B. 办理项目资料归档

C. 清理各种债权债务　　　　　　　　　D. 进行项目总结

E. 考核评价项目部人员

73. 根据《建设工程安全生产管理条例》，施工单位应当组织专家进行专项施工方案论证的有（　　）。

A. 深基坑工程　　　　　　　　　　　　B. 地下暗挖工程

C. 脚手架工程　　　　　　　　　　　　D. 高大模板工程

E. 拆除爆破工程

74. 项目风险管理过程中，风险识别工作包括（　　）。

A. 确定风险因素　　　　　　　　　　　B. 分析风险因素发生的概率

C. 分析各风险的损失量　　　　　　　　D. 编制项目风险识别报告

E. 收集与项目风险有关的信息

75. 下列建设工程项目施工生产费用中，属于直接成本的有（　　）。

A. 支付给生产工人的奖金　　　　　　　B. 管理人员的办公费

C. 周转材料租赁费　　　　　　　　　　D. 施工机具使用费

E. 管理人员的差旅交通费

76. 施工项目竞争性成本计划是（　　）的估算成本计划。

A. 选派项目经理阶段　　　　　　　　　B. 投标阶段

C. 施工准备阶段　　　　　　　　　　　D. 签订合同阶段

E. 制定企业年度计划阶段

77. 下列施工机械使用费控制措施中，属于控制台班数量的有（　　）。

A. 加强机械设备配件管理　　　　　　　B. 加强施工机械设备内部调配

C. 加强设备租赁计划管理　　　　　　　D. 按油料消耗定额控制油料消耗

E. 提高机械设备利用率

78. 关于工程项目成本核算的说法，正确的有（　　）。

A. 成本核算应坚持形象进度、产值统计、成本分析同步的原则

B. 工程成本核算是企业会计核算的重要组成部分

C. 工程项目内各岗位成本责任核算一般采用业务核算法

D. 施工单位应在项目部设成本会计进行成本核算

E. 会计核算法人为控制因素较多，精度不高

79. 下列成本分析工作中，属于综合成本分析的有（　　）。

A. 年度成本分析　　B. 月度成本分析

C. 工期成本分析　　D. 资金成本分析

E. 分部分项工程成本分析

80. 下列建设工程项目计划中，存在关联关系的进度计划有（　　）。

A. 施工总进度计划和主体工程进度计划

B. 主体钢结构施工进度计划和设备安装进度计划

C. 设计进度计划和维修进度计划

D. 项目月度计划和周计划

E. 土建施工进度计划和主材供货进度计划

81. 关于建设工程项目总进度目标论证的说法，正确的有（　　）。

A. 总进度目标的论证是项目决策阶段的策划工作

B. 总进度目标的论证涉及工程实施条件分析

C. 分析论证总进度目标实现的可能性应在项目实施过程中进行

D. 总进度目标的论证应分析实施阶段各项工作之间的逻辑关系

E. 论证前宜收集类似项目的进度资料

82. 混凝土预制构件吊运时需考虑的质量控制措施包括（　　）。

A. 选择符合环保要求的吊装机械设备　　B. 按照构件尺寸、重量选择吊具

C. 计算确定构件的吊点数量、位置　　D. 控制吊索水平夹角不应小于 45°

E. 编制专项方案并组织专家评审

83. 某项目时标网络计划第 2、4 周末实际进度前锋线如下图所示，关于该项目进度情况的说法，正确的有（　　）。

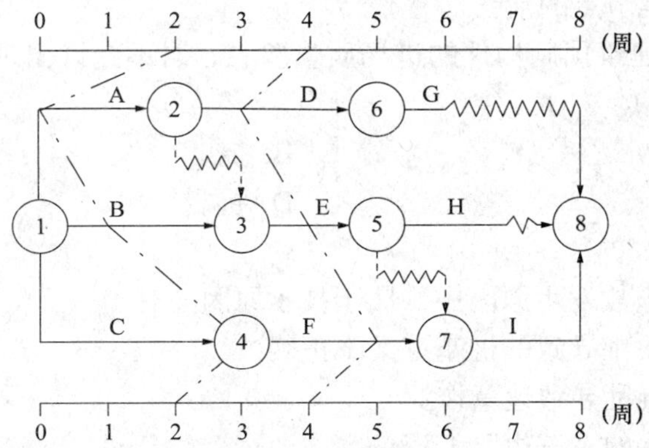

A. 第 2 周末，工作 A 拖后 2 周，但不影响工期

B. 第 2 周末，工作 B 拖后 1 周，但不影响工期

C. 第 2 周末，工作 C 提前 1 周，工期提前 1 周

D. 第 4 周末，工作 D 拖后 1 周，但不影响工期

E. 第 4 周末，工作 F 提前 1 周，工期提前 1 周

84. 某双代号网络计划如下图所示，关于工作时间参数的说法，正确的有（　　）。

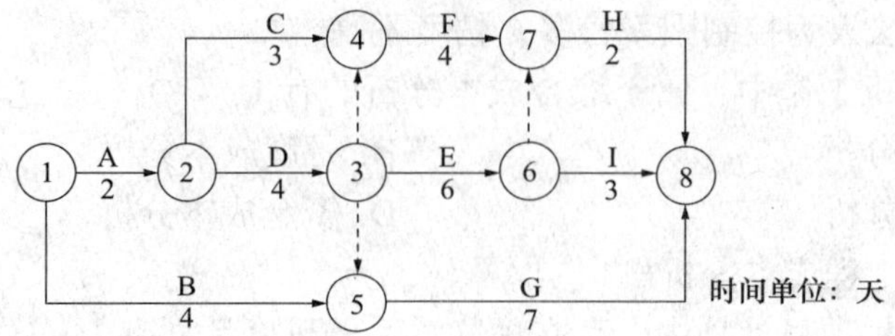

A. 工作 B 的最迟完成时间是第 8 天　　B. 工作 C 的最迟开始时间是第 7 天

C. 工作 F 的自由时差是 1 天　　D. 工作 G 的总时差是 2 天

E. 工作 H 的最早开始时间是第 13 天

85. 建筑施工企业进行质量管理体系认证的程序包括（　　）。

A. 申请和受理　　B. 审核

C. 审批与注册发证　　D. 培训

E. 定期监督检查

86. 下列双代号网络图中，存在的绘图错误有（　　）。

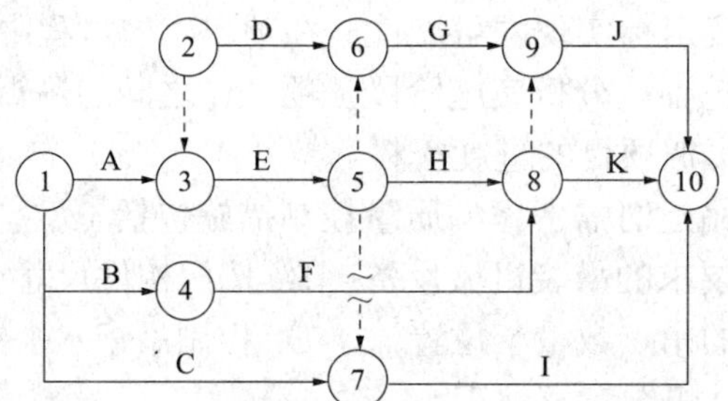

A. 存在多个起点节点　　B. 存在多余的虚工作

C. 箭线交叉的方式错误　　D. 存在相同节点编号的工作

E. 存在没有箭尾节点的箭线

87. 装配式混凝土建筑预制构件的进场质量验收，对不允许出现裂缝的预应力混凝土构件应检验的内容包括（　　）。

A. 承载力　　B. 挠度

C. 强度　　D. 抗裂

E. 灌料强度

88. 下列施工质量事故发生原因中，属于技术原因的有（　　）。

A. 因地质勘察不细导致的桩基方案不正确

B. 因施工管理混乱导致违章作业

C. 违反建设程序的“三边”工程

D. 因计算失误导致结构设计方案不正确

E. 采用不合适的施工方法、施工工艺

89. 直方图的分布形状及分布区间宽窄取决于质量特性统计数据的（　　）。

A. 平均值　　B. 标准偏差

C. 最大值　　D. 最小值

E. 离散性

90. 关于施工项目安全技术交底的说法，正确的有（　　）。

A. 施工项目必须实行逐级安全技术交底

B. 交底内容应针对潜在危险因素和存在问题

C. 定期向多工种交叉施工的作业队做口头技术交底

D. 涉及“四新”项目，必须经过两阶段技术交底

E. 交底时应将施工程序向班组长进行详细交底

91. 关于生产安全事故应急预案管理的说法，正确的有（　　）。

A. 生产经营单位应每半年至少组织一次现场处置方案演练

B. 生产经营单位应每年至少组织一次综合应急预案演练

C. 地方各级人民政府应急管理部门的应急预案应当报同级人民政府备案

D. 非生产经营单位的应急管理方面的专家均可受邀参加应急方案的评审

E. 施工单位应急预案涉及应急响应等级内容变更的，应重新进行修订

92. 下列施工现场噪声控制措施中，属于控制传播途径的有（　　）。

A. 使用耳塞、耳罩等防护用品

B. 限制高音喇叭的使用

C. 选用吸声材料搭设防护棚

D. 改变震动源与其他刚性结构的连接方式

E. 进行强噪声作业时严格控制作业时间

93. 关于施工现场文明施工措施的说法，正确的有（　　）。

A. 闹市区施工现场设置 2.5m 高的围挡

B. 利用现场施工道路堆放砌块材料

C. 材料库房内配备保管员住宿用的单人床

D. 施工作业区内禁止随意吸烟

E. 在总配电室设置灭火器和消防沙箱

94. 关于正式投标及投标文件的说法，正确的有（　　）。

A. 标书密封不满足要求，经甲方同意投标是有效的

B. 在招标文件要求提交的截止时间后送达的投标文件，招标人可以拒收

C. 项目经理部组织投标时不需要企业法人对于投标项目经理的授权书

D. 标书提交的基本要求是签章、密封

E. 通常情况下投标不需要提交投标担保

95. 下列影响工程进度因素中，属于承包人可以要求合理延长工期的有（　　）。

A. 业主在工程实施中增减工程量对工期产生不利影响

B. 业主在工程实施中改变工程设计对工期产生不利影响

C. 因进场材料不合格而对工期产生不利影响

D. 因施工操作工艺不规范而对工期产生不利影响

E. 突发的极端恶劣的气候对工期产生不利影响

96. 对业主而言，成本加酬金合同的优点有（　　）。

A. 可以通过分段施工缩短工期

B. 适用于时间紧迫的抢险救灾工程

C. 根据自身力量和需要，深入介入控制工程施工和管理

D. 适用于技术简单、结构方案容易确定的工程

E. 通过确定最大保证价格约束工程成本

97. 在招标文件中要求中标人提交履约担保的形式有（　　）。

A. 保证金　　B. 由保险公司开具的履约担保书

C. 商业银行开具的担保函　　D. 房屋抵押权证

E. 有价证券

98. 下列工程施工变更情形中，由业主承担责任的有（　　）。

A. 不可抗力导致的设计修改　　B. 环境变化导致的设计修改

C. 原设计失误导致的设计修改　　D. 政府部门要求导致的设计修改

E. 施工方案出现错误导致的设计修改

99. 建设工程索赔成立的前提条件有（　　）。

A. 与合同对照事件已造成了承包人工程项目成本的额外支出或直接工期损失

B. 造成费用增加或工期损失的原因，按合同约定不属于承包人的行为责任或风险责任

C. 承包人按合同规定的程序和时间提交了索赔意向通知和索赔报告

D. 造成费用增加或工期损失额度巨大，超出了正常的承受范围

E. 索赔费用计算正确，并且容易分析

100. 下列建设工程项目进度控制措施中，属于技术措施的有（　　）。

A. 分析装配式混凝土结构和现浇混凝土结构对施工进度的影响

B. 通过比较钢网架高空散装法和高空滑移法的优缺点选择施工方案

C. 采用网络计划技术优化工程施工工期

D. 分析无粘结预应力混凝土结构的技术风险

E. 通过变更落地钢管脚手架为外爬式脚手架缩短工期

2020年度真题参考答案及考点解析

一、单项选择题

1. D

【考点】建设工程管理的任务。

【解析】建设工程管理工作是一种增值服务工作，其核心任务是为工程的建设和使用增值。

因此，正确选项是D。

2. D

【考点】项目总承包方项目管理的目标和任务。

【解析】根据《建设项目工程总承包管理规范》GB/T 50358—2017，项目总承包方的管理工作涉及：项目设计管理、项目采购管理、项目施工管理、项目试运行管理和项目收尾等。

因此，正确选项是D。

3. D

【考点】管理职能分工在项目管理中的应用。

【解析】业主方和项目各参与方（设计单位、施工单位、供货单位和工程管理咨询单位等）都有各自的项目管理的任务和其管理职能分工，都应该编制各自的项目管理职能分工表。

管理职能分工表是用表的形式反映项目管理班子内部项目经理、各工作部门和各工作岗位对各项工作任务的项目管理职能分工。管理职能分工表也可用于企业管理。

如使用管理职能分工表还不足以明确每个工作部门的管理职能，则可辅以使用管理职能分工描述书。

因此，正确选项是D。

4. C

【考点】项目决策阶段策划的工作内容。

【解析】建设工程项目决策阶段策划的基本内容包括：项目环境和条件的调查与分析、项目定义和项目目标论证、组织策划、管理策划、合同策划、经济策划和技术策划。

组织策划的主要工作内容包括：决策期的组织结构、决策期任务分工、决策期管理职能分工、决策期工作流程、实施期组织总体方案、项目编码体系分析。

因此，正确选项是C。

5. B

【考点】项目实施阶段策划的工作内容。

【解析】建设工程项目实施阶段策划包括：

（1）项目实施的环境和条件的调查与分析。环境和条件包括自然环境、建设政策环境、建筑市场环境、建设环境（能源、基础设施等）、建筑环境（民用建筑的风格和主色调等）等。

（2）项目目标的分析和再论证。主要工作包括：投资目标的分解和论证；编制项目投资总体规划；进度目标的分解和论证；编制项目建设总进度规划；项目功能分解；建筑面积分配；确定项目质量目标。

（3）项目实施的组织策划。主要工作包括：业主方项目管理的组织结构；任务分工和管理职能分工；项目管理工作流程；建立编码体系。

（4）项目实施的管理策划。主要工作包括：项目实施各阶段项目管理的工作内容；项目风险管理与工程保险方案。

（5）项目实施的合同策划。主要工作包括：方案设计竞赛的组织；项目管理委托、设计、施工、物资采购的合同结构方案；合同文本。

（6）项目实施的经济策划。主要工作包括：资金需求量计划；融资方案的深化分析。

（7）项目实施的技术策划。主要工作包括：技术方案的深化分析和论证；关键技术的深化分析和论证；技术标准和规范的应用和制定等。

（8）项目实施的风险策划等。

因此，正确选项是B。

6. D

【考点】施工任务委托的模式。

【解析】施工总承包管理模式与施工总承包模式相比，在合同价方面有以下优点：

（1）合同总价不是一次确定，某一部分施工图设计完成以后，再进行该部分施工招标，确定该部分合同价，因此整个建设项目的合同总额的确定较有依据。

（2）所有分包都通过招标获得有竞争力的投标报价，对业主方节约投资有利。

（3）在施工总承包管理模式下，分包合同价对业主是透明的。

因此，正确选项是D。

7. B

【考点】项目管理规划的编制方法。

【解析】《建设工程项目管理规范》GB/T 50326—2017 第 4.6.1 条第 3 款：项目管理机构负责人组织或参与编制项目管理规划大纲、项目管理实施规划，对项目目标进行系统管理。

因此，正确选项是B。

8. D

【考点】施工组织设计的编制方法。

【解析】根据《建设工程项目管理规范》GB/T 50326—2017，施工组织设计的编制和审批应符合下列规定：

（1）施工组织设计应由项目负责人主持编制，可根据需要分阶段编制和审批。

（2）施工组织总设计应由总承包单位技术负责人审批；单位工程施工组织设计应由施工单位技术负责人或技术负责人授权的技术人员审批；施工方案应由项目技术负责人审批；重点、难点分部（分项）工程和专项工程施工方案应由施工单位技术部门组织相关专家评审，施工单位技术负责人批准。

（3）由专业承包单位施工的分部（分项）工程或专项工程的施工方案，应由专业承包单位技术负责人或技术负责人授权的技术人员审批；有总承包单位时，应由总承包单位项目技术负责人核准备案。

（4）规模较大的分部（分项）工程和专项工程的施工方案应按单位工程施工组织设计进行编制和审批。

因此，正确选项是 D。

9. C

【考点】动态控制在投资控制中的应用。

【解析】在设计过程中投资的计划值和实际值的比较即工程概算与投资规划的比较，以及工程预算与概算的比较。在施工过程中投资的计划值和实际值的比较包括：

（1）工程合同价与工程概算的比较；

（2）工程合同价与工程预算的比较；

（3）工程款支付与工程概算的比较；

（4）工程款支付与工程预算的比较；

（5）工程款支付与工程合同价的比较；

（6）工程决算与工程概算、工程预算和工程合同价的比较。

投资的计划值和实际值是相对的，如：相对于工程预算而言，工程概算是投资的计划值；相对于工程合同价，则工程概算和工程预算都可作为投资的计划值等。

因此，正确选项是 C。

10. D

【考点】项目各参与方之间的沟通方法。

【解析】沟通过程包括五个要素，即：沟通主体、沟通客体、沟通介体、沟通环境和沟通渠道。

因此，正确选项是 D。

11. A

【考点】施工企业项目经理的工作性质。

【解析】根据《国务院关于取消第二批行政审批项目和改变一批行政审批项目管理方式的决定》（国发［2003］5 号），建筑业企业项目经理资质管理制度向建造师执业资格制度过渡的时间定为五年，即从国发［2003］5 号文印发之日起至 2008 年 2 月 27 日止。过渡期内，凡持有项目经理资质证书或者建造师注册证书的人员，经其所在企业聘用后均可担任工程项目施工的项目经理。过渡期满后，大、中型工程项目施工的项目经理必须由取得建造师注册证书的人员担任；但取得建造师注册证书的人员是否担任工程项目施工的项目经理，由企业自主决定。

因此，正确选项是 A。

12. A

【考点】项目的风险类型。

【解析】《建设工程项目管理规范》GB/T 50326—2017 将建设工程风险事件按照不同风险程度分为四个等级：

一级风险：风险等级最高，风险后果是灾难性的，并造成恶劣社会影响和政治影响。

二级风险：风险等级较高，风险后果严重，可能在较大范围内造成破坏或人员伤亡。

三级风险：风险等级一般，风险后果一般，对工程建设可能造成破坏的范围较小。

四级风险：风险等级较低，风险后果在一定条件下可以忽略，对工程本身以及人员等不会造成较大损失。

因此，正确选项是 A。

13. D

【考点】监理的工作方法。

【解析】《中华人民共和国建筑法》第三十二条：

建筑工程监理应当依照法律、行政法规及有关的技术标准、设计文件和建筑工程承包合同，对承包单位在施工质量、建设工期和建设资金使用等方面，代表建设单位实施监督。

工程监理人员认为工程施工不符合工程设计要求、施工技术标准和合同约定的，有权要求建筑施工企业改正。

工程监理人员发现工程设计不符合建筑工程质量标准或者合同约定的质量要求的，应当报告建设单位要求设计单位改正。

因此，正确选项是 D。

14. A

【考点】成本管理的任务和程序。

【解析】施工成本核算一般以单位工程为对象，项目管理机构应按规定的会计周期进行项目成本核算，并应编制项目成本报告。

因此，正确选项是 A。

15. B

【考点】成本管理的措施。

【解析】为了取得施工成本管理的理想成效，应当从多方面采取措施实施管理，通常可以将这些措施归纳为组织措施、技术措施、经济措施、合同措施。

组织措施是从施工成本管理的组织方面采取的措施，是其他控制措施的前提和保障，而且一般不需要增加额外的费用，运用得当可以取得良好的效果。

因此，正确选项是 B。

16. B

【考点】成本计划的类型。

【解析】对于施工项目而言，其成本计划的编制是一个不断深化的过程。在这一过程的不同阶段形成深度和作用不同的成本计划，按其发挥的作用可以分为以下三类：竞争性成本计划、指导性成本计划和实施性成本计划。

竞争性成本计划是施工项目投标及签订合同阶段的估算成本计划。

指导性成本计划是选派项目经理阶段的预算成本计划，是项目经理的责任成本目标。是以合同价为依据，按照企业的预算定额标准制定的设计预算成本计划，且一般情况下确定责任总成本目标。

实施性成本计划是项目施工准备阶段的施工预算成本计划，它是以项目实施方案为依据，以落实项目经理责任目标为出发点，采用企业的施工定额通过施工预算的编制而形成的实施性成本计划。

因此，正确选项是B。

17. B

【考点】成本计划的类型。

【解析】在编制实施性计划成本时要进行施工预算和施工图预算的对比分析，即“两算”对比。通过“两算”对比，分析节约和超支的原因，以便提出解决问题的措施，防止工程亏损，为降低工程成本提供依据。“两算”对比的方法有实物对比法和金额对比法。

因此，正确选项是B。

18. B

【考点】成本控制的方法。

【解析】根据已知条件，可得到：

费用偏差 $CV=BCWP-ACWP=1000-1200=-200$ 万元

进度偏差 $SV=BCWP-BCWS=1000-1500=-500$ 万元

当费用偏差 CV 为负值时，即表示项目运行超出预算费用；当进度偏差 SV 为负值时，表示实际进度落后于计划进度，说明该项目效率低、进度慢、投入超前，应采取“增加高效人员投入”的措施。

因此，正确选项是B。

19. A

【考点】成本控制的方法。

【解析】根据题中表格所给数据，可计算得到6月末的 $BCWP$ 和 $BCWS$ 分别为：

$BCWP=(2300\times4+2500\times2+1250\times1)\times1000=15450000$ 元 $=1545$ 万元

$BCWS=(2500\times4+2600\times2+1200\times2)\times1000=17600000$ 元 $=1760$ 万元

进度偏差 $SV=BCWP-BCWS=1545-1760=-215$ 万元

因此，正确选项是A。

20. A

【考点】成本核算的原则、依据、范围和程序。

【解析】《财政部关于印发〈企业产品成本核算制度〉（试行）的通知》将成本项目类别分为：直接人工费、直接材料费、机械使用费、其他直接费、间接费用和分包成本。

其中，其他直接费是指施工过程中发生的材料搬运费、材料装卸保管费、燃料动力费、临时设施摊销费、生产工具用具使用费、检验使用费、工程定位复测费、工程点交费、场地清理费，以及能够单独区分和可靠计量的为订立建造承包合同而发生的差旅费、投标费等费用。

因此，正确选项是A。

21. A

【考点】成本核算的方法。

【解析】施工项目成本核算的方法主要有表格核算法和会计核算法。

表格核算法是通过对施工项目内部各环节进行成本核算，以此为基础，核算单位和各部门定期采集信息，按照有关规定填写一系列的表格，完成数据比较、考核和简单的核算，形成工程项目成本的核算体系，作为支撑工程项目成本核算的平台。这种核算的优点是简便易懂，方便操作，实用性较好；缺点是难以实现较为科学严密的核算制度，精度不高，覆盖面较小。

因此，正确选项是A。

22. B

【考点】成本分析的方法。

【解析】成本支出率，即计算期实际成本支出与计算期实际工程款收入的比例。通过"成本支出率"的分析，可以看出资金收入中用于成本支出的比重，分析资金使用的合理性。

因此，正确选项是B。

23. D

【考点】成本分析的依据、内容和步骤。

【解析】成本分析的主要依据是会计核算、业务核算和统计核算所提供的资料。

其中，统计核算是利用会计核算资料和业务核算资料，把企业生产经营活动客观现状的大量数据，按统计方法加以系统整理，以发现其规律性。它的计量尺度比会计宽，可以用货币计算，也可以用实物或劳动量计量。它通过全面调查和抽样调查等特有的方法，不仅能提供绝对数指标，还能提供相对数和平均数指标，可以计算当前的实际水平，还可以确定变动速度以预测发展的趋势。

因此，正确选项是D。

24. A

【考点】项目进度控制的任务。

【解析】业主方进度控制的任务是控制整个项目实施阶段的进度，包括控制设计准备阶段的工作进度、设计工作进度、施工进度、物资采购工作进度，以及项目动用前准备阶段的工作进度。

因此，正确选项是A。

25. B

【考点】项目总进度目标论证的工作步骤。

【解析】建设工程项目总进度目标论证的工作步骤如下：

（1）调查研究和收集资料；

（2）项目结构分析；

（3）进度计划系统的结构分析；

（4）项目的工作编码；

（5）编制各层进度计划；

（6）协调各层进度计划的关系，编制总进度计划；

（7）若所编制的总进度计划不符合项目的进度目标，则设法调整；

（8）若经过多次调整，进度目标无法实现，则报告项目决策者。

因此，正确选项是B。

26. C

【考点】横道图进度计划的编制方法。

【解析】由题中所给定的流水施工横道图可知：Z_1 为支模专业施工队伍 A、B 分别进入楼层 1 第一施工段 1 和施工段 2 进行专业的流水步距；Z_2 为施工队伍 D 和 E 之间的流水步距；Z_3 为楼层 1 第一施工段混凝土浇筑与楼层 2 第一施工段支模施工队伍 A 之间的流水间歇，即层间间歇。

因此，正确选项是 C。

27. C

【考点】横道图进度计划的编制方法。

【解析】横道图计划表中的进度线（横道）与时间坐标相对应，这种表达方式较直观，易看懂计划编制的意图。但是也存在一些问题，如：

（1）工序（工作）之间的逻辑关系可以设法表达，但不易表达清楚；

（2）适用于手工编制计划；

（3）没有通过严谨的进度计划时间参数计算，不能确定计划的关键工作、关键路线与时差；

（4）计划调整只能用手工方式进行，其工作量较大；

（5）难以适应大的进度计划系统。

因此，正确选项是 C。

28. A

【考点】工程网络计划的编制方法。

【解析】双代号计划中的虚箭线是实际工作中不存在的一项虚设工作，它既不占用时间，也不消耗资源，一般起着工作之间的联系、区分和断路三个作用。

根据题中所给的工作逻辑关系表及对应的双代号网络图，图中的虚箭线是将工作 A 和工作 D 之间的逻辑关系联系起来。

因此，正确选项是 A。

29. C

【考点】工程网络计划的编制方法。

【解析】双代号时标网络计划的一般规定：

（1）双代号时标网络计划必须以水平时间坐标为尺度表示工作时间。时标的时间单位应根据需要在编制网络计划之前确定，可为时、天、周、月或季。

（2）时标网络计划中所有符号在时间坐标上的水平投影位置，都必须与其时间参数相对应。节点中心必须对准相应的时标位置。

（3）时标网络计划中虚工作必须以垂直方向的虚箭线表示，有自由时差时加波形线表示。

因此，正确选项是 C。

30. D

【考点】工程网络计划有关时间参数的计算。

【解析】根据题意，该工作的最早开始时间是 2（时间参数计算坐标体系），则其最早完成时间为 4；两个紧后工作的最早开始时间分别为 4 和 5，最迟开始时间分别为 8 和 7（时间参数计算坐标体系），则该工作的最迟完成时间为 7；该工作的总时差＝（7－4）＝3 天，自由时差＝紧后工作最早开始时间的最小值－本工作的最早完成时间＝4－4＝0 天。

因此，正确选项是D。

31. D

【考点】工程网络计划有关时间参数的计算。

【解析】根据题意，画出本工作与紧前工作以及最早时间计算结果，如下图所示。

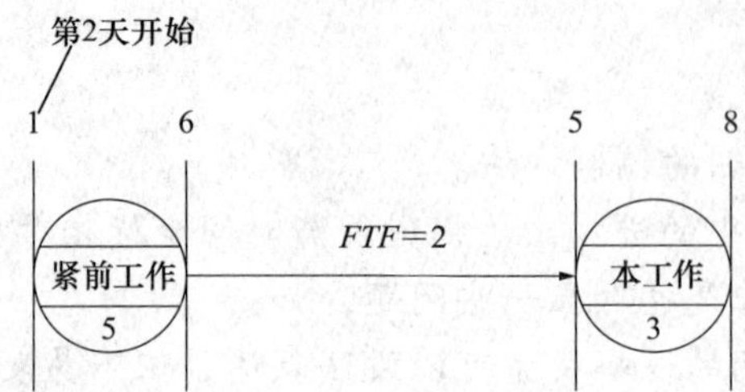

因此，正确选项是D。

32. C

【考点】关键工作、关键线路和时差的确定。

【解析】按节点标号法计算网络计划中各节点的标号值，如下图所示。

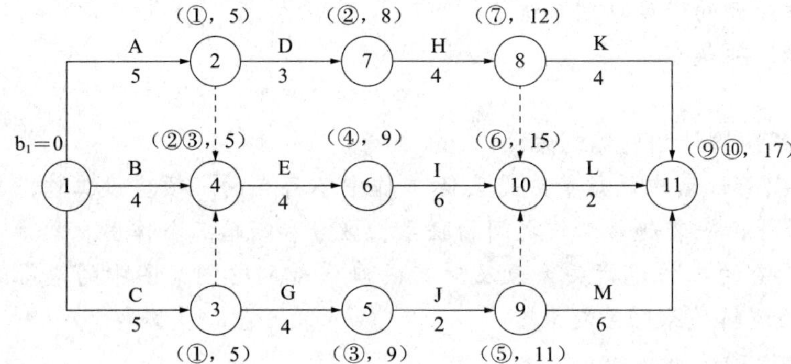

由上图可知，关键线路有3条，分别为：①—②—④—⑥—⑩—⑪；①—③—④—⑥—⑩—⑪；①—③—⑤—⑨—⑪。

因此，正确选项是C。

33. B

【考点】项目质量控制的目标、任务与责任。

【解析】质量控制是质量管理的一部分，是致力于满足质量要求的一系列相关活动。这些活动主要包括：

（1）设定目标：按照重量要求，确定需要达到的标准和控制的区间、范围、区域。

（2）测量结果：测量实际成果满足所设定目标的程度。

（3）评价分析：评价控制的能力和效果，分析偏差产生的原因。

（4）纠正偏差：对不满足设定目标的偏差，及时采取针对性措施尽量纠正偏差。

因此，正确选项是B。

34. C

【考点】项目质量风险分析和控制。

【解析】从风险产生的原因分析，常见的质量风险有：自然风险、技术风险、管理风险、环境风险。

选项 A 为技术风险；选项 B 为自然风险；选项 D 为环境风险；选项 C 为管理风险。

因此，正确选项是 C。

35. A

【考点】全面质量管理思想和方法的应用。

【解析】全面质量管理的基本原理就是强调在企业或组织最高管理者的质量方针指引下，实行全面、全过程和全员参与的质量管理。

建设工程项目的全面质量管理，是指项目参与各方所进行的工程项目质量管理的总称，其中包括工程（产品）质量和工作质量的全面管理。

因此，正确选项是 A。

36. B

【考点】项目质量控制体系的建立和运行。

【解析】项目质量控制体系的有效性一般由项目管理的总组织者进行自我评价与诊断，不需进行第三方认证。

因此，正确选项是 B。

37. C

【考点】施工质量控制的依据与基本环节。

【解析】施工质量控制应贯彻全面、全员、全过程质量管理的思想，应用动态控制原理，进行质量的事前控制、事中控制和事后控制。

事中控制是指施工质量形成过程中，对影响施工质量的各种因素进行全面的动态控制。事中质量控制也称作业活动过程的质量控制，包括质量活动主体的自我控制和他人监控的控制方式。

因此，正确选项是 C。

38. B

【考点】施工生产要素的质量控制。

【解析】环境因素对工程质量的影响，具有复杂多变和不确定性的特点，具有明显的风险特性。要减少其对施工质量的不利影响，主要是采取预测预防的风险控制方法。

因此，正确选项是 B。

39. A

【考点】施工过程的质量控制。

【解析】施工过程质量检验的内容应依据国家现行相关标准、设计文件、合同要求和施工质量控制的需要确定。对于基坑支护质量检验试验的主要内容见下表。

类别	检测试验项目	主要检测试验参数	备注
基坑支护	土钉墙	土钉抗拔力	
	水泥土墙	墙身完整性	
	水泥土墙	墙体强度	设计有要求时
	锚杆、锚索	锁定力	

因此，正确选项是 A。

40. D

【考点】施工过程的质量验收。

【解析】预制构件的资料验收：

(1) 预制构件进场时应检查质量证明文件或质量验收记录。

(2) 梁板类简支受弯预制构件进场时应进行结构性能检验，结构性能检验应符合国家现行有关标准的有关规定及设计的要求。

因此，正确选项是D。

41. A

【考点】竣工质量验收。

【解析】住宅工程要分户验收。在住宅工程各检验批、分项工程、分部工程验收合格的基础上，在住宅工程竣工验收前，建设单位应组织施工、监理等单位，依据国家有关工程质量验收标准，对每户住宅及相关公共部位的观感质量和使用功能等进行检查验收。

因此，正确选项是A。

42. A

【考点】施工质量事故的预防。

【解析】施工质量事故预防的具体措施：

(1) 严格按照基本建设程序办事

首先要做好项目可行性论证，不可未经深入的调查分析和严格论证就盲目拍板定案；要彻底搞清工程地质水文条件方可开工；杜绝无证设计、无图施工；禁止任意修改设计和不按图纸施工；工程竣工不进行试车运转、不经验收不得交付使用。

(2) 认真做好工程地质勘察

地质勘察时要适当布置钻孔位置和设定钻孔深度。钻孔间距过大，不能全面反映地基实际情况；钻孔深度不够，难以查清地下软土层、滑坡、墓穴、孔洞等有害地质构造。地质勘察报告必须详细、准确，防止因根据不符合实际情况的地质资料而采用错误的基础方案，导致地基不均匀沉降、失稳，使上部结构及墙体开裂、破坏、倒塌。

(3) 科学地加固处理好地基

对软弱土、冲填土、杂填土、湿陷性黄土、膨胀土、岩层出露、岩溶、土洞等不均匀地基要进行科学的加固处理。要根据不同地基的工程特性，按照地基处理与上部结构相结合使其共同工作的原则，从地基处理与设计措施、结构措施、防水措施、施工措施等方面综合考虑治理。

(4) 进行必要的设计审查复核

要请具有合格专业资质的审图机构对施工图进行审查复核，防止因设计考虑不周、结构构造不合理、设计计算错误、沉降缝及伸缩缝设置不当、悬挑结构未通过抗倾覆验算等原因，导致质量事故的发生。

(5) 严格把好建筑材料及制品的质量关

要从采购订货、进场验收、质量复验、存储和使用等几个环节，严格控制建筑材料及制品的质量，防止不合格或是变质、损坏的材料和制品用到工程上。

(6) 对施工人员进行必要的技术培训

要通过技术培训使施工人员掌握基本的建筑结构和建筑材料知识，懂得遵守施工验收规范对保证工程质量的重要性，从而在施工中自觉遵守操作规程，不蛮干，不违章操作，不偷工减料。

（7）依法进行施工组织管理

施工管理人员要认真学习、严格遵守国家相关政策法规和施工技术标准，依法进行施工组织管理；施工人员首先要熟悉图纸，对工程的难点和关键工序、关键部位应编制专项施工方案并严格执行；施工作业必须按照图纸和施工验收规范、操作规程进行；施工技术措施要正确，施工顺序不可搞错，脚手架和楼面不可超载堆放构件和材料；要严格按照制度进行质量检查和验收。

（8）做好应对不利施工条件和各种灾害的预案

要根据当地气象资料的分析和预测，事先针对可能出现的风、雨、高温、严寒、雷电等不利施工条件，制定相应的施工技术措施；还要对不可预见的人为事故和严重自然灾害做好应急预案，并有相应的人力、物力储备。

（9）加强施工安全与环境管理

许多施工安全和环境事故都会连带发生质量事故，加强施工安全与环境管理，也是预防施工质量事故的重要措施。

因此，正确选项是 A。

43. D

【考点】施工质量问题和质量事故的处理。

【解析】施工质量事故处理的一般程序如下图所示。

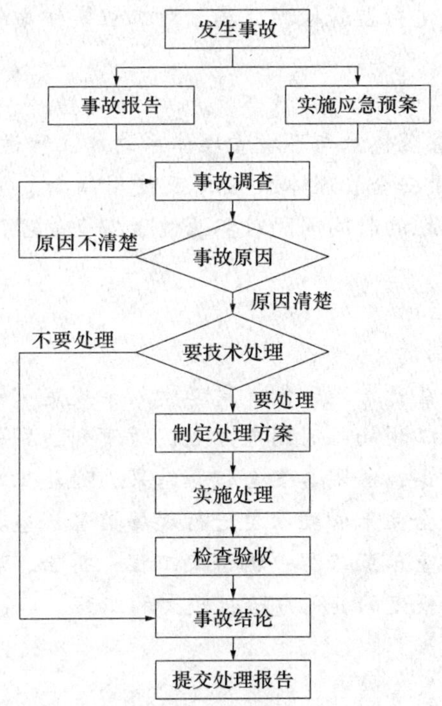

因此，正确选项是 D。

44. B

【考点】因果分析图法的应用。

【解析】因果分析图法，也称为质量特性要因分析法，其基本原理是对每一个质量特性或问题，逐层深入排查可能原因，然后确定其中最主要原因，进行有的放矢地处置和管理。

在进行质量问题原因分析时，把人、机械、材料、施工方法和施工环境作为第一层面的因素进行分析；然后对第一层面的各个因素，再进行第二层面的可能原因的深入分析。依此类推，直至把所有可能的原因，分层次地一一罗列出来。

"混凝土振捣器损坏"属于机械的因素。

因此，正确选项是B。

45. B

【考点】政府对工程项目质量监督的内容与实施。

【解析】政府建设行政主管部门和其他有关部门的工程质量监督管理包括：

（1）执行法律法规和工程建设强制性标准的情况；

（2）抽查涉及工程主体结构安全和主要使用功能的工程实体质量；

（3）抽查工程质量责任主体和质量检测等单位的工程质量行为；

（4）抽查主要建筑材料、建筑构配件的质量；

（5）对工程竣工验收进行监督；

（6）组织或者参与工程质量事故的调查处理；

（7）定期对本地区工程质量状况进行统计分析；

（8）依法对违法违规行为实施处罚。

对地基基础混凝土强度进行监督检测，属于对工程实体质量监督。

因此，正确选项是B。

46. C

【考点】职业健康安全管理体系与环境管理体系的建立和运行。

【解析】根据《职业健康安全管理体系 要求及使用指南》GB/T 45001—2020，管理评审是指企业最高管理者按计划的时间间隔对职业健康安全管理体系进行评价。

因此，正确选项是C。

47. C

【考点】安全生产管理制度。

【解析】《建设工程安全生产管理条例》第二十六条规定：施工单位应当在施工组织设计中编制安全技术措施和施工现场临时用电方案，对下列达到一定规模的危险性较大的分部分项工程编制专项施工方案，并附具安全验算结果，经施工单位技术负责人、总监理工程师签字后实施，由专职安全生产管理人员进行现场监督，包括基坑支护与降水工程；土方开挖工程；模板工程；起重吊装工程；脚手架工程；拆除、爆破工程；国务院建设行政主管部门或者其他有关部门规定的其他危险性较大的工程。

因此，正确选项是C。

48. A

【考点】安全生产管理预警提醒的建立和运行。

【解析】一个完整的预警体系应由外部环境预警系统、内部管理不良预警系统、预警信息管理系统和事故预警系统四部分构成。

外部环境预警系统包括自然环境突变的预警、政策法规变化的预警和技术变化的预警。内部管理不良预警系统包括质量管理预警、设备管理预警和人的行为活动管理预警。

因此，正确选项是A。

49. D

【考点】安全隐患的处理。

【解析】安全事故隐患治理原则有：冗余安全度治理原则、单项隐患综合治理原则、事故直接隐患与间接隐患并治原则、预防与减灾并重治理原则、重点治理原则和动态治理原则。

预防与减灾并重治理原则，要求在治理安全事故隐患时，需尽可能减少发生事故的可能性，如果不能安全控制事故的发生，也要设法将事故等级减低。但是不论预防措施如何完善，都不能保证事故绝对不会发生，还必须对事故减灾作好充分准备，研究应急技术操作规范。如应及时切断供料及切断能源的操作方法；应及时降压、降温、降速以及停止运行的方法；应及时排放毒物的方法；应及时疏散及抢救的方法；应及时请求救援的方法等。还应定期组织训练和演习，使该生产环境中每名干部及工人都真正掌握这些减灾技术。

因此，正确选项是D。

50. D

【考点】生产安全事故应急预案的内容。

【解析】应急预案体系由综合应急预案、专项应急预案和现场应急处置方案构成。

综合应急预案是从总体上阐述事故的应急方针、政策，应急组织结构及相关应急职责，应急行动、措施和保障等基本要求和程序，是应对各类事故的综合性文件。

专项应急预案是针对具体的事故类别（如基坑开挖、脚手架拆除等事故）、危险源和应急保障而制定的计划或方案，是综合应急预案的组成部分，应按照综合应急预案的程序和要求组织制定，并作为综合应急预案的附件。专项应急预案应制定明确的救援程序和具体的应急救援措施。

现场处置方案是针对具体的装置、场所或设施、岗位所制定的应急处置措施。现场处置方案应具体、简单、针对性强。现场处置方案应根据风险评估及危险性控制措施逐一编制，做到事故相关人员应知应会、熟练掌握，并通过应急演练，做到迅速反应，正确处置。

因此，正确选项是D。

51. D

【考点】职业健康安全事故的分类和处理。

【解析】根据《生产安全事故报告和调查处理条例》，按生产安全事故（以下简称事故）造成的人员伤亡或者直接经济损失，事故分为：

（1）特别重大事故，是指造成30人以上死亡，或者100人以上重伤（包括急性工业中毒，下同），或者1亿元以上直接经济损失的事故；

（2）重大事故，是指造成10人以上30人以下死亡，或者50人以上100人以下重伤，或者5000万元以上1亿元以下直接经济损失的事故；

（3）较大事故，是指造成3人以上10人以下死亡，或者10人以上50人以下重伤，或者1000万元以上5000万元以下直接经济损失的事故；

（4）一般事故，是指造成3人以下死亡，或者10人以下重伤，或者1000万元以下直接经济损失的事故。

因此，正确选项是D。

52. B

【考点】施工现场环境保护的要求。

【解析】施工现场空气污染的防治措施包括：

（1）施工现场垃圾渣土要及时清理出现场。

（2）高大建筑物清理施工垃圾时，要使用封闭式的容器或者采取其他措施处理高空废弃物，严禁凌空随意抛撒。

（3）施工现场道路应指定专人定期洒水清扫，形成制度，防止道路扬尘。

（4）对于细颗粒散体材料（如水泥、粉煤灰、白灰等）的运输、储存要注意遮盖、密封，防止和减少飞扬。

（5）车辆开出工地要做到不带泥沙，基本做到不洒土、不扬尘，减少对周围环境污染。

（6）除设有符合规定的装置外，禁止在施工现场焚烧油毡、橡胶、塑料、皮革、树叶、枯草、各种包装物等废弃物品以及其他会产生有毒、有害烟尘和恶臭气体的物质。

（7）机动车都要安装减少尾气排放的装置，确保符合国家标准。

（8）工地茶炉应尽量采用电热水器。若只能使用烧煤茶炉和锅炉时，应选用消烟除尘型茶炉和锅炉，大灶应选用消烟节能回风炉灶，使烟尘降至允许排放范围为止。

（9）大城市市区的建设工程已不容许搅拌混凝土。在容许设置搅拌站的工地，应将搅拌站封闭严密，并在进料仓上方安装除尘装置，采用可靠措施控制工地粉尘污染。

（10）拆除旧建筑物时，应适当洒水，防止扬尘。

因此，正确选项是B。

53. B

【考点】施工现场职业健康安全卫生的要求。

【解析】施工现场食堂卫生防疫管理要点：

（1）食堂必须有卫生许可证，炊事人员必须持身体健康证上岗。

（2）炊事人员上岗应穿戴洁净的工作服、工作帽和口罩，并应保持个人卫生。不得穿工作服出食堂，非炊事人员不得随意进入制作间。

（3）食堂炊具、餐具和公用饮水器具必须清洗消毒。

（4）施工现场应加强食品、原料的进货管理，食堂严禁出售变质食品。

（5）食堂应设置在远离厕所、垃圾站、有毒有害场所等污染源的地方。

（6）食堂应设置独立的制作间、储藏间，门扇下方应设不低于0.2m的防鼠挡板。制作间灶台及其周边应贴瓷砖，所贴瓷砖高度不宜小于1.5m，地面应做硬化和防滑处理。粮食存放台距墙和地面应大于0.2m。

（7）食堂应配备必要的排风设施和冷藏设施。

（8）食堂的燃气罐应单独设置存放间，存放间应通风良好并严禁存放其他物品。

（9）食堂制作间的炊具宜存放在封闭的橱柜内，刀、盆、案板等炊具应生熟分开。食品应有遮盖，遮盖物品应用正反面标识。各种作料和副食应存放在密闭器皿内，并应有标识。

（10）食堂外应设置密闭式泔水桶，并应及时清运。

因此，正确选项是B。

54. C

【考点】施工安全技术措施和安全技术交底。

【解析】按照有关法律法规的要求，在编制工程施工组织设计时，应当根据工程特点制定相应的施工安全技术措施。对于大中型工程项目、结构复杂的重点工程，除必须在施工组织设计中编制施工安全技术措施外，还应编制专项工程施工安全技术措施，详细说明有关安全方面的防护要求和措施，确保单位工程或分部分项工程的施工安全。对爆破、拆除、起重吊装、水下、基坑支护和降水、土方开挖、脚手架、模板等危险性较大的作业，必须编制专项安全施工技术方案。

因此，正确选项是C。

55. C

【考点】施工招标。

【解析】根据《招标公告和公示信息发布鼓励办法》，依法必须招标项目的招标公告和公示信息应当在“中国招标投标公共服务平台”或者项目所在地省级电子招标投标公共服务平台发布。

依法必须招标项目的招标公告和公示信息除在发布媒体发布外，招标人或其招标代理机构也可以同步在其他媒介公开，并确保内容一致。其他媒介可以依法全文转载依法必须招标项目的招标公告和公示信息，但不得改变其内容，同时必须注明信息来源。

招标人应当按招标公告或者投标邀请书规定的时间、地点出售招标文件或资格预审文件。自招标文件或者资格预审文件出售之日起至停止出售之日止，最短不得少于5个工作日。

投标人必须自费购买相关招标或资格预审文件。招标人发售资格预审文件、招标文件收取的费用应当限于补偿印刷、邮寄的成本支出，不得以营利为目的。对于所附的设计文件，招标人可以向投标人酌收押金；对于开标后投标人退还设计文件的，招标人应当向投标人退还押金。招标文件或者资格预审文件售出后，不予退还。招标人在发布招标公告、发出投标邀请书后或者售出招标文件或资格预审文件后不得擅自终止招标。

因此，正确选项是C。

56. D

【考点】施工承包合同的内容。

【解析】根据《建设工程施工合同（示范文本）》GF—2017—0201，关于隐蔽工程检查的条款（5.3.2）检查程序如下：

除专用合同条款另有约定外，工程隐蔽部位经承包人自检确认具备覆盖条件的，承包人应在共同检查前48小时书面通知监理人检查，通知中应载明隐蔽检查的内容、时间和地点，并应附有自检记录和必要的检查资料。

因此，正确选项是D。

57. D

【考点】工程总承包合同的内容。

【解析】根据《建设项目总承包合同示范文本（试行）》GF—2011—0216，建设工程项目发包人的权利和义务如下：

（1）负责办理项目的审批、核准或备案手续，取得项目用地的使用权，完成拆迁补偿工作，使项目具备法律规定和合同约定的开工条件，并提供立项文件。

（2）履行合同中约定的合同价格调整、付款、竣工结算义务。

（3）有权按照合同约定和适用法律关于安全、质量、标准、环境保护和职业健康等强制性标准和规范的规定，对承包人的设计、采购、施工、竣工试验等实施工作提出建议、修改和变更，但不得违反国家强制性标准、规范的规定。

（4）有权根据合同约定，对因承包人原因给发包人带来的任何损失和损害，提出赔偿。

（5）发包人认为必要时，有权以书面形式发出暂停通知。其中，因发包人原因造成的暂停，给承包人造成的费用增加，由发包人承担，造成工程关键路径延误的，竣工日期相应顺延。

因此，正确选项是D。

58. B

【考点】施工专业承包合同的内容。

【解析】根据《建设工程施工专业分包合同（示范文本）》GF—2003—0213，专业工程分包人的主要责任和义务如下：

（1）分包人对有关分包工程的责任

除合同条款另有约定，分包人应履行并承担总包合同中与分包工程有关的承包人的所有义务与责任，同时应避免因分包人自身行为或疏漏造成承包人违反总包合同中约定的承包人义务的情况发生。

（2）分包人与发包人的关系

分包人须服从承包人转发的发包人或工程师与分包工程有关的指令。未经承包人允许，分包人不得以任何理由与发包人或工程师发生直接工作联系，分包人不得直接致函发包人或工程师，也不得直接接受发包人或工程师的指令。如分包人与发包人或工程师发生直接工作联系，将被视为违约，并承担违约责任。

（3）承包人指令

就分包工程范围内的有关工作，承包人随时可以向分包人发出指令，分包人应执行承包人根据分包合同所发出的所有指令。分包人拒不执行指令，承包人可委托其他施工单位完成该指令事项，发生的费用从应付给分包人的相应款项中扣除。

（4）分包人的工作

① 按照分包合同的约定，对分包工程进行设计（分包合同有约定时）、施工、竣工和保修。

② 按照合同约定的时间，完成规定的设计内容，报承包人确认后在分包工程中使用。承包人承担由此发生的费用。

③ 在合同约定的时间内，向承包人提供年、季、月度工程进度计划及相应进度统计报表。

④ 在合同约定的时间内，向承包人提交详细的施工组织设计，承包人应在专用条款

约定的时间内批准，分包人方可执行。

⑤ 遵守政府有关主管部门对施工场地交通、施工噪声以及环境保护和安全文明生产等的管理规定，按规定办理有关手续，并以书面形式通知承包人，承包人承担由此发生的费用，因分包人责任造成的罚款除外。

⑥ 分包人应允许承包人、发包人、工程师及其三方中任何一方授权的人员在工作时间内，合理进入分包工程施工场地或材料存放的地点，以及施工场地以外与分包合同有关的分包人的任何工作或准备的地点，分包人应提供方便。

⑦ 已竣工工程未交付承包人之前，分包人应负责已完分包工程的成品保护工作，保护期间发生损坏，分包人自费予以修复；承包人要求分包人采取特殊措施保护的工程部位和相应的追加合同价款，双方在合同专用条款内约定。

因此，正确选项是B。

59. B

【考点】单价合同。

【解析】单价合同的特点是单价优先，招标人给出的工程量清单表中的数字是参考数字，实际工程款则按实际完成的工程量和合同中确定的单价计算。虽然在投标报价、评标以及签订合同中，人们常常注重总价格，但在工程款结算中单价优先，对于投标书中明显的数字计算错误，招标人有权力先作修改再评标，当总价和单价的计算结果不一致时，以单价为准调整总价。

因此，正确选项是B。

60. B

【考点】工程咨询合同计价方式。

【解析】常用的工程咨询费计算方法有：人月费单价法、按日计费法和工程建设费用百分比法。

因此，正确选项是B。

61. D

【考点】工程保险。

【解析】"一揽子保险"（CIP保险）的运行机制是：由业主或承包商统一购买"一揽子保险"，保障范围覆盖业主、承包商及所有分包商，内容包括劳工赔偿、雇主责任险、一般责任险、建筑工程一切险、安装工程一切险。

CIP保险的优点有：以最优的价格提供最佳的保障范围；能实施有效的风险管理；降低赔付率，进而降低保险费率；避免诉讼，便于索赔。

因此，正确选项是D。

62. A

【考点】工程担保。

【解析】我国担保法规定的担保方式有五种：保证、抵押、质押、留置和定金。

保证担保（又称第三方担保），是指保证人和债权人约定，当债务人不能履行债务时，保证人按照约定履行债务或承担责任的行为。

建设工程中采用的投标保函、履约保函属于保证担保。

因此，正确选项是A。

63. A

【考点】施工合同实施控制。

【解析】建设工程施工合同分析的内容，通常有以下几个方面：

（1）合同的法律基础：即合同签订和实施的法律背景。通过分析，承包人了解适用于合同的法律的基本情况（范围、特点等），用以指导整个合同实施和索赔工作。对合同中明示的法律应重点分析。

（2）承包人的主要任务

① 承包人的总任务，即合同标的。承包人在设计、采购、制作、试验、运输、土建施工、安装、验收、试生产、缺陷责任期维修等方面的主要责任，施工现场的管理，给业主的管理人员提供生活和工作条件等责任。

② 工作范围。它通常由合同中的工程量清单、图纸、工程说明、技术规范所定义。工程范围的界限应很清楚，否则会影响工程变更和索赔，特别对固定总价合同。

在合同实施中，如果工程师指令的工程变更属于合同规定的工程范围，则承包人必须无条件执行；如果工程变更超过承包人应承担的风险范围，则可向业主提出工程变更的补偿要求。

③ 关于工程变更的规定。在合同实施过程中，变更程序非常重要，通常要作工程变更工作流程图，并交付相关的职能人员。

工程变更的补偿范围，通常以合同金额一定的百分比表示。通常这个百分比越大，承包人的风险越大。

工程变更的索赔有效期，由合同具体规定，一般为28天，也有14天的。一般这个时间越短，对承包人管理水平的要求越高，对承包人越不利。

（3）发包人的合作责任

① 业主雇用工程师并委托其在授权范围内履行业主的部分合同责任。

② 业主和工程师有责任对平行的各承包人和供应商之间的责任界限作出划分，对这方面的争执作出裁决，对他们的工作进行协调，并承担管理和协调失误造成的损失。

③ 及时作出承包人履行合同所必需的决策，如下达指令、履行各种批准手续、作出认可、答复请示，完成各种检查和验收手续等。

④ 提供施工条件，如及时提供设计资料、图纸、施工场地、道路等。

⑤ 按合同规定及时支付工程款，及时接收已完工程等。

（4）合同价格

① 合同所采用的计价方法及合同价格所包括的范围。

② 工程量计量程序，工程款结算（进度付款、竣工结算、最终结算）方法和程序。

③ 合同价格的调整，即费用索赔的条件、价格调整方法，计价依据，索赔有效期规定。

④ 拖欠工程款的合同责任。

（5）施工工期

在实际工程中，工期拖延极为常见和频繁，而且对合同实施和索赔的影响很大，所以要特别重视。

（6）违约责任

① 承包人不能按合同规定工期完成工程的违约金或承担业主损失的条款。

② 由于管理上的疏忽造成对方人员和财产损失的赔偿条款。

③ 由于预谋或故意行为造成对方损失的处罚和赔偿条款等。

④ 由于承包人不履行或不能正确地履行合同责任，或出现严重违约时的处理规定。

⑤ 由于业主不履行或不能正确地履行合同责任，或出现严重违约时的处理规定，特别是对业主不及时支付工程款的处理规定。

（7）验收、移交和保修：在合同分析中，应对重要的验收要求、时间、程序以及验收所带来的法律后果作说明。

（8）索赔程序和争执的解决：索赔的程序；争议的解决方式和程序；仲裁条款，包括仲裁所依据的法律、仲裁地点、方式和程序、仲裁结果的约束力等。

因此，正确选项是 A。

64. D

【考点】施工合同履行过程中的诚信自律。

【解析】诚信行为记录由各省、自治区、直辖市建设行政主管部门在当地建筑市场诚信信息平台上统一公布。其中，不良行为记录信息的公布时间为行政处罚决定作出后 7 日内，公布期限一般为 6 个月至 3 年；良好行为记录信息公布期限一般为 3 年，法律、法规另有规定的从其规定。

因此，正确选项是 D。

65. C

【考点】工期索赔计算。

【解析】工期索赔的比例分析法：

工期索赔值＝原工期×新增工程量/原工程量＝30×600/3000＝6 个月。

因此，正确选项是 C。

66. D

【考点】工期索赔计算。

【解析】非承包人原因引起的工期延误，包括业主或工程师的原因和双方不可控制的因素引起的引起的工期延误，承包人可以提出索赔。

因此，正确选项是 D。

67. A

【考点】施工承包合同争议的解决方式。

【解析】国际工程施工承包合同争议解决的方式一般包括协商、调解、仲裁或诉讼等。协商解决争议是最常见也是最有效的方式，也是应该首选的最基本的方式。

因此，正确选项是 A。

68. B

【考点】项目信息管理的目的。

【解析】建设工程项目的信息分类如下图所示。

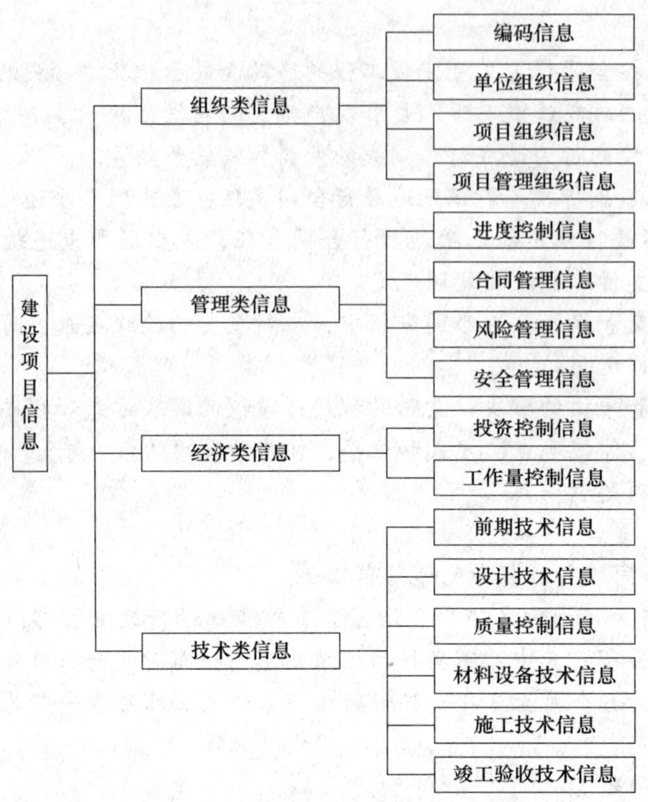

因此，正确选项是B。

69. D

【考点】工程项目管理信息系统的功能。

【解析】工程项目管理信息系统的功能包括：投资控制（业主方）或成本控制（施工方）；成本控制；进度控制；合同管理。有些工程项目管理信息系统还包括质量控制和一些办公自动化的功能。

进度控制的功能包括：计算工程网络计划的时间参数，并确定关键工作和关键路线；绘制网络图和计划横道图；编制资源需求量计划；进度计划执行情况的比较分析；根据工程的进展进行工程进度预测。

因此，正确选项是D。

70. C

【考点】项目进度控制的经济措施。

【解析】项目进度控制的措施有：组织措施、管理措施、经济措施和技术措施。

项目进度控制的经济措施涉及资金需求计划、资金供应的条件和经济激励措施等。为确保进度目标的实现，应编制与进度计划相适应的资源需求计划（资源进度计划），包括资金需求计划和其他资源（人力和物力资源）需求计划，以反映工程实施的各时段所需要的资源。通过资源需求的分析，可发现所编制的进度计划实现的可能性，若资源条件不具备，则应调整进度计划。资金需求计划也是工程融资的重要依据。

资金供应条件包括可能的资金总供应量、资金来源（自有资金和外来资金）以及资金供应的时间。在工程预算中应考虑加快工程进度所需要的资金，其中包括为实现进度目标将要采取的经济激励措施所需要的费用。

因此，正确选项是C。

二、多项选择题

71. B、C

【考点】工作流程组织在项目管理中的应用。

【解析】工作流程组织包括：

（1）管理工作流程组织，如投资控制、进度控制、合同管理、付款和设计变更等流程。

（2）信息处理工作流程组织，如与生成月度进度报告有关的数据处理流程。

（3）物质流程组织，如钢结构深化设计工作流程，弱电工程物资采购工作流程，外立面施工工作流程等。

因此，正确选项是B、C。

72. B、D、E

【考点】项目总承包的模式。

【解析】根据《建设项目工程总承包管理规范》GB/T 50358—2005，项目总承包方的工作程序如下：

（1）项目启动：在工程总承包合同条件下，任命项目经理，组建项目部。

（2）项目初始阶段：进行项目策划，编制项目计划，召开开工会议；发表项目协调程序，发表设计基础数据；编制计划，包括采购计划、施工计划、试运行计划、财务计划和安全管理计划，确定项目控制基准等。

（3）设计阶段：编制初步设计或基础工程设计文件，进行设计审查，编制施工图设计或详细工程设计文件。

（4）采购阶段：采买、催交、检验、运输、与施工办理交接手续。

（5）施工阶段：施工开工前的准备工作，现场施工，竣工试验，移交工程资料，办理管理权移交，进行竣工决算。

（6）试运行阶段：对试运行进行指导和服务。

（7）合同收尾：取得合同目标考核证书，办理决算手续，清理各种债权债务；缺陷通知期限满后取得履约证书。

（8）项目管理收尾：办理项目资料归档，进行项目总结，对项目部人员进行考核评价，解散项目部。

因此，正确选项是B、D、E。

73. A、B、D

【考点】施工组织设计的编制方法。

【解析】《建设工程安全生产管理条例》规定：对下列达到一定规模的危险性较大的分部（分项）工程编制专项施工方案，并附具安全验算结果，经施工单位技术负责人、总监理工程师签字后实施：

（1）基坑支护与降水工程；

（2）土方开挖工程；

（3）模板工程；

（4）起重吊装工程；

（5）脚手架工程；

（6）拆除爆破工程；

（7）国务院建设行政主管部门或者其他有关部门规定的其他危险性较大的工程。

以上所列工程中涉及深基坑、地下暗挖工程、高大模板工程的专项施工方案，施工单位还应当组织专家进行论证，审查。除上述《建设工程安全生产管理条例》中规定的分部（分项）工程外，施工单位还应根据项目特点和地方政府部门有关规定，对具有一定规模的重点、难点分部（分项）工程进行相关论证。

因此，正确选项是A、B、D。

74. A、D、E

【考点】项目风险管理的工作流程。

【解析】风险管理过程包括项目实施全过程的项目风险识别、项目风险评估、项目风险响应和项目风险控制。

项目风险识别的任务是识别项目实施过程存在哪些风险，其工作程序包括：

（1）收集与项目风险有关的信息；

（2）确定风险因素；

（3）编制项目风险识别报告。

因此，正确选项是A、D、E。

75. A、C、D

【考点】成本核算的原则、依据、范围和程序。

【解析】根据《企业会计准则第15号——建造合同》，工程成本包括从建造合同签订开始至合同完成止所发生的、与执行合同有关的直接费用和间接费用。

直接费用是指为完成合同所发生的、可以直接计入合同成本核算对象的各项费用支出，包括：耗用的材料费用、耗用的人工费用、耗用的机械使用费和其他直接费用。

《财政部关于印发〈企业产品成本核算制度〉（试行）的通知》将成本项目类别分为：直接人工费、直接材料费、机械使用费、其他直接费、间接费用和分包成本。

其中，其他直接费是指施工过程中发生的材料搬运费、材料装卸保管费、燃料动力费、临时设施摊销费、生产工具用具使用费、检验使用费、工程定位复测费、工程点交费、场地清理费，以及能够单独区分和可靠计量的为订立建造承包合同而发生的差旅费、投标费等费用。

因此，正确选项是A、C、D。

76. B、D

【考点】成本计划的类型。

【解析】施工项目竞争性成本计划是施工项目投保及签订合同阶段的估算成本计划。

因此，正确选项是B、D。

77. B、C、E

【考点】成本控制的方法。

【解析】施工机械使用费主要由台班数量和台班单价两方面决定，因此为有效控制施工机械使用费支出，应主要从这两个方面进行控制。

控制台班数量的措施有：

（1）根据施工方案和现场实际情况，选择适合项目施工特点的施工机械，制定设备需求计划，合理安排施工生产，充分利用现有机械设备，加强内部调配，提高机械设备的利用率。

（2）保证施工机械设备的作业时间，安排好生产工序的衔接，尽量避免停工、窝工，尽量减少施工中所消耗的机械台班数量。

（3）核定设备台班定额产量，实行超产奖励办法，加快施工生产进度，提高机械设备单位时间的生产效率和利用率。

（4）加强设备租赁计划管理，减少不必要的设备闲置和浪费充分利用社会闲置机械资源。

因此，正确选项是 B、C、E。

78. B、D

【考点】成本核算的原则、依据、范围和程序；成本核算的方法。

【解析】成本核算是企业会计核算的重要组成部分，应当根据工程成本核算的要求和作用，按照企业会计核算程序总体要求，确立工程成本核算程序。

施工单位除对整个企业的生产经营进行会计核算外，还应在工程项目上设成本会计，进行工程项目成本核算，以减少数据的传递，提高数据的及时性，便于与表格法核算的数据接口。

因此，正确选项是 B、D。

79. A、B、E

【考点】成本分析的方法。

【解析】综合成本是指涉及多种生产要素，并受多种因素影响的成本费用，如分部分项工程成本，月（季）度成本、年度成本等。综合成本分析主要包括：分部分项工程成本分析、月（季）度成本分析、年度成本分析和竣工成本的综合分析。

因此，正确选项是 A、B、E。

80. A、B、D、E

【考点】项目进度计划系统的建立。

【解析】建设工程项目进度计划系统中各进度计划或各子系统进度计划编制和调整时，必须注意其相互间的联系和协调，如：

（1）总进度规划（计划）、项目子系统进度规划（计划）与项目子系统中的单项工程进度计划之间的联系和协调；

（2）控制性进度规划（计划）、指导性进度规划（计划）与实施性（操作性）进度计划之间的联系和协调；

（3）业主方编制的整个项目实施的进度计划、设计方编制的进度计划、施工和设备安装方编制的进度计划与采购和供货方编制的进度计划之间的联系和协调等。

因此，正确选项是 A、B、D、E。

81. B、D、E

【考点】项目总进度目标论证的工作内容。

【解析】建设工程项目的总进度目标指的是整个工程项目的进度目标，它是在项目决策阶段项目定义时确定的，项目管理的主要任务是在项目的实施阶段对项目的目标进行控制。

在进行建设工程项目总进度目标控制前，首先应分析和论证进度目标实现的可能性。若项目总进度目标不可能实现，则项目管理者应提出调整项目总进度目标的建议，并提请项目决策者审议。

建设工程项目总进度目标论证应分析和论证有关各项工作的进度，以及各项工作进展的相互关系。

在建设工程项目总进度目标论证时，往往还没有掌握比较详细的设计资料，也缺乏比较全面的有关工程发包的组织、施工组织和施工技术等方面的资料，以及其他有关项目实施条件的资料。因此，总进度目标论证并不是单纯的总进度规划的编制工作，它涉及许多工程实施的条件分析和工程实施策划方面的问题。

因此，正确选项是 B、D、E。

82. A、B、C、D

【考点】施工生产要素的质量控制。

【解析】混凝土预制构件吊运应根据构件的形状、尺寸、重量和作业半径等要求选择吊具和起重设备，预制柱的吊点数量、位置应经计算确定，吊索水平夹角不宜小于 60°，不应小于 45°。

因此，正确选项是 A、B、C、D。

83. A、B、D、E

【考点】进度计划调整的方法。

【解析】时标网络计划中，有关工作的时间参数：

工作 A：总时差＝2 周，自由时差＝0。

工作 B：总时差＝1 周，自由时差＝0。

工作 D：总时差＝2 周，自由时差＝0。

工作 E：总时差＝1 周，自由时差＝0。

工作 C：关键工作。

第 2 周末实际进度前锋线。

工作 A：比原计划落后 2 周，有 2 周的总时差，不影响工期。

工作 B：比原计划落后 1 周，有 1 周的总时差，不影响工期。

工作 C：比原计划提前 1 周，关键工作，但由于工作 A、工作 B 的影响，工期不能提前。

第 4 周末实际进度前锋线：

工作 D：比原计划落后 1 周，有 2 周的总时差，不影响工期。

工作 E：计划进度与实际进度一致。

工作 F：比原计划提前 1 周，关键工作，可使工期缩短 1 周。

因此，正确选项是 A、B、D、E。

84. A、B、D、E

【考点】工程网络计划有关时间参数的计算。

【解析】计算网络计划各工作的时间参数，如下图所示。

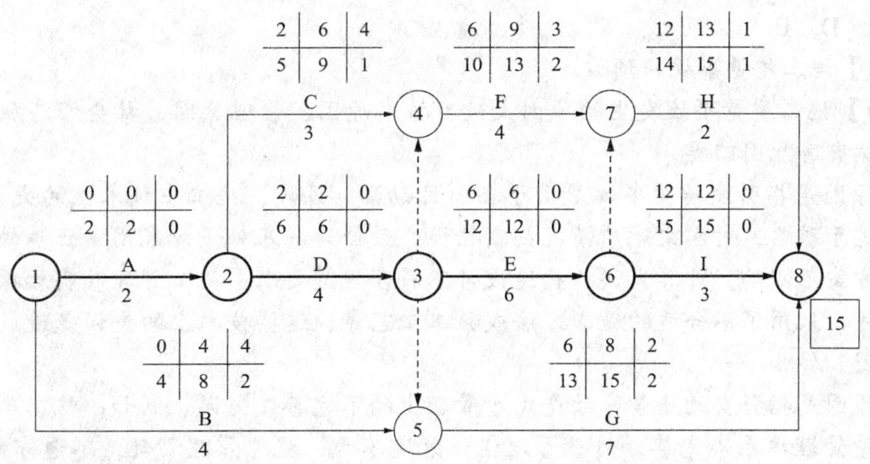

因此，正确选项是 A、B、D、E。

85. A、B、C

【考点】施工企业质量管理体系的建立与认证。

【解析】企业战略管理体系认证的程序：（1）申请和受理；（2）审核；（3）审批与注册发证。

因此，正确选项是 A、B、C。

86. A、B

【考点】工程网络计划的编制方法。

【解析】绘图规则：

（1）双代号网络图必须正确表达已确定的逻辑关系。

（2）双代号网络图中，不允许出现循环回路。所谓循环回路是指从网络图中的某一个节点出发，顺着箭线方向又回到了原来出发点的线路。

（3）双代号网络图中，在节点之间不能出现带双向箭头或无箭头的连线。

（4）双代号网络图中，不能出现没有箭头节点或没有箭尾节点的箭线。

（5）当双代号网络图的某些节点有多条外向箭线或多条内向箭线时，为使图形简洁，可使用母线法绘制。

（6）绘制网络图时，箭线不宜交叉。当交叉不可避免时，可用过桥法或指向法。

（7）双代号网络图中应只有一个起点节点和一个终点节点（多目标网络计划除外），而其他所有节点均应是中间节点。

（8）双代号网络图应条理清楚，布局合理。

因此，正确选项是 A、B。

87. A、B、D

【考点】施工过程的质量验收。

【解析】装配式混凝土建筑的施工质量验收，除要符合一般建筑工程施工质量验收的规定外，还有一些专门的要求，如钢筋混凝土构件和允许出现裂缝的预应力混凝土构件应进行承载力、挠度和裂缝宽度检验；不允许出现裂缝的预应力混凝土构件应进行承载力、挠度和抗裂检验。

因此，正确选项是 A、B、D。

88. A、D、E

【考点】施工质量事故的预防。

【解析】施工质量事故发生的原因大致有技术原因、管理原因、社会经济原因和人为事故和自然灾害原因四类。

技术原因是指引发质量事故是由于在项目勘察、设计、施工中技术上的失误。例如，地质勘察过于疏略，对水文地质情况判断错误，致使地基基础设计采用不正确的方案；或结构设计方案不正确，计算失误，构造设计不符合规范要求；施工管理及实际操作人员的技术素质差，采用了不合适的施工方法或施工工艺等；这些技术上的失误是造成质量事故的常见原因。

管理原因是指引发的质量事故是由于管理上的不完善或失误。例如，施工单位或监理单位的质量管理体系不完善，质量管理措施落实不力，施工管理混乱，不遵守相关规范，违章作业，检验制度不严密，质量控制不严格，检测仪器设备管理不善而失准，以及材料质量检验不严等原因引起质量事故。

社会、经济原因是指引发的质量事故是由于社会上存在的不正之风及经济上的原因，滋长了建设中的违法违规行为，而导致出现质量事故。例如，违反基本建设程序，无立项、无报建、无开工许可、无招投标、无资质、无监理、无验收的“七无”工程，边勘察、边设计、边施工的“三边”工程屡见不鲜，几乎所有的重大施工质量事故都能从这个方面找到原因；某些施工企业盲目追求利润而不顾工程质量，在投标报价中随意压低标价，中标后则依靠违法的手段或修改方案追加工程款，甚至偷工减料等，这些因素都会导致发生重大工程质量事故。

人为事故和自然灾害原因是指造成质量事故是由于人为的设备事故、安全事故，导致连带发生质量事故，以及严重的自然灾害等不可抗力造成质量事故。

因此，正确选项是A、D、E。

89. A、B

【考点】直方图法的应用。

【解析】直方图的分布形状及分布区间宽窄是由质量特性统计数据的平均值和标准偏差所决定的。

因此，正确选项是A、B。

90. A、B、D、E

【考点】施工安全技术措施和安全技术交底。

【解析】安全技术交底的要求：

（1）项目经理部必须实行逐级安全技术交底制度，纵向延伸到班组全体作业人员。

（2）技术交底必须具体、明确，针对性强。

（3）技术交底的内容应针对分部分项工程施工中给作业人员带来的潜在危险因素和存在问题。

（4）应优先采用新的安全技术措施。

（5）对于涉及“四新”项目或技术含量高、技术难度大的单项技术设计，必须经过两阶段技术交底，即初步设计技术交底和实施性施工图技术设计交底。

（6）应将工程概况、施工方法、施工程序、安全技术措施等向工长、班组长进行详细交底。

（7）定期向由两个以上作业队和多工种进行交叉施工的作业队伍进行书面交底。

（8）保持书面安全技术交底签字记录。

因此，正确选项是A、B、D、E。

91. A、B、C、E

【考点】生产安全事故应急预案的管理。

【解析】建设工程生产安全事故应急预案的管理包括应急预案的评审、备案、实施和奖惩。

（1）应急预案的评审

地方各级应急管理部门应当组织有关专家对本部门编制的应急预案进行审定，必要时可以召开听证会，听取社会有关方面的意见。涉及相关部门职能或者需要有关部门配合的，应当征得有关部门同意。

参加应急预案评审的人员应当包括应急预案涉及的政府部门工作人员和有关安全生产及应急管理方面的专家。

评审人员与所评审预案的生产经营单位有利害关系的，应当回避。

应急预案的评审或者论证应当注重应急预案的实用性、基本要素的完整性、预防措施的针对性、组织体系的科学性、响应程序的操作性、应急保障措施的可行性、应急预案的衔接性等内容。

（2）应急预案的备案

地方各级应急管理部门的应急预案，应当报同级人民政府和上一级应急管理部门备案。

其他负有应急管理职责的部门的应急预案，应当抄送同级应急管理部门。

（3）应急预案的实施

生产经营单位应当制定本单位的应急预案演练计划，根据本单位的事故预防重点，每年至少组织一次综合应急预案演练或者专项应急预案演练，每半年至少组织一次现场处置方案演练。

施工单位应急预案修订涉及组织指挥体系与职责、应急处置程序、主要处置措施、应急响应分级等内容变更的，按有关应急预案报备程序重新备案。

因此，正确选项是A、B、C、E。

92. C、D

【考点】施工现场环境保护的要求。

【解析】噪声控制技术可从声源、传播途径、接收者防护等方面来考虑。

控制传播途径的方法主要有：

（1）吸声：利用吸声材料（大多由多孔材料制成）或由吸声结构形成的共振结构（金属或木质薄板钻孔制成的空腔体）吸收声能，降低噪声。

（2）隔声：应用隔声结构，阻碍噪声向空间传播，将接收者与噪声声源分隔。隔声结构包括隔声室、隔声罩、隔声屏障、隔声墙等。

（3）消声：利用消声器阻止传播。允许气流通过的消声降噪是防治空气动力性噪声的主要装置。如对空气压缩机、内燃机产生的噪声等。

（4）减振降噪：对来自振动引起的噪声，通过降低机械振动减小噪声，如将阻尼材料涂在振动源上，或改变振动源与其他刚性结构的连接方式等。

因此，正确选项是C、D。

93. A、D、E

【考点】施工现场文明施工的要求。

【解析】现场文明施工的有关管理措施要点：

（1）施工现场必须实行封闭管理，设置进出口大门，制定门卫制度，严格执行外来人员进场登记制度。沿工地四周连续设置围挡，市区主要路段和其他涉及市容景观路段的工地设置围挡的高度不低于2.5m，其他工地的围挡高度不低于1.8m，围挡材料要求坚固、稳定、统一、整洁、美观。

（2）施工现场适当地方设置吸烟处，作业区内禁止随意吸烟。

（3）建筑材料、构配件、料具必须按施工现场总平面布置图堆放，布置合理。

（4）易燃易爆物品堆放间、油漆间、木工间、总配电室等消防防火重点部位要按规定设置灭火机和消防沙箱，并有专人负责。

因此，正确选项是A、D、E。

94. B、D

【考点】施工投标。

【解析】投保人在正式投标时需要注意以下几方面的问题：

（1）注意投标的截止日期

招标人所规定的投标截止日就是提交标书最后的期限。投标人在投标截止日之前所提交的投标是有效的，超过该日期之后就会被视为无效投标。在招标文件要求提交投标文件的截止时间后送达的投标文件，招标人可以拒收。

（2）投标文件的完备性

投标人应当按照招标文件的要求编制投标文件。投标文件应当对招标文件提出的实质性要求和条件作出响应。投标不完备或投标没有达到招标人的要求，在招标范围以外提出新的要求，均被视为对于招标文件的否定，不会被招标人所接受。投标人必须为自己所投出的标负责，如果中标，必须按照投标文件中所阐述的方案来完成工程，这其中包括质量标准、工期与进度计划、报价限额等基本指标以及招标人所提出的其他要求。

（3）注意标书的标准

标书的提交要有固定的要求，基本内容是：签章、密封。如果不密封或密封不满足要求，投标是无效的。投标书还需要按照要求签章，投标书需要盖有投标企业公章以及企业法人的名章（或签字）。如果项目所在地与企业距离较远，由当地项目经理部组织投标，需要提交企业法人对于投标项目经理的授权委托书。

（4）注意投标的担保

通常投标需要提交投标担保。

因此，正确选项是B、D。

95. A、B、E

【考点】工期索赔的计算。

【解析】《建设工程施工合同（示范文本）》GF—2017—0201第7.5.1规定，在合同履行过程中，因下列情况导致工期延误和（或）费用增加的，由发包人承担由此延误的工期和（或）增加的费用，且发包人应支付承包人合理的利润：

（1）发包人未能按合同约定提供图纸或所提供图纸不符合合同约定的；

（2）发包人未能按合同约定提供施工现场、施工条件、基础资料、许可、批准等开工条件的；

（3）发包人提供的测量基准点、基准线和水准点及其书面资料存在错误或疏漏的；

（4）发包人未能在计划开工日期之日起 7 天内同意下达开工通知的；

（5）发包人未能按合同约定日期支付工程预付款、进度款或竣工结算款的；

（6）监理人未按合同约定发出指示、批准等文件的；

（7）专用合同条款中约定的其他情形。

因此，正确选项是 A、B、E。

96. A、B、C、E

【考点】成本加酬金合同。

【解析】对业主而言，成本加酬金合同形式的优点有：

（1）可以通过分段施工缩短工期，而不必等待所有施工图完成才开始招标和施工。

（2）可以减少承包商的对立情绪，承包商对工程变更和不可预见条件的反应会比较积极和快捷。

（3）可以利用承包商的施工技术专家，帮助改进或弥补设计中的不足。

（4）业主可以根据自身力量和需要，较深入地介入和控制工程施工和管理。

（5）也可以通过确定最大保证价格约束工程成本不超过某一限值，从而转移一部分风险。

对承包商来说，成本加酬金合同比固定总价的风险低，利润比较有保证，因而比较有积极性。其缺点是合同的不确定性，由于设计未完成，无法准确确定合同的工程内容、工程量以及合同的终止时间，有时难以对工程计划进行合理安排。

因此，正确选项是 A、B、C、E。

97. A、B、C

【考点】工程担保。

【解析】履约担保可以采用银行保函、履约担保书和履约保证金的形式，也可以采用同业担保的方式，即由实力强、信誉好的承包商为其提供履约担保，但应当遵守国家有关企业之间提供担保的有关规定，不允许两家企业互相担保或多家企业交叉互保。

因此，正确选项是 A、B、C。

98. A、B、C、D

【考点】施工合同实施控制。

【解析】根据工程变更的具体情况可以分析确定工程变更的责任和费用补偿。

（1）由于业主要求、政府部门要求、环境变化、不可抗力、原设计错误等导致的设计修改，应该由业主承担责任。由此所造成的施工方案的变更以及工期的延长和费用的增加应该向业主索赔。

（2）由于承包人的施工过程、施工方案出现错误、疏忽而导致设计的修改，应该由承包人承担责任。

（3）施工方案变更要经过工程师的批准，不论这种变更是否会对业主带来好处（如工期缩短、节约费用）。

由于承包人的施工过程、施工方案本身的缺陷而导致了施工方案的变更，由此所引起的费用增加和工期延长应该由承包人承担责任。

业主向承包人授标前（或签订合同前），可以要求承包人对施工方案进行补充、修改或做出说明，以便符合业主的要求。在授标后（或签订合同后）业主为了加快工期、提高质量等要求变更施工方案，由此所引起的费用增加可以向业主索赔。

因此，正确选项是 A、B、C、D。

99. A、B、C

【考点】索赔依据。

【解析】索赔的成立，应该同时具备以下三个前提条件：

（1）与合同对照，事件已造成了承包人工程项目成本的额外支出，或直接工期损失。

（2）造成费用增加或工期损失的原因，按合同约定不属于承包人的行为责任或风险责任。

（3）承包人按合同规定的程序和时间提交索赔意向通知和索赔报告。

以上三个条件必须同时具备，缺一不可。

因此，正确选项是 A、B、C。

100. A、B

【考点】项目进度控制的技术措施。

【解析】项目进度控制的措施有：组织措施、管理措施、经济措施和技术措施。

项目进度控制的技术措施涉及对实现进度目标有利的设计技术和施工技术的选用。不同的设计理念、设计技术路线、设计方案会对工程进度产生不同的影响，在设计工作的前期，特别是在设计方案评审和选用时，应对设计技术与工程进度的关系作分析比较。在工程进度受阻时，应分析是否存在设计技术的影响因素，为实现进度目标有无设计变更的可能性。

施工方案对工程进度有直接的影响，在决策其选用时，不仅应分析技术的先进性和经济合理性，还应考虑其对进度的影响。在工程进度受阻时，应分析是否存在施工技术的影响因素，为实现进度目标有无改变施工技术、施工方法和施工机械的可能性。

因此，正确选项是 A、B。

2019 年度一级建造师执业资格考试《建设工程项目管理》真题

一、单项选择题（共 70 题，每题 1 分。每题的备选项中，只有 1 个最符合题意）

1. 下列建设工程管理的任务中，属于为工程使用增值的是（　　）。

A. 有利于环保　　B. 提高工程质量

C. 有利于投资控制　　D. 有利于进度控制

2. 根据《项目管理知识体系指南（PMBOK 指南）》，项目经理应具备的技能包括（　　）。

A. 决策能力、领导能力和组织协调能力

B. 项目管理技术、应变能力和生产管理技能

C. 管理能力、应变能力、社交与谈判能力和项目管理经验

D. 项目管理技术、领导力、商业管理技能和战略管理技能

3. 业主方项目管理的目标中，进度目标是指（　　）的时间目标。

A. 项目动用　　B. 竣工验收

C. 联动试车　　D. 保修期结束

4. 关于组织论及组织工具的说法，正确的是（　　）。

A. 管理职能分工反映的是一种动态组织关系

B. 工作流程图是反映工作间静态逻辑关系的工具

C. 组织结构模式和组织分工都是一种相对的静态组织关系

D. 组织结构模式反映一个组织系统中的工作任务分工和管理职能分工

5. 下列工程项目策划工作中，属于决策阶段经济策划的是（　　）。

A. 项目总投资规划　　B. 项目总投资目标的分解

C. 项目建设成本分析　　D. 技术方案分析和论证

6. 下列工程项目策划工作中，属于实施阶段管理策划的是（　　）。

A. 项目实施期管理总体方案　　B. 生产运营期设施管理总体方案

C. 生产运营期经营管理总体方案　　D. 项目风险管理与工程保险方案

7. 根据《建设项目工程总承包管理规范》，属于工程总承包方启动阶段工作的是（　　）。

A. 任命项目经理，组建项目部　　B. 编制项目计划，召开开工会议

C. 编制初步设计文件　　D. 做好施工开工前的准备工作

8. 项目管理实施规划的编制工作包括：① 分析项目具体特点和环境条件；② 熟悉相关的法规和文件；③ 了解相关方的要求；④ 履行报批手续；⑤ 实施编制活动。正确的工

作程序是（　　）。

A. ①—②—③—④—⑤　　B. ①—③—②—⑤—④

C. ③—②—①—④—⑤　　D. ③—①—②—⑤—④

9. 根据《建设工程安全生产管理条例》，对达到一定规模的危险性较大的分部（分项）工程编制专项施工方案，经施工单位技术负责人和（　　）签字后实施。

A. 项目经理　　B. 项目技术负责人

C. 总监理工程师　　D. 业主方项目负责人

10. 项目目标动态控制工作包括：① 确定目标控制的计划值；② 分解项目目标；③ 收集项目目标的实际值；④ 定期比较计划值和实际值；⑤ 纠正偏差。正确的工作流程是（　　）。

A. ①—③—②—⑤—④　　B. ②—①—③—④—⑤

C. ③—②—①—④—⑤　　D. ①—②—③—④—⑤

11. 根据《建设工程项目管理规范》，项目管理机构负责人的职责包括（　　）等。

A. 参与组建项目管理机构

B. 主持编制项目管理目标责任书

C. 对各类资源进行质量监控和动态管理

D. 确定项目管理实施目标

12. 建筑施工企业因暂时生产经营困难无法按劳动合同约定日期支付工资的，应当向劳动者说明情况，并与工会或职工代表协商一致后，可以延期支付工资，但最长不得超过（　　）日。

A. 30　　B. 45

C. 60　　D. 90

13. 关于风险量、风险等级、风险损失程度和损失发生概率之间关系的说法，正确的是（　　）。

A. 风险量越大，损失程度越大

B. 损失发生的概率越大，风险量越小

C. 风险等级与风险损失程度成反比关系

D. 损失程度和损失发生概率越大，风险量越大

14. 根据《建设工程质量管理条例》，监理工程师应当按照（　　）的要求，采取旁站、巡视和平行检验等形式，对建设工程实施监理。

A. 工程监理规范　　B. 建设工程强制性标准条文

C. 委托监理合同　　D. 工程技术标准

15. 建设工程项目施工成本控制涉及的时间范围是（　　）。

A. 从施工准备开始至项目交付使用为止

B. 从工程投标开始至项目竣工结算完成为止

C. 从工程投标开始至项目保证金返还为止

D. 从施工准备开始至项目竣工结算完成为止

16. 建设工程项目施工成本管理是指在保证工期和质量要求的情况下，采取相应措施（　　）。

A. 全面分析实际成本的变动状态　　　　B. 将实际成本控制在计划范围内

C. 严格控制计划成本的变动范围　　　　D. 把计划成本控制在目标范围内

17. 建设工程项目施工成本按构成要素可分解为（　　）。

A. 直接费、间接费、利润、税金等

B. 单位工程施工成本、分部工程施工成本、分项工程施工成本等

C. 人工费、材料费、施工机具使用费、措施项目费等

D. 人工费、材料费、施工机具使用费、企业管理费等

18. 某工程施工成本计划采用时间—成本累计曲线（S 曲线）表示，因进度计划中存在有时差的工作，S 形曲线必然被包络在由全部工作都按（　　）的曲线所组成的“香蕉图”内。

A. 最早开始时间开始和最迟开始时间开始

B. 最早开始时间开始和最早完成时间开始

C. 最迟开始时间开始和最迟完成时间开始

D. 最早开始时间开始和最迟完成时间开始

19. 某分项工程月计划完成工程量为 3200m^2，计划单价为 15 元 /m^2。月底承包商实际完成工程量为 2800m^2，实际单价为 20 元 /m^2，则该工程当月的计划工作预算费用（*BCWS*）为（　　）元。

A. 42000　　　　B. 48000

C. 56000　　　　D. 64000

20. 应用曲线法进行施工成本偏差分析时，已完工作实际成本曲线与已完工作预算成本曲线的竖向距离表示（　　）。

A. 进度累计偏差　　　　B. 成本累计偏差

C. 进度局部偏差　　　　D. 成本局部偏差

21. 施工项目成本核算的程序中，将每个月应计入工程成本的生产费用，在各个成本对象之间进行分配和归集，计算各工程成本后需进行的工作是（　　）。

A. 对所发生的费用进行审核，确定应计入成本的费用和期间费用

B. 将应计入工程成本的各项费用，区分计入本月或其他月份的工程成本

C. 对未完工程进行盘点，确定本期已完工程实际成本

D. 将已完工程成本转入工程结算成本

22. 某施工单位为订立某工程项目建造合同共发生差旅费、投标费 50 万元。该项目工程完工时共发生人工费 600 万元，差旅费 5 万元，管理人员工资 98 万元，材料采购及保管费 15 万元。根据《企业会计准则第 15 号——建造合同》，间接费用是（　　）万元。

A. 50　　　　B. 55

C. 70　　　　D. 103

23. 某工程项目进行月（季）度成本分析时，发现属于预算定额规定的“政策性”亏损，则应采取的措施是（　　）。

A. 从控制支出着手，把超支额压缩到最低限度

B. 增加变更收入，弥补政策亏损

C. 将亏损成本转入下一月（季）度

D. 停止施工生产，并报告业主方

24. 在项目成本分析的依据中，既可对已经发生的经济活动进行核算，又可对尚未发生的经济活动进行核算的方式是（　　）。

A. 会计核算　　　　B. 成本核算

C. 统计核算　　　　D. 业务核算

25. 关于项目进度计划和进度计划系统的说法，正确的是（　　）。

A. 进度计划是实施性的，进度计划系统是控制性的

B. 业主方编制的进度计划是控制性的，施工方编制的进度计划是实施性的

C. 进度计划是项目参与方编制的，进度计划系统是业主方建立的

D. 进度计划系统由多个进度计划组成，是逐步形成的

26. 根据项目总进度目标论证的工作步骤，进度计划系统结构分析的紧后工作是（　　）。

A. 项目结构分析　　　　B. 编制各层进度计划

C. 项目的工作编码　　　　D. 编制总进度计划

27. 关于如下横道图进度计划的说法，正确的是（　　）。

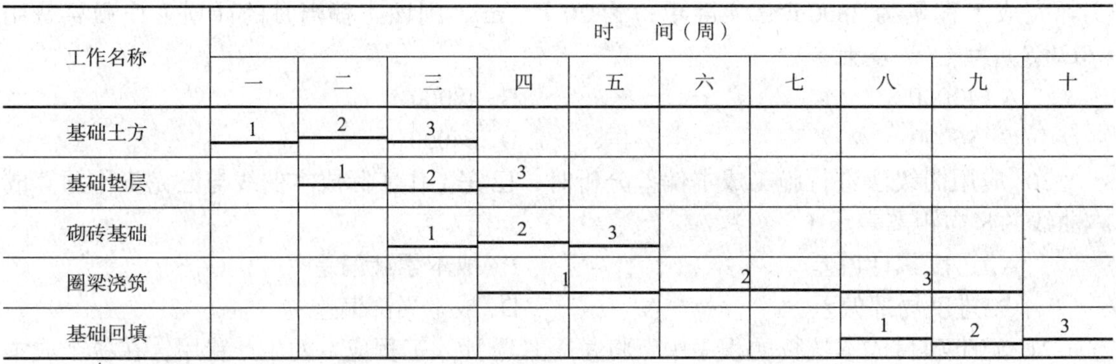

工作名称	时　间（周）									
	一	二	三	四	五	六	七	八	九	十
基础土方	1	2	3							
基础垫层		1	2	3						
砌砖基础			1	2	3					
圈梁浇筑				1		2		3		
基础回填								1	2	3

A. 圈梁浇筑工作的流水节拍是 2 周

B. 如果不要求工作连续，工期可压缩 1 周

C. 圈梁浇筑和基础回填间的流水步距是 2 周

D. 所有工作都没有机动时间

28. 某装饰工程共有墙纸裱糊、墙面软包两项相互独立的施工过程，每项施工过程均包括备料、运输、现场施工三项工作，墙纸裱糊各项工作的持续时间分别是 2、1、6 天，墙面软包各项工作的时间分别是 3、2、4 天；由于运输工具的限制，每天只能运输一项施工过程的材料，该装饰工程的最短施工工期是（　　）天。

A. 9　　　　B. 10

C. 11　　　　D. 12

29. 某工作最短估计时间是 5 天，最长估计时间是 10 天，最可能估计时间是 6 天。根据三时估算法，该工作的持续时间是（　　）天。

A. 6.25　　　　B. 6.5

C. 6.75　　　　D. 7

30. 某工作持续时间 2 天，有两项紧前工作和三项紧后工作，紧前工作的最早开始时

间分别是第 3 天、第 6 天（计算坐标系），对应的持续时间分别是 5 天、1 天；紧后工作的最早开始时间分别是第 15 天、第 17 天、第 19 天，对应的总时差分别是 3 天、2 天、0 天。该工作的总时差是（　　）天。

A. 8　　B. 9

C. 10　　D. 13

31. 某工程网络计划如下图所示，工作 D 的最迟开始时间是第（　　）天。

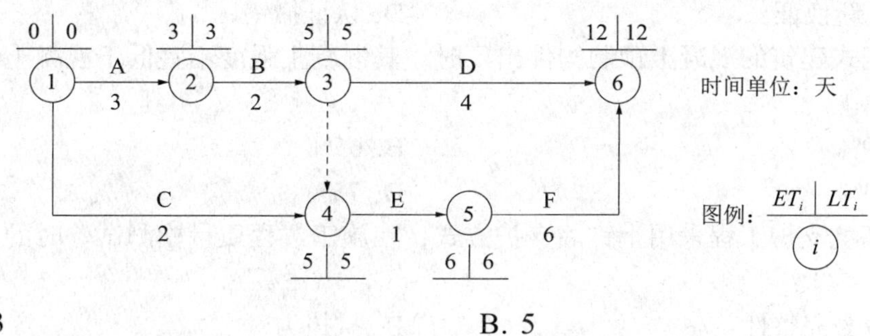

A. 3　　B. 5

C. 6　　D. 8

32. 关于双代号早时标网络计划的说法，正确的是（　　）。

A. 能在图上直接显示各项工作的最迟开始与完成时间

B. 工作间的逻辑关系可以设法表达，但不易表达清楚

C. 没有虚箭线，绘图比较简单

D. 工作的自由时差可以通过比较与其紧后工作间波形线的长度得出

33. 关于单代号网络计划绘图规则的说法，正确的是（　　）。

A. 不允许出现虚工作

B. 箭线不能交叉

C. 只能有一个起点节点，但可以有多个终点节点

D. 不能出现双向箭头的连线

34. 下列建设工程项目进度计划的控制措施中，属于组织措施的是（　　）。

A. 定义项目进度计划系统的组成　　B. 分析影响工程进度的风险

C. 树立动态控制的观念　　D. 编制相应的资源需求计划

35. 国内实行建筑业企业资质管理制度，属于控制建设工程项目质量影响因素中（　　）。

A. 管理的因素　　B. 人的因素

C. 方法的因素　　D. 环境的因素

36. 下列质量风险应对策略中，属于风险转移策略的是（　　）。

A. 施工单位合理安排工期，避开可能发生的自然灾害对质量的影响

B. 建设单位在工程发包时，要求承包单位提供履约担保

C. 施工单位在施工中有针对性地制定质量事故应急预案

D. 建设单位在工程预算价格中预留一定比例的不可预见费

37. 建设工程项目质量管理的PDCA循环中，质量处置（A）阶段的主要任务是（　　）。

A. 明确质量目标并制定实现目标的行动方案

B. 将质量计划落实到工程项目的施工作业技术活动中

C. 对计划实施过程进行科学管理

D. 对质量问题进行原因分析，采取措施予以纠正

38. 根据质量管理体系认证制度，当在认证证书有效期内出现体系认证范围变更时，企业可以采取的行动是（　　）。

A. 申请复评　　B. 认证暂停

C. 重新换证　　D. 认证撤销

39. 装配式建筑的混凝土预制构件出厂时，其混凝土强度不宜低于混凝土设计强度等级值的（　　）。

A. 60%　　B. 65%

C. 70%　　D. 75%

40. 某基坑支护工程采用土钉墙支护方式，在施工过程质量检测试验时的主要检测试验参数是（　　）。

A. 墙身完整性　　B. 抗拔力

C. 墙体强度　　D. 锁定力

41. 下列质量控制工作中，属于施工作业环境因素控制的工作是（　　）。

A. 建立统一的现场施工组织系统

B. 制定应对极端天气的专项紧急预案

C. 根据工程岩土地质资料采取基坑加固方案

D. 严格落实施工组织设计，保证现场施工条件

42. 施工过程质量验收中，分项工程质量验收的组织者是（　　）。

A. 专业监理工程师　　B. 施工单位项目负责人

C. 建设单位项目负责人　　D. 总监理工程师

43. 装配式混凝土建筑预制构件进场时需检查（　　）。

A. 生产记录　　B. 质量验收记录

C. 套筒灌浆记录　　D. 机械连接报告

44. 某工程发生质量事故导致 12 人重伤，按照事故损失的程度分级，该质量事故属于（　　）。

A. 特别重大事故　　B. 重大事故

C. 较大事故　　D. 一般事故

45. 某混凝土结构出现宽度为 0.5mm 的裂缝且裂缝深度较深，应采用的处理方法是（　　）。

A. 表面密封法　　B. 嵌缝封闭法

C. 灌浆修补法　　D. 粘钢加固法

46. 下列直方图中，表明生产过程处于正常、稳定状态的是（　　）。

A. 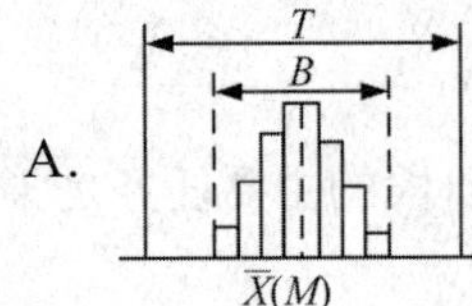

B. 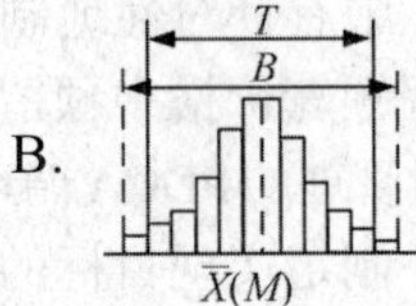

C. 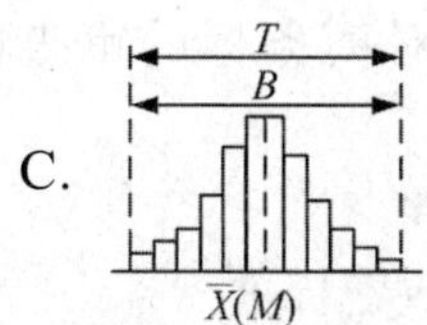

D. 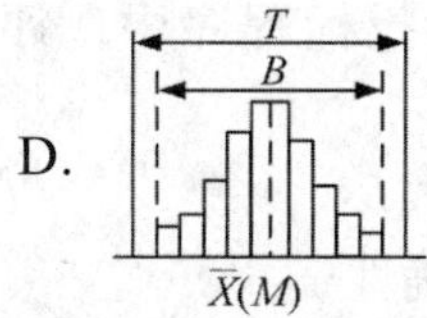

47. 建设工程质量监督机构对地基基础的混凝土强度进行监督检测，在质量监督的性质上属于（　　）。

A. 建设行为监督　　B. 工程实体质量监督

C. 工程质量行为监督　　D. 业务管理监督

48. 下列职业健康安全管理体系的基本要素中，属于核心要素的是（　　）。

A. 记录控制　　B. 文件控制

C. 目标和方案　　D. 应急准备和响应

49. 关于某起重信号工病休 7 个月后重返工作岗位的说法，正确的是（　　）。

A. 应重新进行安全技术理论学习，经确认合格后上岗作业

B. 应重新进行实际操作考试，经确认合格后上岗作业

C. 应在从业所在地考核发证机关申请备案后上岗作业

D. 应重新进行安全技术理论学习、实际操作考试，经确认合格后上岗作业

50. 按照国际通用的预警信号颜色表示，安全状况为“受到事故的严重威胁”时，预警信号颜色及等级为（　　）。

A. 黄色，Ⅱ级预警　　B. 橙色，Ⅲ级预警

C. 黄色，Ⅲ级预警　　D. 橙色，Ⅱ级预警

51. “施工现场在对人、机、环境进行安全治理的同时，还需治理安全管理措施”，体现了安全事故隐患的（　　）原则。

A. 冗余安全度治理　　B. 单项隐患综合治理

C. 预防与减灾并重治理　　D. 直接隐患与间接隐患并治

52. 建设工程安全事故调查组应当提交事故调查报告的时间为（　　）。

A. 自事故发生之日起 30 日内　　B. 自事故发生之日起 60 日内

C. 自调查组成立之日起 30 日内　　D. 自调查组成立之日起 60 日内

53. 关于按规定向有关部门报告建设工程安全事故情况的说法，正确的是（　　）。

A. 事故发生后，事故现场有关人员应当于 1 小时内向本单位安全负责人报告

B. 专业工程施工中出现安全事故的，可以只向行业主管部门报告

C. 事故现场人员可直接向事故发生地县级以上人民政府安全生产监督管理部门报告

D. 安全生产监督管理部门每级上报的时间不得超过 4 小时

54. 下列施工现场噪声控制的措施中，属于声源控制的是（　　）。

A. 采用低噪声设备和加工工艺　　B. 利用消声器阻止传播

C. 利用吸声材料吸收声能　　D. 应用隔声屏障阻碍噪声传播

55. 建设工程固体废物的处理方法中，进行资源化处理的重要手段是（　　）。

A. 回收利用　　B. 减量化处理

C. 填埋处置　　D. 稳定固化

56. 建设工程施工招投标程序中，评标阶段初步评审环节对商务标的审查内容是（　　）。

A. 标书的计价方式　　B. 标书的优惠条件

C. 报价计算的正确性　　D. 报价的构成和取费标准

57. 关于建设工程合同订立程序的说法，正确的是（　　）。

A. 招标人通过媒体发布招标公告，称为承诺

B. 投标人向招标人提交投标文件，称为承诺

C. 招标人向中标人发出中标通知书，称为要约邀请

D. 招标人向符合条件的投标人发出招标文件，称为要约邀请

58. 某工程承包人于 2019 年 5 月 15 日提交了竣工验收申请报告，6 月 10 日工程竣工验收合格，6 月 15 日发包人签发了工程接收证书。根据《建设工程施工合同（示范文本）》通用条款，该工程的缺陷责任期、保修期起算日分别为（　　）。

A. 5 月 15 日、6 月 10 日　　B. 6 月 10 日、6 月 15 日

C. 5 月 15 日、6 月 15 日　　D. 6 月 15 日、6 月 10 日

59. 关于专业工程分包人责任和义务的说法，正确的是（　　）。

A. 分包人必须服从发包人直接发出的指令

B. 分包人应履行总包合同中与分包工程有关的承包人的义务，另有约定除外

C. 必须完成规定的设计内容，并承担由此发生的费用

D. 在合同约定的时间内，向监理人提交施工组织设计，并在批准后执行

60. 某土石方工程采用混合计价。其中土方工程采用总价包干，包干价 14 万元；石方工程采用综合单价合同，单价为 100 元 /m^3。该工程有关工程量和价格资料见下表，则该工程结算价款为（　　）万元。

项目	估计工程量（m^3）	实际工程量（m^3）	合同单价（元 /m^3）
土方工程	3300	3600	—
石方工程	2000	2500	100

A. 34　　B. 37

C. 39　　D. 42

61. 某项目招标时，因工程初期很难描述工作范围和性质，无法按常规编制招标文件，则适宜采用的合同形式是（　　）。

A. 成本加奖金合同　　B. 成本加固定费用合同

C. 最大成本加费用合同　　D. 成本加固定比例费用合同

62. 根据《建设工程施工合同（示范文本）》，除另有约定外，国内工程中通常由发包人投保的险种是（　　）。

A. 建筑工程一切险　　B. 工伤保险

C. 人身意外伤害险　　D. 执业责任险

63. 用于保证承包人能够按合同规定进行施工，合理使用发包人已支付的全部预付金额的工程担保是（　　）。

A. 支付担保　　B. 预付款担保

C. 投标担保　　　　　　　　　　　　D. 履约担保

64. 下列合同实施偏差处理措施中，属于合同措施的是（　　）。

A. 变更施工方案　　　　　　　　　　B. 采取索赔手段

C. 调整工作计划　　　　　　　　　　D. 增加经济投入

65. 根据《建设工程施工专业分包合同（示范文本）》，关于发包人、承包人和分包人关系的说法，正确的是（　　）。

A. 发包人向分包人提供具备施工条件的施工场地

B. 分包人可直接致函发包人或工程师

C. 就分包范围内的有关工作，承包人随时可以向分包人发出指令

D. 分包合同价款与总承包合同相应部分价款存在连带关系

66. 某建设工程项目在施工中发生下列人工费：完成业主要求的合同外工作花费 3 万元；由于业主原因导致工效降低，使人工费增加 3 万元；施工机械故障造成人员窝工损失 1 万元。则施工单位可向业主索赔的合理人工费为（　　）万元。

A. 3　　　　　　　　　　　　　　　B. 4

C. 6　　　　　　　　　　　　　　　D. 7

67. 某工程签约合同价为 2400 万元，总工期为 24 个月，施工过程中业主增加额外工程 200 万元，则根据比例分析法承包商可提出的合理工期索赔值为（　　）个月。

A. 1　　　　　　　　　　　　　　　B. 2

C. 3　　　　　　　　　　　　　　　D. 4

68. 关于 FIDIC 施工合同条件中采用 DAB（争端裁决委员会）方式解决争议的说法，正确的是（　　）。

A. 特聘争端裁决委员的任期与合同期限一致

B. DAB 成员一般是工程技术和管理方面的专家

C. 业主应按支付条件支付 DAB 报酬的 70%

D. DAB 提出的裁决具有强制性

69. 根据建设项目信息的内容属性，质量控制信息应归类为（　　）。

A. 组织类信息　　　　　　　　　　B. 管理类信息

C. 经济类信息　　　　　　　　　　D. 技术类信息

70. 项目信息门户建立和运行的理论基础是（　　）。

A. 绩效优化理论　　　　　　　　　B. 远程合作理论

C. 项目集成理论　　　　　　　　　D. 网络互联理论

二、多项选择题（共30题，每题2分。每题的备选项中，有2个或2个以上符合题意，至少有 1 个错项。错选，本题不得分；少选，所选的每个选项得 0.5 分）

71. 关于工作任务分工和管理职能分工的说法，正确的有（　　）。

A. 管理职能是由管理过程的多个工作环节组成

B. 在一个项目实施的全过程中，应视具体情况对工作任务分工进行调整

C. 管理职能分工表既可用于项目管理，也可用于企业管理

D. 编制任务分工表前应对项目实施各阶段的具体管理工作进行详细分解

E. 项目各参与方应编制统一的工作任务分工表和管理职能分工表

72. 关于施工总承包管理模式的说法，正确的有（　　）。

A. 施工总承包管理单位应自行完成主体结构工程的施工

B. 一般情况下，由施工总承包管理单位与分包单位签订分包合同

C. 施工总承包管理模式下，分包合同价对业主是透明的

D. 施工总承包管理的招标可以不依赖完整的施工图

E. 施工总承包管理单位负责对分包单位的质量、进度进行控制

73. 根据《建筑施工组织设计规范》，施工管理计划包括（　　）。

A. 进度管理计划　　B. 质量管理计划

C. 安全管理计划　　D. 环境管理计划

E. 运营管理计划

74. 项目风险管理过程中，项目风险评估包括（　　）。

A. 确定风险因素　　B. 编制项目风险识别报告

C. 分析各种风险的损失量　　D. 分析各种风险因素发生的概率

E. 确定各种风险的风险量和风险等级

75. 下列工作任务中，属于工程施工阶段监理人员工作任务的有（　　）。

A. 核验施工测量放线　　B. 验收隐蔽工程

C. 审查施工进度计划　　D. 参与编写施工招标文件

E. 检查施工单位试验室

76. 下列建设工程项目施工费用中，属于直接费用的有（　　）。

A. 人工费　　B. 管理人员工资

C. 材料费　　D. 机械费

E. 差旅交通费

77. 关于按工程实施阶段编制施工成本计划的说法，正确的有（　　）。

A. 可在网络图的基础上进一步扩充得到

B. 可以用成本计划直方图的方式表示

C. 按最早时间安排工作可节约资金贷款利息

D. 可以用时间—成本累积曲线表示

E. 可根据资金筹措情况在“香蕉图”内调整 S 形曲线

78. 某分项工程采用赢得值法分析得到：已完工作预算费用（*BCWP*）＞计划工作预算费用（*BCWS*）＞已完工作实际费用（*ACWP*）。则该工程（　　）。

A. 费用超支　　B. 费用节余

C. 进度延误　　D. 进度提前

E. 费用绩效指数大于 1

79. 关于成本核算方法的说法，正确的有（　　）。

A. 表格核算法的基础是施工项目内部各环节的成本核算

B. 会计核算法科学严密，覆盖面较大

C. 表格核算法精度不高，覆盖面较小

D. 项目财务部门一般采用表格法进行成本核算

E. 会计核算法适用于工程项目内各岗位成本的责任核算

80. 施工项目专项成本分析包括（　　）。

A. 成本盈亏异常分析　　B. 工期成本分析

C. 资金成本分析　　D. 月度成本分析

E. 年度成本分析

81. 下列工程进度计划系统的构成内容中，属于由不同功能进度计划组成的有（　　）。

A. 施工总进度计划、主体工程施工进度计划、钢结构工程施工计划

B. 设计进度计划、物资采购进度计划、施工进度计划

C. 业主方的控制性进度计划、项目管理机构的操作性进度计划

D. 企业投标的指导性进度计划、项目部的实施性进度计划

E. 企业的年度进度计划、项目部的月度进度计划

82. 在项目的实施阶段，项目总进度包括（　　）。

A. 可行性研究工作进度　　B. 设计工作进度

C. 招标工作进度　　D. 物资采购工作进度

E. 用户管理工作进度

83. 关于横道图进度计划的说法，正确的有（　　）。

A. 能直接显示工作的开始和完成时间

B. 便于进行资源优化和调整

C. 计划调整工作量大

D. 可将工作简要说明直接放在横道上

E. 有严谨的时间参数计算，可使用电脑自动编制

84. 关于双代号网络计划中线路的说法，正确的有（　　）。

A. 长度最短的线路称为非关键线路

B. 线路中各节点应从小到大连续编号

C. 一个网络图中可能有一条或多条关键线路

D. 线路中各项工作持续时间之和就是该线路的长度

E. 没有虚工作的线路称为关键线路

85. 关于网络计划中工作自由时差（FF_i 或 FF_{i-j}）的说法，正确的有（　　）。

A. $FF_i = \min\{LAG_{i,j}\}$（$LAG_{i,j}$ 是本工作和紧后工作之间的间隔时间）

B. $FF_{i-j} = \min\{ES_{j-k} - EF_{i-j}\}$（$ES_{j-k}$ 是所有紧后工作的最早开始时间）

C. $FF_{i-j} = \min\{ET_j\} - ET_i - D_{i-j}$（$ET_j$ 是指所有紧后工作开始节点的最早时间）

D. 时标网络计划中，自由时差是该工作与紧后工作间最短波形线的长度

E. 自由时差是在不影响工期的前提下，工作所具有的机动时间

86. 下列项目进度控制的措施中，属于经济措施的有（　　）。

A. 编制工程网络计划　　B. 编制资源需求计划

C. 分析影响进度的资源风险　　D. 采取激励措施

E. 分析资金供应条件

87. 施工质量管理的PDCA循环中，检查C（Check）包括（　　）。

A. 作业者的自检

B. 作业者的互检

C. 监理单位的平行检查

D. 政府部门的监督检查

E. 专职管理者的专检

88. 根据对装配式混凝土结构预制构件质量控制点的要求，需要设置的质量控制点包括（　　）。

A. 预制构件混凝土养护

B. 预制构件出厂强度

C. 预制构件吊装位置

D. 预制构件预留孔洞

E. 预制构件运输

89. 住宅工程质量分户验收的内容有（　　）。

A. 地面工程质量

B. 门窗工程质量

C. 电梯工程质量

D. 供暖工程质量

E. 防水工程质量

90. 下列工程质量事故发生的原因中，属于技术原因的有（　　）。

A. 材料质量检验不严

B. 盲目抢工

C. 施工工艺错误

D. 结构设计错误

E. 台风天气

91. 对某模板工程表面平整度、截面尺寸、平面水平度、垂直度、标高等项目进行抽样检查，按照排列图法对抽样数据进行统计分析，发现其质量问题累计频率分别为 30%、60%、75%、89% 和 100%，则 A 类质量问题包括（　　）。

A. 表面平整度

B. 截面尺寸

C. 平面水平度

D. 垂直度

E. 标高

92. 一个完整的施工企业安全生产管理预警体系由（　　）构成。

A. 事故预警系统

B. 外部环境预警系统

C. 预警评价分析系统

D. 预警信息管理系统

E. 内部管理不良预警系统

93. 生产安全事故综合应急预案的主要内容包括（　　）。

A. 信息发布

B. 应急响应

C. 培训与演练

D. 事故危害程度分析

E. 施工单位的危险性分析

94. 下列建设工程施工现场的防治措施中，属于空气污染防治措施的有（　　）。

A. 清理高大建筑物的施工垃圾时使用封闭式容器

B. 施工现场道路指定专人定期洒水清扫

C. 机动车安装减少尾气排放的装置

D. 化学用品妥善保管，库内存放避免污染

E. 拆除旧建筑时，适当洒水

95. 根据《中华人民共和国招标投标法》，下列项目宜采用公开招标方式确定承包人的有（　　）。

A. 大型基础设施项目

B. 部分使用国有资金投资的项目

C. 使用国际组织援助资金的项目　　　　D. 关系公众安全的公共事业项目

E. 技术复杂且潜在投标人较少的项目

96. 根据《建设工程施工合同（示范文本）》GF—2017—0201 通用条款，除专用条款另有约定外，发包人的责任与义务包括（　　）。

A. 应按照约定向承包人免费提供图纸

B. 提供场外交通设施的技术参数和具体条件

C. 提供“三通一平”施工条件

D. 提供正常施工所需要的进入施工现场的交通条件

E. 最迟于开工日期 14 天前向承包人移交施工现场

97. 关于单价合同的说法，正确的有（　　）。

A. 投标报价单中总价和单价计算结果不一致时，以单价为准调整总价

B. 对于投标书中出现明显的数字计算错误，业主有权利先作修改再评标

C. 采用单价合同时，业主和承包人都不担心存在工程量方面的风险

D. 采用固定单价合同时，业主招标准备时间较长

E. 采用变动单价合同时，承包人的风险相对较小

98. 履约担保的形式包括（　　）。

A. 保兑支票　　　　B. 信用证明

C. 银行保函　　　　D. 担保书

E. 保证金

99. 合同实施偏差处理的调整措施包括（　　）。

A. 组织措施　　　　B. 技术措施

C. 法律措施　　　　D. 监管措施

E. 经济措施

100. 在建设工程项目施工索赔中，可索赔的合理人工费包括（　　）。

A. 完成合同之外的额外工作所花费的人工费用

B. 超过法定工作时间加班劳动的人工费用

C. 法定人工费增长费用

D. 非承包商责任工程延期导致的人员窝工费用

E. 不可抗力造成的工期延长导致的工资增加费用

2019年度真题参考答案及考点解析

一、单项选择题

1. A

【考点】建设工程管理的任务。

【解析】建设工程管理工作是一种增值服务工作，其核心任务是为工程的建设和使用增值，具体内容如下图所示。

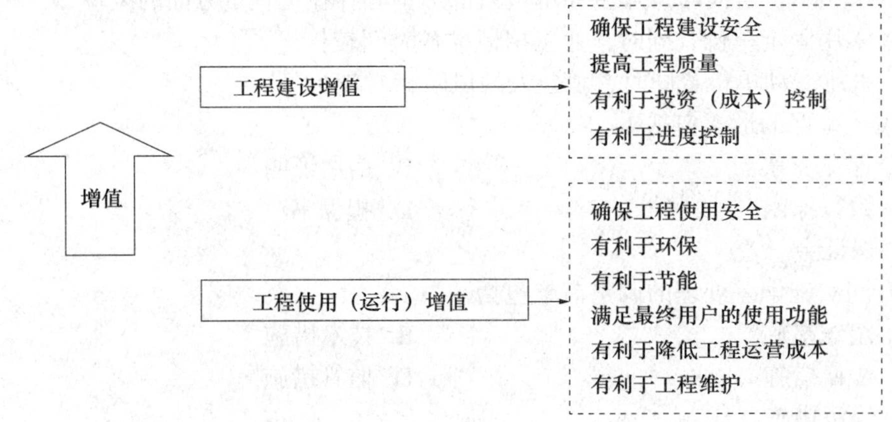

从上图可知，有利于环保属于为工程使用（运行）增值。

因此，正确选项是A。

2. D

【考点】业主方、设计方和供货方项目管理的目标和任务。

【解析】美国项目管理协会（PMI）的《项目管理知识体系指南（PMBOK 指南）》第六版（2017年9月发布）提出，项目经理应具备四种能力：项目管理技术、领导力、商业管理技能和战略管理技能。

因此，正确选项是D。

3. A

【考点】业主方、设计方和供货方项目管理的目标和任务。

【解析】业主方项目管理的目标包括项目的投资目标、进度目标和质量目标。其中进度目标指的是项目动用的时间目标，也即项目交付使用的时间目标，如工厂建成可以投入生产、道路建成可以通车、办公楼可以启用、旅馆可以开业的时间目标等。

因此，正确选项是A。

4. C

【考点】组织论和组织工具。

【解析】组织论是一门学科，它主要研究系统的组织结构模式、组织分工和工作流程组织。

组织结构模式反映了一个组织系统中各子系统之间或各元素（各工作部门或各管理人员）之间的指令关系。指令关系指的是哪一个工作部门或哪一位管理人员可以对哪一个工作部门或哪一位管理人员下达工作指令。

组织分工反映了一个组织系统中各子系统或各元素的工作任务分工和管理职能分工。组织结构模式和组织分工都是一种相对静态的组织关系。

工作流程组织则反映一个组织系统中各项工作之间的逻辑关系，是一种动态关系。

因此，正确选项是C。

5. C

【考点】项目决策阶段策划的工作内容。

【解析】建设工程项目决策阶段策划的基本内容如下：

（1）项目环境和条件的调查与分析，包括自然环境、宏观经济环境、政策环境、市场环境、建设环境（能源、基础设施等）等的调查与分析。

（2）项目定义和项目目标论证，其主要工作内容包括：

① 确定项目建设的目的、宗旨和指导思想；

② 项目的规模、组成、功能和标准的定义；

③ 项目总投资规划和论证；

④ 建设周期规划和论证。

（3）组织策划，其主要工作内容包括：

① 决策期的组织结构；

② 决策期任务分工；

③ 决策期管理职能分工；

④ 决策期工作流程；

⑤ 实施期组织总体方案；

⑥ 项目编码体系分析。

（4）管理策划，其主要工作内容包括：

① 项目实施期管理总体方案；

② 生产运营期设施管理总体方案；

③ 生产运营期经营管理总体方案。

（5）合同策划，其主要工作内容包括：

① 决策期的合同结构；

② 决策期的合同内容和文本；

③ 实施期合同结构总体方案。

（6）经济策划，其主要工作内容包括：

① 项目建设成本分析；

② 项目效益分析；

③ 融资方案；

④ 编制资金需求量计划。

（7）技术策划，其主要工作内容包括：

① 技术方案分析和论证；

② 关键技术分析和论证；

③ 技术标准、规范的应用和制定。

因此，正确选项是 C。

6. D

【考点】项目实施阶段策划的工作内容。

【解析】建设工程项目实施阶段策划的基本内容如下：

（1）项目实施的环境和条件的调查与分析，环境和条件包括自然环境、建设政策环境、建筑市场环境、建设环境（能源、基础设施等）、建筑环境（民用建筑的风格和主色调等）等。

（2）项目目标的分析和再论证，其主要工作内容包括：

① 投资目标的分解和论证；

② 编制项目投资总体规划；

③ 进度目标的分解和论证；

④ 编制项目建设总进度规划；

⑤ 项目功能分解；

⑥ 建筑面积分配；

⑦ 确定项目质量目标。

（3）项目实施的组织策划，其主要工作内容包括：

① 业主方项目管理的组织结构；

② 任务分工和管理职能分工；

③ 项目管理工作流程；

④ 建立编码体系。

（4）项目实施的管理策划，其主要工作内容包括：

① 项目实施各阶段项目管理的工作内容；

② 项目风险管理与工程保险方案。

（5）项目实施的合同策划，其主要工作内容包括：

① 方案设计竞赛的组织；

② 项目管理委托、设计、施工、物资采购的合同结构方案；

③ 合同文本。

（6）项目实施的经济策划，其主要工作内容包括：

① 资金需求量计划；

② 融资方案的深化分析。

（7）项目实施的技术策划，其主要工作内容包括：

① 技术方案的深化分析和论证；

② 关键技术的深化分析和论证；

③ 技术标准和规范的应用和制定等。

（8）项目实施的风险策划等。

因此，正确选项是 D。

7. A

【考点】项目总承包的模式。

【解析】根据《建设项目工程总承包管理规范》GB/T 50358—2005，项目总承包方的工作程序如下：

（1）项目启动：在工程总承包合同条件下，任命项目经理，组建项目部。

（2）项目初始阶段：进行项目策划，编制项目计划，召开开工会议；发表项目协调程序，发表设计基础数据；编制计划，包括采购计划、施工计划、试运行计划、财务计划和安全管理计划，确定项目控制基准等。

（3）设计阶段：编制初步设计或基础工程设计文件，进行设计审查，编制施工图设计或详细工程设计文件。

（4）采购阶段：采买、催交、检验、运输、与施工办理交接手续。

（5）施工阶段：施工开工前的准备工作，现场施工，竣工试验，移交工程资料，办理管理权移交，进行竣工决算。

（6）试运行阶段：对试运行进行指导和服务。

（7）合同收尾：取得合同目标考核证书，办理决算手续，清理各种债权债务；缺陷通知期限满后取得履约证书。

（8）项目管理收尾：办理项目资料归档，进行项目总结，对项目部人员进行考核评价，解散项目部。

因此，正确选项是 A。

8. D

【考点】项目管理规划的编制方法。

【解析】《建设工程项目管理规范》GB/T 50326—2017 对项目管理实施规划的编制工作程序作了如下规定：

编制项目管理实施规划应遵循下列程序：

（1）了解项目相关各方的要求；

（2）分析项目条件和环境；

（3）熟悉相关法规和文件；

（4）组织编制；

（5）履行报批手续。

因此，正确选项是 D。

9. C

【考点】施工组织设计的编制方法。

【解析】《建设工程安全生产管理条例》（国务院第 393 号令）规定：对下列达到一定规模的危险性较大的分部（分项）工程编制专项施工方案，并附具安全验算结果，经施工单位技术负责人、总监理工程师签字后实施：（1）基坑支护与降水工程；（2）土方开挖工程；（3）模板工程；（4）起重吊装工程；（5）脚手架工程；（6）拆除爆破工程；（7）国务院建设行政主管部门或者其他有关部门规定的其他危险性较大的工程。

因此，正确选项是 C。

10. B

【考点】项目目标动态控制的方法及其应用。

【解析】项目目标动态控制的工作程序如下：

第一步，项目目标动态控制的准备工作：将项目的目标进行分解，以确定用于目标控制的计划值。

第二步，在项目实施过程中项目目标的动态控制：

（1）收集项目目标的实际值，如实际投资，实际进度等；

（2）定期（如每两周或每月）进行项目目标的计划值和实际值的比较；

（3）通过项目目标的计划值和实际值的比较，如有偏差，则采取纠偏措施进行纠偏。

第三步，如有必要，则进行项目目标的调整，目标调整后再回复到第一步。

因此，正确选项是B。

11. C

【考点】施工企业项目经理的责任。

【解析】根据《建设工程项目管理规范》GB/T 50326—2017，项目管理机构负责人的职责如下：

（1）项目管理目标责任书中规定的职责。

（2）工程质量安全责任承诺书中应履行的职责。

（3）组织或参与编制项目管理规划大纲、项目管理实施规划，对项目目标进行系统管理。

（4）主持制定并落实质量、安全技术措施和专项方案，负责相关的组织协调工作。

（5）对各类资源进行质量监控和动态管理。

（6）对进场的机械、设备、工器具的安全、质量和使用进行监控。

（7）建立各种专业管理制度并组织实施。

（8）制定有效的安全、文明和环境保护措施并组织实施。

（9）组织或参与评价项目管理绩效。

（10）进行授权范围内的任务分解和利益分配。

（11）按规定完善工程资料，规范规程档案文件，准备工程结算和竣工资料。

（12）接受审计，处理项目管理机构解体的善后工作。

（13）协助和配合组织进行项目检查、鉴定和评奖申报。

（14）配合组织完善缺陷责任期的相关工作。

因此，正确选项是C。

12. A

【考点】施工企业人力资源管理的任务。

【解析】为了防止拖欠、克扣工人工资，各级政府主管部门又制定了针对建筑施工企业劳务用工的工资支付管理规定，主要内容如下：

（1）建筑施工企业应当按照当地的规定，根据劳动合同约定的工资标准、支付周期和日期，支付劳动者工资，不得以工程款被拖欠、结算纠纷、垫资施工等理由克扣劳动者工资。

（2）建筑施工企业应当每月对劳动者应得的工资进行核算，并由劳动者本人签字。

（3）建筑施工企业应当至少每月向劳动者支付一次工资，且支付部分不得低于当地最低工资标准，每季度末结清劳动者剩余应得的工资。

（4）建筑施工企业应当将工资直接发放给劳动者本人，不得将工资发放给包工头或者不具备用工主体资格的其他组织或个人。

（5）建筑施工企业应当对劳动者出勤情况进行记录，作为发放工资的依据，并按照工资支付周期编制工资支付表，不得伪造、变造、隐匿、销毁出勤记录和工资支付表。

（6）建筑施工企业因暂时生产经营困难无法按劳动合同约定的日期支付工资的，应当向劳动者说明情况，并经与工会或职工代表协商一致后，可以延期支付工资，但最长不得超过 30 日。超过 30 日不支付劳动者工资的，属于无故拖欠工资行为。

（7）建筑施工企业与劳动者终止或者依法解除劳动合同，应当在办理终止或解除合同手续的同时一次性付清劳动者工资。

因此，正确选项是 A。

13. D

【考点】项目的风险类型。

【解析】风险指的是损失的不确定性，对建设工程项目管理而言，风险是指可能出现的影响项目目标实现的不确定因素。

风险量反映不确定的损失程度和损失发生的概率。若某个可能发生的事件其可能的损失程度和发生的概率都很大，则其风险量就很大，如下图所示。

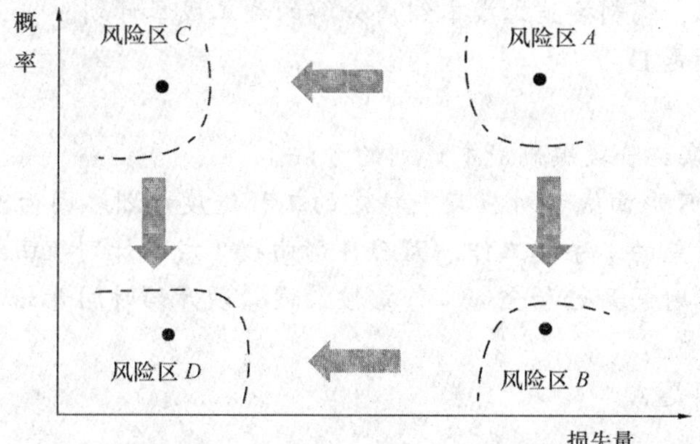

若某事件经过风险评估，它处于风险区 A，则应采取措施，降低其概率，即使它移位至风险区 B；或采取措施降低其损失量，即使它移位至风险区 C。风险区 B 和 C 的事件则应采取措施，使其移位至风险区 D。

因此，正确选项是 D。

14. A

【考点】监理的工作性质。

【解析】《建设工程质量管理条例》第三十八条规定："监理工程师应当按照工程监理规范的要求，采取旁站、巡视和平行检验等形式，对建设工程实施监理"。

因此，正确选项是 A。

15. C

【考点】成本管理的任务和程序。

【解析】施工成本控制是在施工过程中，对影响施工成本的各种因素加强管理，并采取各种有效措施，将施工中实际发生的各种消耗和支出严格控制在成本计划范围内；通过动态监控并及时反馈，严格审查各项费用是否符合标准，计算实际成本和计划成本之间的差异并进行分析，进而采取多种措施，减少或消除施工中的损失浪费。

建设工程项目施工成本控制应贯穿于项目从投标阶段开始直至竣工验收的全过程，它是企业全面成本管理的重要环节。施工成本控制可分为事先控制、事中控制（过程控制）和事后控制。在项目的施工过程中，需按动态控制原理对实际施工成本的发生过程进行有效控制。

因此，正确选项是 C。

16. B

【考点】成本管理的任务和程序。

【解析】施工成本管理就是要在保证工期和质量满足要求的情况下，采取相应管理措施，包括组织措施、经济措施、技术措施、合同措施，把成本控制在计划范围内，并进一步寻求最大程度的成本节约。

因此，正确选项是 B。

17. D

【考点】按成本组成编制成本计划的方法。

【解析】施工成本可以按成本构成分解为人工费、材料费、施工机具使用费和企业管理费等。在此基础上，编制按施工成本组成分解的施工成本计划。

因此，正确选项是 D。

18. A

【考点】按工程实施阶段编制成本计划的方法。

【解析】每一条 S 形曲线都对应某一特定的工程进度计划。因为在进度计划的非关键路线中存在许多有时差的工序或工作，因而 S 形曲线（成本计划值曲线）必然包络在由全部工作都按最早开始时间开始和全部工作都按最迟必须开始时间开始的曲线所组成的“香蕉图”。

因此，正确选项是 A。

19. B

【考点】成本控制的方法。

【解析】计划工作预算费用（*BCWS*）＝计划工作量 × 计划单价

$$= 3200 \times 15 = 48000 \text{ 元}$$

因此，正确选项是 B。

20. B

【考点】成本控制的方法。

【解析】已完工作实际成本（*ACWP*）曲线与已完工作预算费用（*BCWP*）曲线如下图所示。

则，已完工作实际成本（*ACWP*）曲线与已完工作预算费用（*BCWP*）曲线的竖向距离，即费用偏差 *CV* 表示的是成本累计偏差。

因此，正确选项是 B。

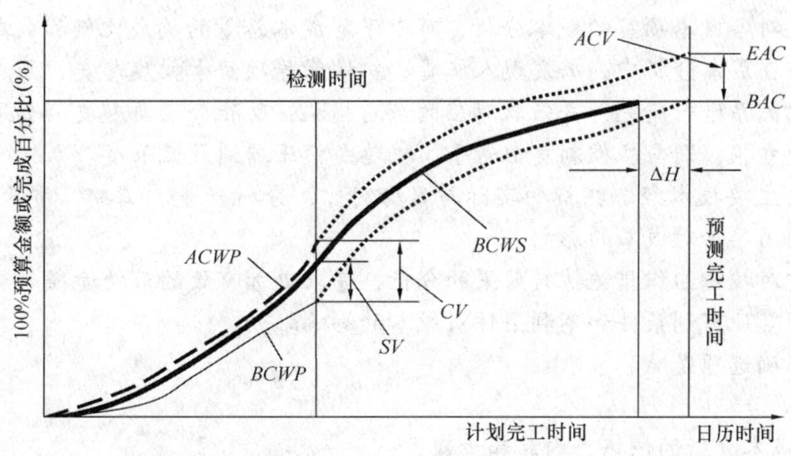

21. C

【考点】成本核算的原则、依据、范围和程序。

【解析】根据会计核算程序，结合工程成本发生的特点和核算要求，工程成本核算的程序为：

（1）对所发生的费用进行审核，以确定应计入工程成本的费用和计入各项期间费用的数额。

（2）将应计入工程成本的各项费用，区分为哪些应当计入本月的工程成本，哪些应由其他月份的工程成本负担。

（3）将每个月应计入工程成本的生产费用，在各个成本对象之间进行分配和归集，计算各工程成本。

（4）对未完工程进行盘点，以确定本期已完工程实际成本。

（5）将已完工程成本转入工程结算成本，核算竣工工程实际成本。

因此，正确选项是 C。

22. D

【考点】成本核算的原则、依据、范围和程序。

【解析】根据《企业会计准则第 15 号——建造合同》，间接费用是企业下属的施工单位或生产单位为组织和管理施工生产活动所发生的费用。本题中，间接费用有差旅费和管理人员工资两项（5 + 98 = 103 万元）。

因此，正确选项是 D。

23. A

【考点】成本分析的方法。

【解析】月（季）度成本分析的依据是当月（季）的成本报表，分析通常包括以下几个方面：

（1）通过实际成本与预算成本的对比，分析当月（季）的成本降低水平；通过累计实际成本与累计预算成本的对比，分析累计的成本降低水平，预测实现项目成本目标的前景。

（2）通过实际成本与目标成本的对比，分析目标成本的落实情况以及目标管理中的问题和不足，进而采取措施，加强成本管理，保证成本目标的实现。

（3）通过对各成本项目的成本分析，可以了解成本总量的构成比例和成本管理的薄弱环节。例如：在成本分析中，若发现人工费、机械费等项目大幅度超支，则应该对这些费用的收支配比关系进行研究，并采取对应的应对措施，防止今后再超支。如果是属于规定的“政策性”亏损，则应从控制支出着手，把超支额压缩到最低限度。

（4）通过主要技术经济指标的实际与目标对比，分析产量、工期、质量、“三材”节约率、机械利用率等对成本的影响。

（5）通过对技术组织措施执行效果的分析，寻求更加有效的节约途径。

（6）分析其他有利条件和不利条件对成本的影响。

因此，正确选项是A。

24. D

【考点】成本分析的依据、内容和步骤。

【解析】施工成本分析的主要依据是会计核算、业务核算和统计核算所提供的资料。业务核算的范围比会计、统计核算要广。会计和统计核算一般是对已经发生的经济活动进行核算，而业务核算不但可以核算已经完成的项目是否达到原定的目的、取得预期的效果，而且可以对尚未发生或正在发生的经济活动进行核算，以确定该项经济活动是否有经济效果，是否有执行的必要。

因此，正确选项是D。

25. D

【考点】项目进度计划系统的建立。

【解析】建设工程项目进度计划系统是由多个相互关联的进度计划组成的系统，它是项目进度控制的依据。由于各种进度计划编制所需要的必要资料是在项目进展过程中逐步形成的，因此项目进度计划系统的建立和完善也有一个过程，它是逐步形成的。

因此，正确选项是D。

26. C

【考点】项目总进度目标论证的工作步骤。

【解析】建设工程项目总进度目标论证的工作步骤如下：

（1）调查研究和收集资料；

（2）项目结构分析；

（3）进度计划系统的结构分析；

（4）项目的工作编码；

（5）编制各层进度计划；

（6）协调各层进度计划的关系，编制总进度计划；

（7）若所编制的总进度计划不符合项目的进度目标，则设法调整；

（8）若经过多次调整，进度目标无法实现，则报告项目决策者。

因此，正确选项是C。

27. A

【考点】横道图进度计划的编制方法。

【解析】由题干所给出的横道图计划可知：基础土方、基础垫层、砌砖基础、圈梁浇筑、基础回填的流水节拍分别为1、1、1、2、1周；各项工作都连续作业，工作面有空闲；

圈梁浇筑和基础回填间的流水步距为 4 周。

因此，正确选项是 A。

28. A

【考点】工程网络计划有关时间参数的计算。

【解析】根据题意，绘制横道图计划见下表。

施工过程		1	2	3	4	5	6	7	8	9
墙纸裱糊	备料									
	运输									
	施工									
墙面软包	备料									
	运输									
	施工									

因此，正确选项是 A。

29. B

【考点】工程网络计划有关时间参数的计算。

【解析】三时估计法计算工作的持续时间：$(5+4\times 6+10)/6=6.5$ 天。

因此，正确选项是 B。

30. A

【考点】工程网络计划有关时间参数的计算。

【解析】根据题意，绘制出局部网络计划如下图。根据计算可知，该工作的总时差为 8。

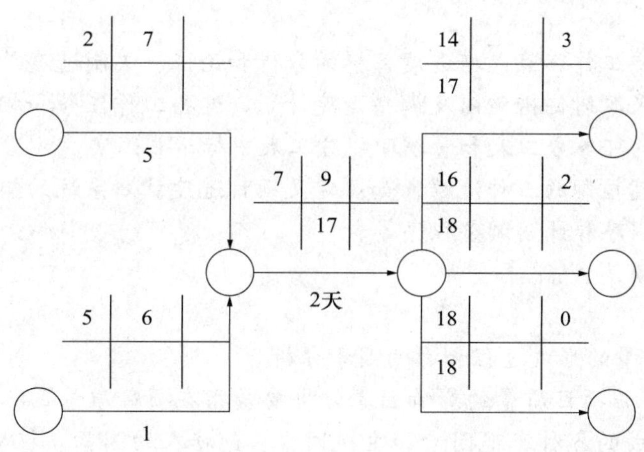

因此，正确选项是 A。

31. D

【考点】工程网络计划有关时间参数的计算。

【解析】由题干中所给出的网络计划可知：工作 D 的完成节点⑥，其最迟时间为 12，即工作 D 的最迟完成时间为 12。所以，工作 D 的最迟开始时间为 $12-4=8$。

因此，正确选项是D。

32. D

【考点】工程网络计划的编制方法。

【解析】双代号早时标网络计划中，各工作开始节点所在位置表示该工作的最早开始时间；双代号早时标网络计划中，各工作的自由时差可以通过其与紧后工作间波形线的长度确定（波纹线长度的最小值即为该工作的自由时差）。

因此，正确选项是D。

33. D

【考点】工程网络计划的编制方法。

【解析】单代号网络图的绘图规则如下：

（1）单代号网络图必须正确表达已确定的逻辑关系。

（2）单代号网络图中，不允许出现循环回路。

（3）单代号网络图中，不能出现双向箭头或无箭头的连线。

（4）单代号网络图中，不能出现没有箭尾节点的箭线和没有箭头节点的箭线。

（5）绘制网络图时，箭线不宜交叉，当交叉不可避免时，可采用过桥法或指向法绘制。

（6）单代号网络图中只应有一个起点节点和一个终点节点。当网络图中有多项起点节点或多项终点节点时，应在网络图的两端分别设置一项虚工作，作为该网络图的起点节点（St）和终点节点（Fin）。

因此，正确选项是D。

34. A

【考点】项目进度控制的组织措施。

【解析】在项目组织结构中应有专门的工作部门和符合进度控制岗位资格的专人负责进度控制工作。

进度控制的主要工作环节包括进度目标的分析和论证、编制进度计划、定期跟踪进度计划的执行情况、采取纠偏措施以及调整进度计划。这些工作任务和相应的管理职能应在项目管理组织设计的任务分工表和管理职能分工表中标示并落实。

应编制项目进度控制的工作流程，如：定义项目进度计划系统的组成；各类进度计划的编制程序、审批程序和计划调整程序等。

因此，正确选项是A。

35. B

【考点】项目质量的形成过程和影响因素分析。

【解析】建设工程项目质量的影响因素，主要是指在项目质量目标策划、决策和实现过程中影响质量形成的各种客观因素和主观因素，包括人的因素、机械因素、材料因素、方法因素和环境因素（简称人、机、料、法、环）等。

在工程项目质量管理中，人的因素起决定性的作用。项目质量控制应以控制人的因素为基本出发点。影响项目质量的人的因素，包括两个方面：一是指直接履行项目质量职能的决策者、管理者和作业者个人的质量意识及质量活动能力；二是指承担项目策划、决策或实施的建设单位、勘察设计单位、咨询服务机构、工程承包企业等实体组织的质量管理体系及其管理能力。我国实行建筑业企业经营资质管理制度、市场准入制度、执业资格注册制度、作业及管理人员持证上岗制度等，从本质上说，都是对从事建设工程活动的人的素质和能力进行必要的控制。

因此，正确选项是B。

36. B

【考点】项目质量风险分析和控制。

【解析】常用的质量风险对策包括风险规避、减轻、转移、自留及其组合等策略。

风险转移策略，就是就是依法采用正确的方法把质量风险转移给其他方承担。转移的方法有：

（1）分包转移。例如，施工总承包单位依法把自己缺乏经验、没有足够把握的分项工程，通过签订分包合同，分包给有经验、有能力的单位施工；承包单位依法实行联合承包，也是分担风险的办法。

（2）担保转移。例如，建设单位在工程发包时，要求承包单位提供履约担保；工程竣工结算时，扣留一定比例的质量保证金等。

（3）保险转移。质量责任单位向保险公司投保适当的险种，把质量风险全部或部分转移给保险公司等。

因此，正确选项是B。

37. D

【考点】全面质量管理思想和方法的应用。

【解析】PDCA循环是建立质量管理体系和进行质量管理的基本方法。从某种意义上说，管理就是确定任务目标，并通过PDCA循环来实现预期目标。每一循环都围绕着实现预期的目标，进行计划、实施、检查和处置活动，随着对存在问题的解决和改进，在一次一次的滚动循环中逐步上升，不断增强质量管理能力，不断提高质量水平。每一个循环的四大职能活动相互联系，共同构成了质量管理的系统过程。

处置A（Action）阶段：对于质量检查所发现的质量问题或质量不合格，及时进行原因分析，采取必要的措施，予以纠正，保持工程质量形成过程的受控状态。处置分纠偏和预防改进两个方面。前者是采取有效措施，解决当前的质量偏差、问题或事故；后者是将目前质量状况信息反馈到管理部门，反思问题症结或计划时的不周，确定改进目标和措施，为今后类似质量问题的预防提供借鉴。

因此，正确选项是D。

38. C

【考点】施工企业质量管理体系的建立与认证。

【解析】认证暂停是认证机构对获证企业质量管理体系发生不符合认证要求情况时采取的警告措施。认证暂停期间，企业不得使用质量管理体系认证证书做宣传。企业在规定期间采取纠正措施满足规定条件后，认证机构撤销认证暂停；否则将撤销认证注册，收回合格证书。

认证撤销。当获证企业发生质量管理体系存在严重不符合规定，或在认证暂停的规定期限未予整改，或发生其他构成撤销体系认证资格情况时，认证机构作出撤销认证的决定。企业不服可提出申诉。撤销认证的企业一年后可重新提出认证申请。

复评。认证合格有效期满前，如企业愿继续延长，可向认证机构提出复评申请。

重新换证。在认证证书有效期内，出现体系认证标准变更、体系认证范围变更、体系认证证书持有者变更，可按规定重新换证。

因此，正确选项是C。

39. D

【考点】施工生产要素的质量控制。

【解析】装配式建筑的混凝土构件的原材料质量、钢筋加工和连接的力学性能、混凝土强度、构件结构性能、装饰材料、保温材料及拉结件的质量等均应根据国家现行有关标准进行检查和检验，并应具有生产操作规程和质量检验记录。混凝土预制构件出厂时的混凝土强度不宜低于设计混凝土强度等级值的75%。

因此，正确选项是D。

40. B

【考点】施工过程的质量控制。

【解析】施工过程质量检测试验的内容应依据国家现行相关标准、设计文件、合同要求和施工质量控制的需要确定，主要内容见下表（部分）。

施工过程质量检测试验主要内容（部分）

序号	类别	检测试验项目	主要检测试验参数	备注
1	土方回填			
2	地基与基础			
3	基坑支护	土钉墙	土钉抗拔力	
		水泥土墙	墙身完整性	
			墙体强度	
		锚杆、锚索	锁定力	设计有要求时
4	钢筋连接			

因此，正确选项是B。

41. D

【考点】施工生产要素的质量控制。

【解析】环境的因素主要包括施工现场自然环境因素、施工质量管理环境因素和施工作业环境因素。

施工作业环境因素主要是指施工现场的给水排水条件，各种能源介质供应，施工照明、通风、安全防护设施，施工场地空间条件和通道，以及交通运输和道路条件等因素。要认真实施经过审批的施工组织设计和施工方案，落实保证措施，严格执行相关管理制度和施工纪律，保证上述环境条件良好，使施工顺利进行以及施工质量得到保证。

因此，正确选项是D。

42. A

【考点】施工过程的质量验收。

【解析】根据《建筑工程施工质量验收统一标准》GB 50300—2013，分项工程应由监理工程师（建设单位项目技术负责人）组织施工单位项目专业质量（技术）负责人进行验收。

因此，正确选项是 A。

43. B

【考点】施工过程的质量验收。

【解析】装配式混凝土建筑的施工质量验收，除了要符合一般建筑工程施工质量验收的规定以外，还有一些专门的要求。预制构件质量的验收要求有：

（1）预制构件进场时应检查质量证明文件或质量验收记录；

（2）梁板类简支受弯预制构件进场时应进行结构性能检验；

（3）……

因此，正确选项是 B。

44. C

【考点】工程质量问题和质量事故的分类。

【解析】根据住房和城乡建设部《关于做好房屋建筑和市政基础设施工程质量事故报告和调查处理工作的通知》（建质［2010］111 号），按事故造成损失的程度分级，工程质量事故分为 4 个等级：

（1）特别重大事故，是指造成 30 人以上死亡，或者 100 人以上重伤，或者 1 亿元以上直接经济损失的事故；

（2）重大事故，是指造成 10 人以上 30 人以下死亡，或者 50 人以上 100 人以下重伤，或者 5000 万元以上 1 亿元以下直接经济损失的事故；

（3）较大事故，是指造成 3 人以上 10 人以下死亡，或者 10 人以上 50 人以下重伤，或者 1000 万元以上 5000 万元以下直接经济损失的事故；

（4）一般事故，是指造成 3 人以下死亡，或者 10 人以下重伤，或者 100 万元以上 1000 万元以下直接经济损失的事故。

因此，正确选项是 C。

45. C

【考点】施工质量问题和质量事故的处理。

【解析】施工质量事故处理的基本方法有：（1）返修补处理；（2）加固处理；（3）返工处理；（4）限制使用；（5）限制使用。

当项目的某些部分的质量虽未达到规范、标准或设计规定的要求，存在一定的缺陷，但经过采取整修等措施后可以达到要求的质量标准，又不影响使用功能或外观的要求时，可采取返修处理的方法。例如，某些混凝土结构表面出现蜂窝、麻面，或者混凝土结构局部出现损伤，如结构受撞击、局部未振实、冻害、火灾、酸类腐蚀、碱骨料反应等，当这些缺陷或损伤仅仅在结构的表面或局部，不影响其使用和外观，可进行返修处理。再比如对混凝土结构出现裂缝，经分析研究后如果不影响结构的安全和使用功能时，也可采取返修处理。当裂缝宽度不大于 0.2mm 时，可采用表面密封法；当裂缝宽度大于 0.3mm 时，采用嵌缝密闭法；当裂缝较深时，则应采取灌浆修补的方法。

因此，正确选项是 C。

46. D

【考点】直方图法的应用。

【解析】正常直方图呈正态分布，其形状特征是中间高、两边低、成对称。正常直方图反映生产过程质量处于正常、稳定状态。数理统计研究证明，当随机抽样方案合理且样本数量足够大时，在生产能力处于正常、稳定状态，质量特性检测数据趋于正态分布。

异常直方图呈偏态分布，常见的异常直方图有折齿型、缓坡型、孤岛型、双峰型、峭壁型，出现异常的原因可能是生产过程存在影响质量的系统因素，或收集整理数据制作直方图的方法不当所致，要具体分析。

通过直方图分布位置观察分析：

（1）所谓位置观察分析是指将直方图的分布位置与质量控制标准的上下限范围进行比较分析。

（2）生产过程的质量正常、稳定和受控，还必须在公差标准上、下界限范围内达到质量合格的要求。只有这样的正常、稳定和受控才是经济合理的受控状态，如选项D所示。

（3）选项A，质量特性数据的分布居中且边界与质量标准的上下界限有较大的距离，说明其质量能力偏大，不经济。

（4）选项B，数据分布均已出现超出质量标准的上下界限，这些数据说明生产过程存在质量不合格，需要分析原因，采取措施进行纠偏。

（5）选项C，质量特性数据的分布宽度边界达到质量标准的上下界限，其质量能力处于临界状态，易出现不合格，必须分析原因，采取措施。

因此，正确选项是D。

47. B

【考点】政府对工程项目质量监督的内容与实施。

【解析】政府建设行政主管部门和其他有关部门的工程质量监督管理应当包括下列内容：

（1）执行法律法规和工程建设强制性标准的情况；

（2）抽查涉及工程主体结构安全和主要使用功能的工程实体质量；

（3）抽查工程质量责任主体和质量检测等单位的工程质量行为；

（4）抽查主要建筑材料、建筑构配件的质量；

（5）对工程竣工验收进行监督；

（6）组织或者参与工程质量事故的调查处理；

（7）定期对本地区工程质量状况进行统计分析；

（8）依法对违法违规行为实施处罚。

建设工程质量监督机构对地基基础的混凝土强度进行监督检测属于对工程实体质量的监督。

因此，正确选项是B。

48. C

【考点】职业健康安全管理体系与环境管理体系标准。

【解析】职业健康安全管理体系要素间分为两类：一类是体现主体框架和基本功能的核心要素，另一类是支持体系主体框架和保证实现基本功能的辅助性要素。

核心要素（10个）：职业健康安全方针；对危险源辨识、风险评价和控制措施的确定；

法律法规和其他要求；目标和方案；资源、作用、职责、责任和权限；合规性评价；运行控制；绩效测量和监视；内部审核；管理评审。

辅助性要素（7个）：能力、培训和意识；沟通、参与和协商；文件；文件控制；应急准备和响应；事件调查、不符合、纠正措施和预防措施；记录控制。

因此，正确选项是C。

49. B

【考点】安全生产管理制度。

【解析】《建设工程安全生产管理条例》第二十五条规定：垂直运输机械作业人员、起重机械安装拆卸工、爆破作业人员、起重信号工、登高架设作业人员等特种作业人员，必须按照国家有关规定经过专门的安全作业培训，并取得特种作业操作资格证书后，方可上岗作业。

特种作业操作资格证书在全国范围内有效，离开特种作业岗位6个月以上的特种作业人员，应当重新进行实际操作考核，经确认合格后方可上岗作业。对于未经培训考核，即从事特种作业的，《建设工程安全生产管理条例》第六十二条规定了行政处罚；造成重大安全事故，构成犯罪的，对直接责任人员，依照刑法的有关规定追究刑事责任。

因此，正确选项是B。

50. D

【考点】安全生产管理预警体系的建立和运行。

【解析】预警信号一般采用国际通用的颜色表示不同的安全状况，如：

Ⅰ级预警，表示安全状况特别严重，用红色表示；

Ⅱ级预警，表示受到事故的严重威胁，用橙色表示；

Ⅲ级预警，表示处于事故的上升阶段，用黄色表示；

Ⅳ级预警，表示生产活动处于正常状态，用蓝色表示。

因此，正确选项是D。

51. D

【考点】安全隐患的处理。

【解析】安全事故隐患治理原则有：

（1）冗余安全度治理原则。为确保安全，在治理事故隐患时应考虑设置多道防线，即使发生有一两道防线无效，还有冗余的防线可以控制事故隐患。例如：道路上有一个坑，既要设防护栏及警示牌，又要设照明及夜间警示红灯。

（2）单项隐患综合治理原则。人、机、料、法、环境五者任一个环节产生安全事故隐患，都要从五者安全匹配的角度考虑，调整匹配的方法，提高匹配的可靠性。一件单项隐患问题的整改需综合（多角度）治理。人的隐患，既要治人也要治机具及生产环境等各环节。例如某工地发生触电事故，一方面要进行人的安全用电操作教育，同时现场也要设置漏电开关，对配电箱、用电线路进行防护改造，也要严禁非专业电工乱接乱拉电线。

（3）事故直接隐患与间接隐患并治原则。对人、机、环境系统进行安全治理的同时，还需治理安全管理措施。

（4）预防与减灾并重治理原则。治理安全事故隐患时，需尽可能减少发生事故的可能性，如果不能安全控制事故的发生，也要设法将事故等级减低。但是不论预防措施如何完善，都不能保证事故绝对不会发生，还必须对事故减灾作好充分准备，研究应急技术操作规范。如应及时切断供料及切断能源的操作方法；应及时降压、降温、降速以及停止运行的方法；应及时排放毒物的方法；应及时疏散及抢救的方法；应及时请求救援的方法等。还应定期组织训练和演习，使该生产环境中每名干部及工人都真正掌握这些减灾技术。

（5）重点治理原则。按对隐患的分析评价结果实行危险点分级治理，也可以用安全检查表打分，对隐患危险程度分级。

（6）动态治理原则。动态治理就是对生产过程进行动态随机安全化治理，生产过程中发现问题及时治理，既可以及时消除隐患，又可以避免小的隐患发展成大的隐患。

因此，正确选项是 D。

52. B

【考点】职业健康安全事故的分类和处理。

【解析】《生产安全事故报告和调查处理条例》第二十九条：事故调查组应当自事故发生之日起 60 日内提交事故调查报告；特殊情况下，经负责事故调查的人民政府批准，提交事故调查报告的期限可以适当延长，但延长的期限最长不超过 60 日。

因此，正确选项是 B。

53. C

【考点】职业健康安全事故的分类和处理。

【解析】《生产安全事故报告和调查处理条例》第九条：事故发生后，事故现场有关人员应当立即向本单位负责人报告；单位负责人接到报告后，应当于 1 小时内向事故发生地县级以上人民政府安全生产监督管理部门和负有安全生产监督管理职责的有关部门报告。

情况紧急时，事故现场有关人员可以直接向事故发生地县级以上人民政府安全生产监督管理部门和负有安全生产监督管理职责的有关部门报告。

因此，正确选项是 C。

54. A

【考点】施工现场环境保护的要求。

【解析】噪声控制技术可从声源、传播途径、接收者防护等方面来考虑。其中，声源控制有：

（1）声源上降低噪声，这是防止噪声污染的最根本的措施。

（2）尽量采用低噪声设备和加工工艺代替高噪声设备与加工工艺，如低噪声振捣器、风机、电动空压机、电锯等。

（3）在声源处安装消声器消声，即在通风机、鼓风机、压缩机、燃气机、内燃机及各类排气放空装置等进出风管的适当位置设置消声器。

因此，正确选项是 A。

55. A

【考点】施工现场环境保护的要求。

【解析】固体废物处理的基本思想是：采取资源化、减量化和无害化的处理，对固体废物产生的全过程进行控制。固体废物的主要处理方法有：（1）回收利用；（2）减量化处理；（3）焚烧；（4）稳定和固化；（5）填埋。其中，回收利用是对固体废物进行资源化的重要手段之一。粉煤灰在建设工程领域的广泛应用就是对固体废弃物进行资源化利用的典型范例。又如发达国家炼钢原料中有70%是利用回收的废钢铁，所以，钢材可以看成是可再生利用的建筑材料。

因此，正确选项是A。

56. C

【考点】施工招标。

【解析】评标分为评标的准备、初步评审、详细评审、编写评标报告等过程。

初步评审主要是进行符合性审查，即重点审查投标书是否实质上响应了招标文件的要求。审查内容包括：投标资格审查、投标文件完整性审查、投标担保的有效性、与招标文件是否有显著的差异和保留等。如果投标文件实质上不响应招标文件的要求，将作无效标处理，不必进行下一阶段的评审。另外还要对报价计算的正确性进行审查，如果计算有误，通常的处理方法是：大小写不一致的以大写为准，单价与数量的乘积之和与所报的总价不一致的应以单价为准；标书正本和副本不一致的，则以正本为准。这些修改一般应由投标人代表签字确认。

因此，正确选项是C。

57. D

【考点】合同谈判与签约。

【解析】建设工程合同的订立采取要约和承诺方式。根据《中华人民共和国招标投标法》对招标、投标的规定，招标、投标、中标的过程实质就是要约、承诺的一种具体方式。招标人通过媒体发布招标公告，或向符合条件的投标人发出招标文件，为要约邀请；投标人根据招标文件内容在约定的期限内向招标人提交投标文件，为要约；招标人通过评标确定中标人，发出中标通知书，为承诺；招标人和中标人按照中标通知书、招标文件和中标人的投标文件等订立书面合同时，合同成立并生效。

因此，正确选项是D。

58. A

【考点】施工承包合同的内容。

【解析】《建设工程施工合同（示范文本）》GF—2017—0201中有关竣工日期、缺陷责任期、保修期的规定：

竣工日期：包括计划竣工日期和实际竣工日期。计划竣工日期是指合同协议书约定的竣工日期；实际竣工日期按照第13.2.3项〔竣工日期〕的约定确定。

13.2.3 竣工日期：工程经竣工验收合格的，以承包人提交竣工验收申请报告之日为实际竣工日期，并在工程接收证书中载明；因发包人原因，未在监理人收到承包人提交的竣工验收申请报告42天内完成竣工验收，或完成竣工验收不予签发工程接收证书的，以提交竣工验收申请报告的日期为实际竣工日期；工程未经竣工验收，发包人擅自使用的，以转移占有工程之日为实际竣工日期。

缺陷责任期：是指承包人按照合同约定承担缺陷修复义务，且发包人预留质量保证金的期限，自工程实际竣工日期起计算。

保修期：是指承包人按照合同约定对工程承担保修责任的期限，从工程竣工验收合格之日起计算。

因此，正确选项是A。

59. B

【考点】施工专业分包合同的内容。

【解析】专业工程分包人的主要责任和义务：

（1）分包人对有关分包工程的责任

除合同条款另有约定，分包人应履行并承担总包合同中与分包工程有关的承包人的所有义务与责任，同时应避免因分包人自身行为或疏漏造成承包人违反总包合同中约定的承包人义务的情况发生。

（2）分包人与发包人的关系

分包人须服从承包人转发的发包人或工程师与分包工程有关的指令。未经承包人允许，分包人不得以任何理由与发包人或工程师发生直接工作联系，分包人不得直接致函发包人或工程师，也不得直接接受发包人或工程师的指令。如分包人与发包人或工程师发生直接工作联系，将被视为违约，并承担违约责任。

因此，正确选项是B。

60. C

【考点】单价合同、总价合同。

【解析】根据单价合同和总价合同的计价原则，该工程结算价款为140000＋2500×100＝390000元＝39万元。

因此，正确选项是C。

61. D

【考点】成本加酬金合同。

【解析】成本加酬金合同的形式主要有：（1）成本加固定费用合同；（2）成本加固定比例费用合同；（3）成本加奖金合同；（4）最大成本加费用合同。

其中，成本加固定比例费用合同，工程成本中直接费加一定比例的报酬费，报酬部分的比例在签订合同时由双方确定。这种方式的报酬费用总额随成本加大而增加，不利于缩短工期和降低成本。一般在工程初期很难描述工作范围和性质，或工期紧迫，无法按常规编制招标文件招标时采用。

因此，正确选项是D。

62. A

【考点】工程保险。

【解析】按照我国保险制度，工程险包括建筑工程一切险、安装工程一切险两类。在施工过程中如果发生保险责任事件使工程本体受到损害，已支付进度款部分的工程属于项目法人的财产，尚未获得支付但已完成部分的工程属于承包人的财产，因此要求投保人办理保险时应以双方名义共同投保。为了保证保险的有效性和连贯性，国内工程通常由项目法人办理保险，国际工程一般要求承包人办理保险。

因此，正确选项是A。

63. B

【考点】工程担保。

【解析】建设工程中经常采用的担保种类有：投标担保、履约担保、支付担保、预付款担保、工程保修担保等。

其中，预付款担保是指承包人与发包人签订合同后领取预付款之前，为保证正确、合理使用发包人支付的预付款而提供的担保。

因此，正确选项是B。

64. B

【考点】施工合同实施控制。

【解析】根据合同实施偏差分析的结果，承包商应该采取相应的调整措施，调整措施可以分为：

（1）组织措施，如增加人员投入，调整人员安排，调整工作流程和工作计划等；

（2）技术措施，如变更技术方案，采用新的高效率的施工方案等；

（3）经济措施，如增加投入，采取经济激励措施等；

（4）合同措施，如进行合同变更，签订附加协议，采取索赔手段等。

因此，正确选项是B。

65. C

【考点】施工专业分包合同的内容。

【解析】《建设工程施工专业分包合同（示范文本）》GF—2003—0213中，有关发包人、承包人和分包人的规定：

（1）分包人对有关分包工程的责任

除合同条款另有约定，分包人应履行并承担总包合同中与分包工程有关的承包人的所有义务与责任，同时应避免因分包人自身行为或疏漏造成承包人违反总包合同中约定的承包人义务的情况发生。

（2）分包人与发包人的关系

分包人须服从承包人转发的发包人或工程师与分包工程有关的指令。未经承包人允许，分包人不得以任何理由与发包人或工程师发生直接工作联系，分包人不得直接致函发包人或工程师，也不得直接接受发包人或工程师的指令。如分包人与发包人或工程师发生直接工作联系，将被视为违约，并承担违约责任。

（3）承包人指令

就分包工程范围内的有关工作，承包人随时可以向分包人发出指令，分包人应执行承包人根据分包合同所发出的所有指令。分包人拒不执行指令，承包人可委托其他施工单位完成该指令事项，发生的费用从应付给分包人的相应款项中扣除。

（4）承包人的工作

① 向分包人提供与分包工程相关的各种证件、批件和各种相关资料，向分包人提供具备施工条件的施工场地；

② 组织分包人参加发包人组织的图纸会审，向分包人进行设计图纸交底；

③ 提供合同专用条款中约定的设备和设施，并承担因此发生的费用；

④ 随时为分包人提供确保分包工程的施工所要求的施工场地和通道等，满足施工运输的需要，保证施工期间的畅通；

⑤ 负责整个施工场地的管理工作，协调分包人与同一施工场地的其他分包人之间的交叉配合，确保分包人按照经批准的施工组织设计进行施工。

因此，正确选项是C。

66. C

【考点】索赔费用计算。

【解析】人工费包括施工人员的基本工资、工资性质的津贴、加班费、奖金以及法定的安全福利等费用。对于索赔费用中的人工费是指完成合同之外的额外工作所花费的人工费用；由于非承包人责任的工效降低所增加的人工费用；超过法定工作时间加班劳动；法定人工费增长以及非承包人责任工程延期导致的人员窝工费和工资上涨费等。因此，施工单位可向业主索赔的人工费有两项：完成业主要求的合同外工作花费的 3 万元、由于业主原因导致工效降低导致人工费增加 3 万元。

因此，正确选项是 C。

67. B

【考点】工期索赔计算。

【解析】比例分析法计算工期索赔值：

工期索赔值＝原合同工期×附加或新增工程造价/原合同总价

＝24×200/2400＝2 个月

因此，正确选项是 B。

68. B

【考点】施工承包合同争议的解决方式。

【解析】在 FIDIC 合同中采用的是 DAB 方式。

（1）合同双方经过协商，选定一个独立公正的争端裁决委员会（DAB），当发生合同争议时，由该委员会对其争议作出决定。合同双方在收到决定后 28 天内，均未提出异议，则该决定即是最终的，对双方均具有约束力。

（2）根据工程项目的规模和复杂程度，争端裁决委员会可以由一人、三人或者五人组成，其任命通常有三种方式：① 常任争端裁决委员会；② 特聘争端裁决委员会；③ 由工程师兼任。

DAB 的成员一般为工程技术和管理方面的专家，他不应是合同任何一方的代表，与业主、承包商没有任何经济利益及业务联系，与本工程所裁决的争端没有任何联系。DAB 成员必须公正行事，遵守合同。

（3）对争端裁决委员会及其每位成员的报酬以及支付的条件应由业主、承包商及争端裁决委员会的每位成员协商确定。业主和承包商应该按照支付条件各自支付其中的一半。

（4）采用 DAB 方式解决争端的优点：

① DAB 委员可以在项目开始时就介入项目，了解项目管理情况及其存在的问题。

② DAB 委员公正性、中立性的规定通常情况下可以保证他们的决定不带有任何主观倾向或偏见。DAB 的委员有较高的业务素质和实践经验，特别是具有项目施工方面的丰富经验。

③ 周期短，可以及时解决争议。

④ DAB 的费用较低。

⑤ DAB 委员是发包人和承包人自己选择的，其裁决意见容易为他们所接受。

⑥ 由于 DAB 提出的裁决不是强制性的，不具有终局性，合同双方或一方对裁决不满

意，仍然可以提请仲裁或诉讼。

因此，正确选项是B。

69. D

【考点】项目信息的分类。

【解析】建设工程项目信息分享类，如下图所示。

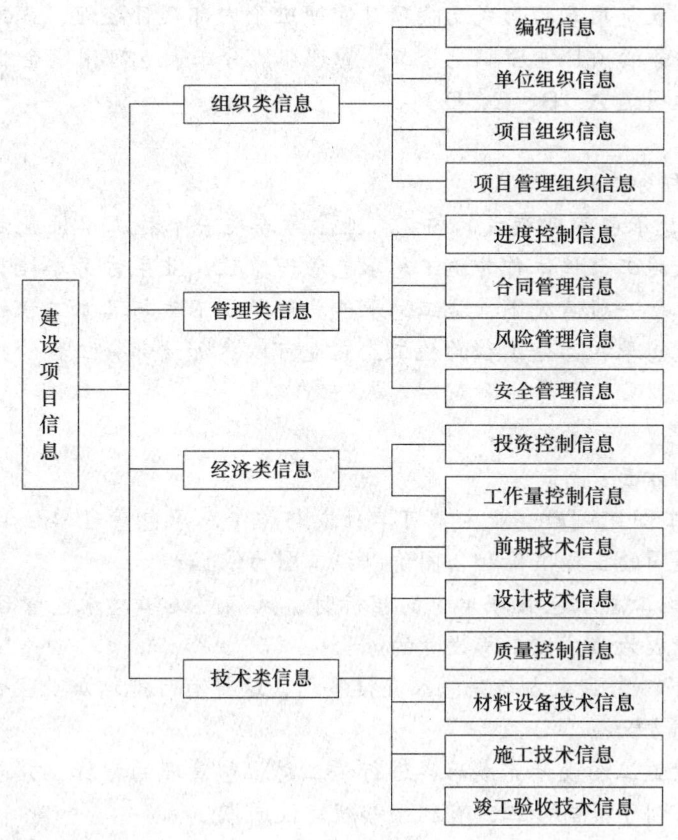

因此，正确选项是D。

70. B

【考点】工程管理信息化。

【解析】项目信息门户的建立和运行的理论基础是远程合作理论。

因此，正确选项是B。

二、多项选择题

71. A、B、C、D

【考点】工作任务分工在项目管理中的应用、管理职能分工在项目管理中的应用。

【解析】每一个建设项目都应编制项目管理任务分工表，这是一个项目的组织设计文件的一部分。在编制项目管理任务分工表前，应结合项目的特点，对项目实施的各阶段的费用（投资或成本）控制、进度控制、质量控制、合同管理、信息管理和组织与协调等管理任务进行详细分解。

管理是由多个环节组成的过程，即：提出问题；筹划——提出解决问题的可能的方案，并对多个可能的方案进行分析；决策；执行；检查。这些组成管理的环节就是管理的职能。

业主方和项目各参与方，如设计单位、施工单位、供货单位和工程管理咨询单位等都有各自的项目管理的任务和其管理职能分工，上述各方都应该编制各自的项目管理职能分工表。

管理职能分工表是用表的形式反映项目管理班子内部项目经理、各工作部门和各工作岗位对各项工作任务的项目管理职能分工。管理职能分工表也可用于企业管理。

因此，正确选项是 A、B、C、D。

72. C、D、E

【考点】施工任务委托的模式。

【解析】施工总承包管理模式的内涵：业主方委托一个施工单位或由多个施工单位组成的施工联合体或施工合作体作为施工总承包管理单位，业主方另委托其他施工单位作为分包单位进行施工。一般情况下，施工总承包管理单位不参与具体工程的施工，但如施工总承包管理单位也想承担部分工程的施工，它也可以参加该部分工程的投标，通过竞争取得施工任务。

施工总承包管理模式的特点：

（1）投资控制方面

① 一部分施工图完成后，业主就可单独或与施工总承包管理单位共同进行该部分工程的招标，分包合同的投标报价和合同价以施工图为依据；

② 在进行对施工总承包管理单位的招标时，只确定施工总承包管理费，而不确定工程总造价，这可能成为业主控制总投资的风险；

③ 多数情况下，由业主方与分包人直接签约，这样有可能增加业主方的风险。

（2）进度控制方面

不需要等待于施工图设计完成后再进行施工总承包管理的招标，分包合同的招标也可以提前，这样就有利于提前开工，有利于缩短建设周期。

（3）质量控制方面

① 对分包人的质量控制由施工总承包管理单位进行；

② 分包工程任务符合质量控制的“他人控制”原则，对质量控制有利；

③ 各分包之间的关系可由施工总承包管理单位负责，这样就可减轻业主方管理的工作量。

（4）合同管理方面

① 一般情况下，所有分包合同的招标投标、合同谈判以及签约工作均由业主负责，业主方的招标及合同管理工作量较大；

② 对分包人的工程款支付可由施工总包管理单位支付或由业主直接支付，前者有利于施工总包管理单位对分包人的管理。

（5）组织与协调方面

由施工总承包管理单位负责对所有分包人的管理及组织协调，这样就大大减轻业主方的工作。这是采用施工总承包管理模式的基本出发点。

因此，正确选项是 C、D、E。

73. A、B、C、D

【考点】施工组织设计的内容。

【解析】《建筑施工组织设计规范》GB/T 50502—2009 对施工管理计划作了如下一些解释和规定。即：施工管理计划应包括进度管理计划、质量管理计划、安全管理计划、环境管理计划、成本管理计划以及其他管理计划等内容。

因此，正确选项是 A、B、C、D。

74. C、D、E

【考点】项目风险管理的工作流程。

【解析】风险管理过程包括项目实施全过程的项目风险识别、项目风险评估、项目风险响应和项目风险控制。

（1）项目风险识别，项目风险识别的任务是识别项目实施过程存在哪些风险，其工作程序包括：

① 收集与项目风险有关的信息；

② 确定风险因素；

③ 编制项目风险识别报告。

（2）项目风险评估，项目风险评估包括以下工作：

① 利用已有数据资料（主要是类似项目有关风险的历史资料）和相关专业方法分析各种风险因素发生的概率；

② 分析各种风险的损失量，包括可能发生的工期损失、费用损失，以及对工程的质量、功能和使用效果等方面的影响；

③ 根据各种风险发生的概率和损失量，确定各种风险的风险量和风险等级。

（3）项目风险响应

常用的风险对策包括风险规避、减轻、自留、转移及其组合等策略。对难以控制的风险，向保险公司投保是风险转移的一种措施。项目风险响应指的是针对项目风险的对策进行风险响应。

（4）项目风险控制

在项目进展过程中应收集和分析与风险相关的各种信息，预测可能发生的风险，对其进行监控并提出预警。

因此，正确选项是 C、D、E。

75. A、B、C

【考点】监理的工作任务。

【解析】工程施工阶段建设监理工作的主要任务有：

（1）质量控制

① 核验施工测量放线，验收隐蔽工程、分部分项工程，签署分项、分部工程和单位工程质量评定表；

② 进行巡视、旁站和平行检验，对发现的质量问题应及时通知施工单位整改，并做监理记录；

③ 审查施工单位报送的工程材料、构配件、设备的质量证明资料，抽检进场的工程材料、构配件的质量；

④ 审查施工单位提交的采用新材料、新工艺、新技术、新设备的论证材料及相关验收标准；

⑤ 检查施工单位的测量、检测仪器设备、度量衡定期检验的证明文件；

⑥ 监督施工单位对各类土木和混凝土试件按规定进行检查和抽查；

⑦ 监督施工单位认真处理施工中发生的一般质量事故，并认真做好记录；

⑧ 对大和重大质量事故以及其他紧急情况报告业主。

（2）进度控制

① 监督施工单位严格按照施工合同规定的工期组织施工；

② 审查施工单位提交的施工进度计划，核查施工单位对施工进度计划的调整；

③ 建立工程进度台账，核对工程形象进度，按月、季和年度向业主报告工程执行情况、工程进度以及存在的问题。

（3）投资控制

① 审核施工单位提交的工程款支付申请，签发或出具工程款支付证书，并报业主审核、批准；

② 建立计量支付签证台账，定期与施工单位核对清算；

③ 审查施工单位提交的工程变更申请，协调处理施工费用索赔、合同争议等事项；

④ 审查施工单位提交的竣工结算申请。

（4）安全生产管理

① 依照法律法规和工程建设强制性标准，对施工单位安全生产管理进行监督；

② 编制安全生产事故的监理应急预案，并参加业主组织的应急预案的演练；

③ 审查施工单位的工程项目安全生产规章制度、组织机构的建立及专职安全生产管理人员的配备情况；

④ 督促施工单位进行安全自查工作，巡视检查施工现场安全生产情况，对实施监理过程中，发现存在安全事故隐患的，应签发监理工程师通知单，要求施工单位整改；情况严重的，总监理工程师应及时下达工程暂停指令，要求施工单位暂时停止施工，并及时报告业主。施工单位拒不整改或者不停止施工的，应通过业主及时向有关主管部门报告。

因此，正确选项是 A、B、C。

76. A、C、D

【考点】成本核算的原则、依据、范围和程序。

【解析】根据《企业会计准则第 15 号——建造合同》，工程成本包括从建造合同签订开始至合同完成止发生的、与执行合同有关的直接费用和间接费用。直接费用是指为完成合同所发生的、可以直接计入合同成本核算对象的各项费用支出，包括：耗用的材料费、耗用的人工费、耗用的机械使用费、其他直接费。

因此，正确选项是 A、C、D。

77. A、B、D、E

【考点】按工程实施阶段编制成本计划的方法。

【解析】按工程实施阶段编制成本计划，可以按实施阶段（基础、主体、安装、装修）或按月、季、年等编制实施进度计划。按实施进度编制施工成本计划，通常可在控制项目进度的网络图的基础上，进一步扩充得到。即在建立网络图时，一方面确定完成各项工作所需花费的时间，另一方面确定完成这一工作合适的施工成本支出计划。在实践中，将工程项目分解为既能方便地表示时间，又能方便地表示施工成本支出计划的工作是不容易的，通常如果项目分解程度对时间控制合适的话，则对施工成本支出计划可能分解过细，以至于不可能对每项工作确定其施工成本支出计划；反之亦然。因此在编制网络计划时，应在充分考虑进度控制对项目划分要求的同时，还要考虑确定施工成本支出计划对项目划分的要求，做到两者兼顾。

通过对施工成本目标按时间进行分解，在网络计划基础上，可获得项目进度计划的横道图。并在此基础上编制成本计划。其表示方式有两种：一种是在时标网络图上按月编制的成本计划，另一种是用时间—成本累积曲线（S形曲线）表示。

每一条S形曲线都对应某一特定的工程进度计划。因为在进度计划的非关键路线中存在许多有时差的工序或工作，因而S形曲线（成本计划值曲线）必然包络在由全部工作都按最早开始时间开始和全部工作都按最迟必须开始时间开始的曲线所组成的“香蕉图”内。

一般而言，所有工作都按最迟开始时间开始，对节约资金贷款利息是有利的。但同时也降低了项目按期竣工的保证率，因此项目经理必须合理地确定成本支出计划，达到既节约成本支出，又能控制项目工期的目的。

因此，正确选项是A、B、D、E。

78. B、D、E

【考点】成本控制的方法。

【解析】

序号	图型	三参数关系	分析	措施
1	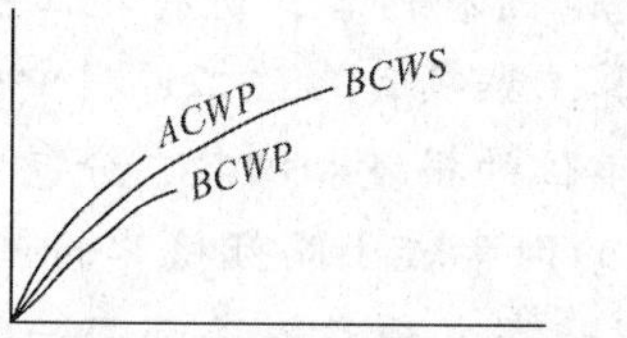 ACWP BCWS BCWP	$ACWP > BCWS > BCWP$ $SV < 0 \quad CV < 0$	效率低 进度较慢 投入延后	用工作效率高的人员更换一批工作效率低的人员
2	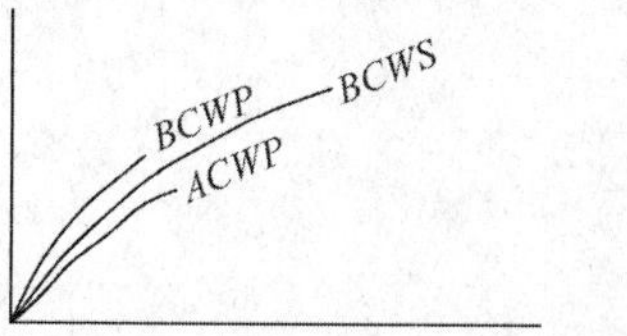 BCWP BCWS ACWP	$BCWP > BCWS > ACSP$ $SV > 0 \quad CV > 0$	效率高 进度较快 投入超前	若偏离不大，维持现状
3	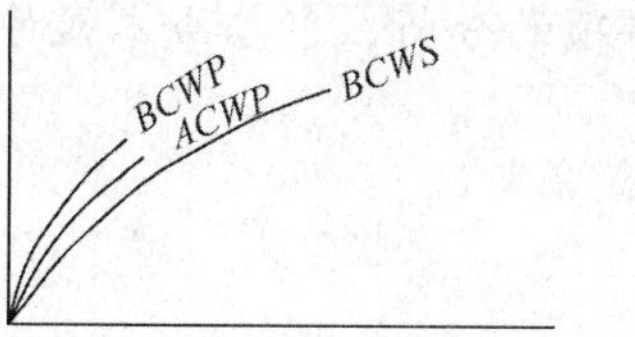 BCWP ACWP BCWS	$BCWP > ACWP > BCWS$ $SV > 0 \quad CV > 0$	效率较 高进度快 投入超前	抽出部分人员，放慢进度
4	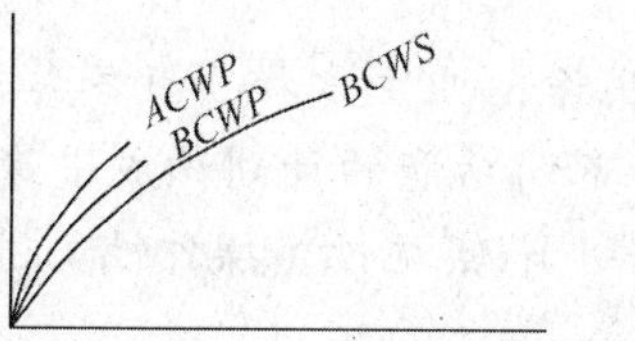 ACWP BCWP BCWS	$ACWP > BCWP > BCWS$ $SV > 0 \quad CV < 0$	效率较低 进度较快 投入超前	抽出部分人员，增加少量骨干人员

续表

序号	图　型	三参数关系	分析	措　施
5	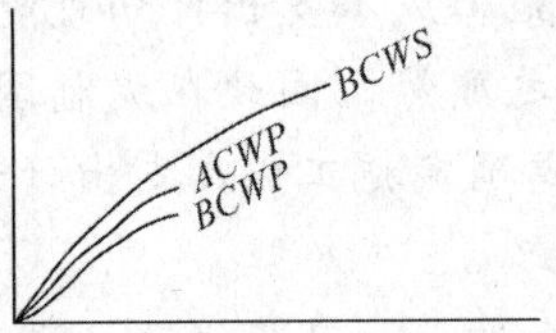 BCWS ACWP BCWP	$BCWS > ACWP > BCWP$ $SV < 0 \quad CV < 0$	效率较低 进度慢 投入延后	增加高效人员投入
6	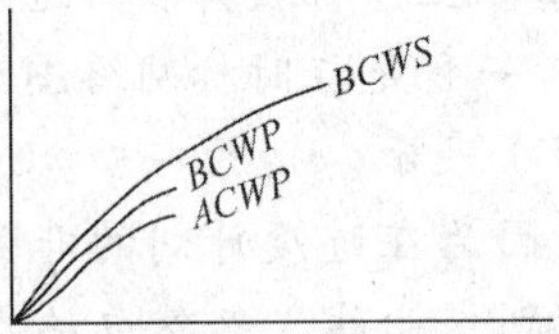 BCWS BCWP ACWP	$BCWS > BCWP > ACWP$ $SV < 0 \quad CV > 0$	效率较高 进度较慢 投入延后	迅速增加人员投入

因此，正确选项是B、D、E。

79. A、B、C

【考点】成本核算的方法。

【解析】施工成本核算的方法主要有表格核算法和会计核算法。

表格核算法是通过对施工项目内部各环节进行成本核算，以此为基础，核算单位和各部门定期采集信息，按照有关规定填制一系列的表格，完成数据比较、考核和简单的核算，形成工程项目成本的核算体系，作为支撑工程项目成本核算的平台。这种核算的优点是简便易懂，方便操作，实用性较好。缺点是难以实现较为科学严密的审核制度，精度不高，覆盖面较小。

会计核算法是建立在会计对工程项目进行全面核算的基础上，再利用收支全面核实和借贷记账法的综合特点，按照施工项目成本的收支范围和内容，进行施工项目成本核算。不仅核算工程项目施工的直接成本，而且还要核算工程项目在施工过程中出现的债权债务、为施工生产而自购的工具、器具摊销、向发包单位的报量和收款、分包完成和分包付款等。这种核算方法的优点是科学严密，人为控制的因素较小而且核算的覆盖面较大。缺点是对核算工作人员的专业水平和工作经验都要求较高。项目财务部门一般采用此种方法。

因此，正确选项是A、B、C。

80. A、B、C

【考点】成本分析的方法。

【解析】专项成本分析是针对与成本越高的特定事项的分析，包括成本盈亏异常分析、工期成本分析和资金成本分析等。

因此，正确选项是A、B、C。

81. C、D

【考点】项目进度计划系统的建立。

【解析】根据项目进度控制不同的需要和不同的用途，业主方和项目各参与方可以构建多个不同的建设工程项目进度计划系统。其中，由不同功能的计划构成进度计划系统，包括：控制性进度规划（计划）；指导性进度规划（计划）；实施性（操作性）进度计划等。

因此，正确选项是C、D。

82. B、C、D

【考点】项目总进度目标论证的工作内容。

【解析】在项目的实施阶段，项目总进度应包括：

（1）设计前准备阶段的工作进度；

（2）设计工作进度；

（3）招标工作进度；

（4）施工前准备工作进度；

（5）工程施工和设备安装进度；

（6）工程物资采购工作进度；

（7）项目动用前的准备工作进度等。

因此，正确选项是B、C、D。

83. A、C、D

【考点】横道图进度计划的编制方法。

【解析】横道图计划，表达方式较直观，易看懂计划编制的意图。但是，横道图进度计划法也存在一些问题，如：

（1）工序（工作）之间的逻辑关系可以设法表达，但不易表达清楚；

（2）适用于手工编制计划；

（3）没有通过严谨的进度计划时间参数计算，不能确定计划的关键工作、关键路线与时差；

（4）计划调整只能用手工方式进行，其工作量较大；

（5）难以适应大的进度计划系统。

因此，正确选项是A、C、D。

84. C、D

【考点】工程网络计划有关参数的计算。

【解析】双代号网络计划中，线路中各项工作持续时间之和称为该线路的长度，长度最长的线路就是关键线路。一个网络计划至少有一条关键线路，也可能有多条关键线路。关键线路上允许有虚工作存在。

因此，正确选项是C、D。

85. A、B、C、D

【考点】工程网络计划有关参数的计算。

【解析】网络计划工作自由时差的计算有下列几种方法：

（1）一项工作的自由时差等于其与紧后工作之间时间间隔的最小值。

（2）一项工作的自由时差等于其紧后工作最早开始时间与其最早完成时间之差的最小值。

（3）一项工作的自由时差等于其完成节点的最早时间与开始节点最早时间及工作持续时间之差。

（4）时标网络计划中，自由时差等于该工作与其紧后工作间波纹线长度的最小值。

（5）自由时差是指在不影响其紧后工作最早开始时间的前提下，该工作所具有的机动时间。

因此，正确选项是A、B、C、D。

86. B、D、E

【考点】项目进度控制的经济措施。

【解析】建设工程项目进度控制的经济措施涉及资金需求计划、资金供应的条件和经济激励措施等。为确保进度目标的实现，应编制与进度计划相适应的资源需求计划（资源进度计划），包括资金需求计划和其他资源（人力和物力资源）需求计划，以反映工程实施的各时段所需要的资源。通过资源需求的分析，可发现所编制的进度计划实现的可能性，若资源条件不具备，则应调整进度计划。资金需求计划也是工程融资的重要依据。

资金供应条件包括可能的资金总供应量、资金来源（自有资金和外来资金）以及资金供应的时间。在工程预算中应考虑加快工程进度所需要的资金，其中包括为实现进度目标将要采取的经济激励措施所需要的费用。

因此，正确选项是B、D、E。

87. A、B、E

【考点】全面质量管理思想和方法的应用。

【解析】PDCA循环是建立质量管理体系和进行质量管理的基本方法。从某种意义上说，管理就是确定任务目标，并通过PDCA循环来实现预期目标。每一循环都围绕着实现预期的目标，进行计划、实施、检查和处置活动，随着对存在问题的解决和改进，在一次一次的滚动循环中逐步上升，不断增强质量管理能力，不断提高质量水平。每一个循环的四大职能活动相互联系，共同构成了质量管理的系统过程。

检查C（check）：指对计划实施过程进行各种检查，包括作业者的自检、互检和专职管理者专检。各类检查也都包含两大方面：一是检查是否严格执行了计划的行动方案，实际条件是否发生了变化，不执行计划的原因；二是检查计划执行的结果，即产出的质量是否达到标准的要求，对此进行确认和评价。

因此，正确选项是A、B、E。

88. B、C、D

【考点】施工质量计划的内容与编制方法。

【解析】一般建筑工程质量控制点的设置见下表。

分项工程	质量控制点
工程测量定位	标准轴线桩、水平桩、龙门板、定位轴线、标高
地基、基础（含设备基础）	基坑（槽）尺寸、标高、土质、地基承载力，基础垫层标高，基础位置、尺寸、标高，预埋件、预留洞孔的位置、标高、规格、数量，基础杯口弹线
砌体	砌体轴线，皮数杆，砂浆配合比，预留洞孔、预埋件的位置、数量，砌块排列
模板	位置、标高、尺寸，预留洞孔位置、尺寸，预埋件的位置，模板的承载力、刚度和稳定性，模板内部清理及润湿情况
钢筋混凝土	水泥品种、强度等级，砂石质量，混凝土配合比，外加剂比例，混凝土振捣，钢筋品种、规格、尺寸、搭接长度，钢筋焊接、机械连接，预留洞、孔及预埋件规格、位置、尺寸、数量，预制构件吊装或出厂（脱模）强度，吊装位置、标高、支承长度、焊缝长度
吊装	吊装设备的起重能力、吊具、索具、地锚

续表

分项工程	质 量 控 制 点
钢结构	翻样图、放大样
焊 接	焊接条件、焊接工艺
装 修	视具体情况而定

因此，正确选项是 B、C、D。

89. A、B、D、E

【考点】施工质量验收。

【解析】住宅工程质量分户验收的主要内容包括：

（1）地面、墙面和顶棚质量。

（2）门窗质量。

（3）栏杆、护栏质量。

（4）防水工程质量。

（5）室内主要空间尺寸。

（6）给排水系统安装质量。

（7）室内电气工程安装质量。

（8）建筑节能和供暖工程质量。

（9）有关合同中规定的其他内容。

因此，正确选项是 A、B、D、E。

90. C、D

【考点】施工质量事故的预防。

【解析】施工质量事故发生的原因大致有如下四类：

（1）技术原因：指引发质量事故是由于在项目勘察、设计、施工中技术上的失误。例如，地质勘察过于疏略，对水文地质情况判断错误，致使地基基础设计采用不正确的方案；或结构设计方案不正确，计算失误，构造设计不符合规范要求；施工管理及实际操作人员的技术素质差，采用了不合适的施工方法或施工工艺等；这些技术上的失误是造成质量事故的常见原因。

（2）管理原因：指引发的质量事故是由于管理上的不完善或失误。例如，施工单位或监理单位的质量管理体系不完善，质量管理措施落实不力，施工管理混乱，不遵守相关规范，违章作业，检验制度不严密，质量控制不严格，检测仪器设备管理不善而失准，以及材料质量检验不严等原因引起质量事故。

（3）社会、经济原因：指引发的质量事故是由于社会上存在的不正之风及经济上的原因，滋长了建设中的违法违规行为，而导致出现质量事故。例如，违反基本建设程序，无立项、无报建、无开工许可、无招投标、无资质、无监理、无验收的“七无”工程，边勘察、边设计、边施工的“三边”工程屡见不鲜，几乎所有的重大施工质量事故都能从这个方面找到原因；某些施工企业盲目追求利润而不顾工程质量，在投标报价中随意压低标价，中标后则依靠违法的手段或修改方案追加工程款，甚至偷工减料等，这些因素都会导致发生重大工程质量事故。

（4）人为事故和自然灾害原因：指造成质量事故是由于人为的设备事故、安全事故，导致连带发生质量事故，以及严重的自然灾害等不可抗力造成质量事故。

因此，正确选项是 C、D。

91. A、B、C

【考点】排列图的应用。

【解析】排列图的分类：将累计频率 0 ～ 80% 定为 A 类问题，即主要问题，进行重点管理；将累计频率在 80% ～ 90% 区间的问题定为 B 类问题，即次要问题，作为次重点管理；将其余累计频率在 90% ～ 100% 区间的问题定为 C 类问题，即一般问题，按照常规适当加强管理（以上方法称为 ABC 分类管理法）。

本题中，将累计频率 0 ～ 75% 定为 A 类问题，即表面平整度、截面尺寸、平面水平度。

因此，正确选项是 A、B、C。

92. A、B、D、E

【考点】安全生产管理预警体系的建立和运行。

【解析】一个完整的预警体系应由外部环境预警系统、内部管理不良的预警系统、预警信息管理系统和事故预警系统四部分构成，相互关系如下图所示。

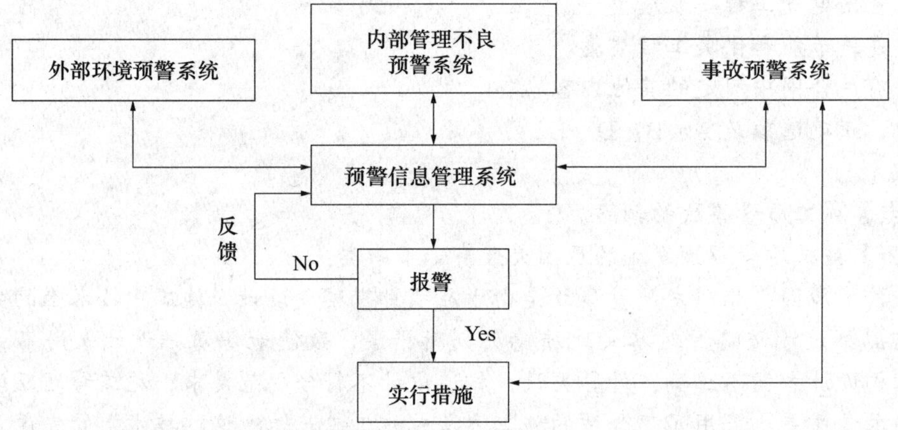

因此，正确选项是 A、B、D、E。

93. A、B、C、E

【考点】生产安全事故应急预案的内容。

【解析】安全生产事故综合应急预案的主要内容包括：（1）总则；（2）施工单位的危险性分析；（3）组织机构及职责；（4）预防与预警；（5）应急响应；（6）信息发布；（7）后期处置；（8）保障措施；（9）培训与演练；（10）奖惩；（11）附则。

因此，正确选项是 A、B、C、E。

94. A、B、C、E

【考点】施工现场环境保护的要求。

【解析】施工现场空气污染的防治措施主要有：

（1）施工现场垃圾渣土要及时清理出现场。

（2）高大建筑物清理施工垃圾时，要使用封闭式的容器或者采取其他措施处理高空废弃物，严禁凌空随意抛撒。

（3）施工现场道路应指定专人定期洒水清扫，形成制度，防止道路扬尘。

（4）对于细颗粒散体材料（如水泥、粉煤灰、白灰等）的运输、储存要注意遮盖、密封，防止和减少飞扬。

（5）车辆开出工地要做到不带泥沙，基本做到不洒土、不扬尘，减少对周围环境污染。

（6）除设有符合规定的装置外，禁止在施工现场焚烧油毡、橡胶、塑料、皮革、树叶、枯草、各种包装物等废弃物品以及其他会产生有毒、有害烟尘和恶臭气体的物质。

（7）机动车都要安装减少尾气排放的装置，确保符合国家标准。

（8）工地茶炉应尽量采用电热水器。若只能使用烧煤茶炉和锅炉时，应选用消烟除尘型茶炉和锅炉，大灶应选用消烟节能回风炉灶，使烟尘降至允许排放范围为止。

（9）大城市市区的建设工程已不容许搅拌混凝土。在容许设置搅拌站的工地，应将搅拌站封闭严密，并在进料仓上方安装除尘装置，采用可靠措施控制工地粉尘污染。

（10）拆除旧建筑物时，应适当洒水，防止扬尘。

因此，正确选项是A、B、C、E。

95. A、B、C、D

【考点】施工招标。

【解析】按照我国的《中华人民共和国招标投标法》，以下项目宜采用招标的方式确定承包人：

（1）大型基础设施、公用事业等关系社会公共利益、公众安全的项目；

（2）全部或者部分使用国有资金投资或者国家融资的项目；

（3）使用国际组织或者外国政府资金的项目。

因此，正确选项是A、B、C、D。

96. A、B、C、D

【考点】施工承包合同的内容。

【解析】根据《建设工程施工合同（示范文本）》GF—2017—0201通用条款，发包人的责任与义务有许多，最主要的有：

（1）图纸的提供和交底（1.6.1）

发包人应按照专用合同条款约定的期限、数量和内容向承包人免费提供图纸，并组织承包人、监理人和设计人进行图纸会审和设计交底。发包人至迟不得晚于第7.3.2项〔开工通知〕载明的开工日期前14天向承包人提供图纸。

（2）对化石、文物的保护（1.9）

发包人、监理人和承包人应按有关政府行政管理部门要求对施工现场发掘的所有文物、古迹以及具有地质研究或考古价值的其他遗迹、化石、钱币或物品采取妥善的保护措施，由此增加的费用和（或）延误的工期由发包人承担。

（3）出入现场的权利（1.10.1）

除专用合同条款另有约定外，发包人应根据施工需要，负责取得出入施工现场所需的批准手续和全部权利，以及取得因施工所需修建道路、桥梁以及其他基础设施的权利，并承担相关手续费用和建设费用。承包人应协助发包人办理修建场内外道路、桥梁以及其他基础设施的手续。

（4）场外交通（1.10.2）

发包人应提供场外交通设施的技术参数和具体条件，承包人应遵守有关交通法规，严格按照道路和桥梁的限制荷载行驶，执行有关道路限速、限行、禁止超载的规定，并配合交通管理部门的监督和检查。场外交通设施无法满足工程施工需要的，由发包人负责完善并承担相关费用。

（5）场内交通（1.10.3）

发包人应提供场内交通设施的技术参数和具体条件，并应按照专用合同条款的约定向承包人免费提供满足工程施工所需的场内道路和交通设施。因承包人原因造成上述道路或交通设施损坏的，承包人负责修复并承担由此增加的费用。

（6）许可或批准（2.1）

发包人应遵守法律，并办理法律规定由其办理的许可、批准或备案，包括但不限于建设用地规划许可证、建设工程规划许可证、建设工程施工许可证、施工所需临时用水、临时用电、中断道路交通、临时占用土地等许可和批准。发包人应协助承包人办理法律规定的有关施工证件和批件。因发包人原因未能及时办理完毕前述许可、批准或备案，由发包人承担由此增加的费用和（或）延误的工期，并支付承包人合理的利润。

（7）提供施工现场（2.4.1）

除专用合同条款另有约定外，发包人应最迟于开工日期7天前向承包人移交施工现场。

（8）提供施工条件（2.4.2）

除专用合同条款另有约定外，发包人应负责提供施工所需要的条件，包括：

① 将施工用水、电力、通信线路等施工所必需的条件接至施工现场内；

② 保证向承包人提供正常施工所需要的进入施工现场的交通条件；

③ 协调处理施工现场周围地下管线和邻近建筑物、构筑物、古树名木的保护工作，并承担相关费用；

④ 按照专用合同条款约定应提供的其他设施和条件。

（9）提供基础资料（2.4.3）

发包人应当在移交施工现场前向承包人提供施工现场及工程施工所必需的毗邻区域内供水、排水、供电、供气、供热、通信、广播电视等地下管线资料，气象和水文观测资料，地质勘察资料，相邻建筑物、构筑物和地下工程等有关基础资料，并对所提供资料的真实性、准确性和完整性负责。按照法律规定确需在开工后方能提供的基础资料，发包人应尽其努力及时地在相应工程施工前的合理期限内提供，合理期限应以不影响承包人的正常施工为限。

（10）资金来源证明及支付担保（2.5）

除专用合同条款另有约定外，发包人应在收到承包人要求提供资金来源证明的书面通知后28天内，向承包人提供能够按照合同约定支付合同价款的相应资金来源证明。除专用合同条款另有约定外，发包人要求承包人提供履约担保的，发包人应当向承包人提供支付担保。支付担保可以采用银行保函或担保公司担保等形式，具体由合同当事人在专用合同条款中约定。

（11）支付合同价款（2.6）

发包人应按合同约定向承包人及时支付合同价款。

（12）组织竣工验收（2.7）

发包人应按合同约定及时组织竣工验收。

（13）现场统一管理协议（2.8）

发包人应与承包人、由发包人直接发包的专业工程的承包人签订施工现场统一管理协议，明确各方的权利义务。施工现场统一管理协议作为专用合同条款的附件。

因此，正确选项是A、B、C、D。

97. A、B、C、E

【考点】单价合同。

【解析】单价合同的特点是单价优先，例如FIDIC土木工程施工合同中，业主给出的工程量清单表中的数字是参考数字，而实际工程款则按实际完成的工程量和合同中确定的单价计算。虽然在投标报价、评标以及签订合同中，人们常常注重总价格，但在工程款结算中单价优先，对于投标书中明显的数字计算错误，业主有权力先作修改再评标，当总价和单价的计算结果不一致时，以单价为准调整总价。

单价合同允许随工程量变化而调整工程总价，业主和承包商都不存在工程量方面的风险，因此对合同双方都比较公平。另外，在招标前，发包单位无需对工程范围作出完整的、详尽的规定，从而可以缩短招标准备时间，投标人也只需对所列工程内容报出自己的单价，从而缩短投标时间。

当采用变动单价合同时，合同双方可以约定一个估计的工程量，当实际工程量发生较大变化时可以对单价进行调整，同时还应该约定如何对单价进行调整；当然也可以约定，当通货膨胀达到一定水平或者国家政策发生变化时，可以对哪些工程内容的单价进行调整以及如何调整等。因此，承包商的风险就相对较小。

因此，正确选项是A、B、C、E。

98. C、D、E

【考点】工程担保。

【解析】履约担保可以采用银行保函、履约担保书和履约保证金的形式，也可以采用同业担保的方式，即由实力强、信誉好的承包商为其提供履约担保，但应当遵守国家有关企业之间提供担保的有关规定，不允许两家企业互相担保或多家企业交叉互保。

因此，正确选项是C、D、E。

99. A、B、E

【考点】施工合同实施控制。

【解析】根据合同实施偏差分析的结果，承包商应该采取相应的调整措施，调整措施可以分为：

（1）组织措施，如增加人员投入，调整人员安排，调整工作流程和工作计划等；

（2）技术措施，如变更技术方案，采用新的高效率的施工方案等；

（3）经济措施，如增加投入，采取经济激励措施等；

（4）合同措施，如进行合同变更，签订附加协议，采取索赔手段等。

因此，正确选项是A、B、E。

100. A、B、C、D

【考点】索赔费用计算。

【解析】人工费包括施工人员的基本工资、工资性质的津贴、加班费、奖金以及法定的安全福利等费用。对于索赔费用中的人工费是指完成合同之外的额外工作所花费的人工费用；由于非承包人责任的工效降低所增加的人工费用；超过法定工作时间加班劳动；法定人工费增长以及非承包人责任工程延期导致的人员窝工费和工资上涨费等。

因此，正确选项是A、B、C、D。

2018 年度一级建造师执业资格考试
《建设工程项目管理》真题

一、单项选择题（共 70 题，每题 1 分。每题的备选项中，只有 1 个最符合题意）

1. 根据国际设施管理协会的界定，下列设施管理的内容中，属于物业运行管理的是（　　）。

A. 财务管理　　B. 空间管理
C. 用户管理　　D. 维修管理

2. 关于《项目管理知识体系指南（PMBOK 指南）》中项目集和项目组合的说法，正确的是（　　）。

A. 项目组合的管理包括识别、排序、管理和控制项目等
B. 项目组合中的项目一定彼此依赖或有直接关系
C. 项目集指的是为有效管理、实现战略业务目标而组合在一起的项目
D. 项目集中不包括各单个项目范围之外的相关工作

3. 关于施工方项目管理的说法，正确的是（　　）。

A. 可以采用工程施工总承包管理模式
B. 项目的整体利益和施工方本身的利益是对立关系
C. 施工方项目管理工作涉及项目实施阶段的全过程
D. 施工方项目管理的目标应根据其生产和经营的情况确定

4. 关于项目结构分析的说法，正确的是（　　）。

A. 同一个建设工程项目只有一个项目结构的分解方法
B. 居住建筑开发项目可根据建设的时间对项目结构进行逐层分解
C. 群体项目最多可进行到第二层次的分解
D. 单体工程不应再进行项目结构分解

5. 下列项目策划的工作内容中，属于项目决策阶段合同策划的是（　　）。

A. 项目管理委托的合同结构方案　　B. 方案设计竞赛的组织
C. 实施期合同结构总体方案　　D. 项目物资采购的合同结构方案

6. 下列项目策划的工作内容中，属于项目实施管理策划的是（　　）。

A. 项目实施期管理总体方案　　B. 生产运营期设施管理总体方案
C. 生产运营期经营管理总体方案　　D. 项目风险管理与工程保险方案

7. 施工总承包管理模式与施工总承包模式相比，在合同价方面的特点是（　　）。

A. 合同总价可以一次确定　　B. 分包合同价对业主相对透明
C. 不利于业主节约投资　　D. 确定建设项目合同总额的依据不足

8. 一般情况下，当采用施工总承包管理模式时，分包合同由（　　）与分包单位签订。

A. 业主　　B. 施工总承包管理单位

C. 施工总承包单位　　D. 项目咨询单位

9. 建设工程项目管理规划属于（　　）项目管理的范畴。

A. 工程总承包方　　B. 工程总承包管理方

C. 业主方　　D. 工程咨询方

10. 某施工企业针对建筑主体钢结构工程编制专项施工方案，该施工方案应由（　　）进行审批。

A. 总包单位技术负责人　　B. 总包单位项目技术负责人

C. 专业分包单位技术负责人　　D. 专业分包单位项目技术负责人

11. 应用动态控制原理控制项目投资时，属于设计过程中投资的计划值与实际值比较的是（　　）。

A. 工程概算与工程合同价　　B. 工程预算与工程合同价

C. 工程预算与工程概算　　D. 工程概算与工程决算

12. 某项目经理超出了注册建造师执业范围从事执业活动，其可能受到的处罚是（　　）。

A. 暂停注册执业资格 1 年　　B. 撤销建造师资格证书

C. 记入建造师执业信用档案　　D. 处以 5 万元罚款

13. 根据政府主管部门有关建设工程劳动用工管理规定，建筑施工企业应将项目作业人员有关情况在当地建筑业企业信息管理系统中如实填报，人员发生变更的，应在变更后（　　）个工作日内做相应变更。

A. 7　　B. 14

C. 15　　D. 30

14. 某施工企业承接了“一带一路”的国际项目，但缺乏具备国际工程施工经验的管理人员和施工人员，这类风险属于建设工程风险类型中的（　　）。

A. 组织风险　　B. 经济与管理风险

C. 工程环境风险　　D. 技术风险

15. 根据《建设工程质量管理条例》，未经（　　）签字，建设单位不拨付工程款、不进行竣工验收。

A. 专业监理工程师　　B. 总监理工程师

C. 建设单位现场工程师　　D. 政府质量管理部门

16. 对竣工工程进行现场成本、完全成本核算的目的是分别考核（　　）。

A. 项目管理绩效、企业经营效益　　B. 企业经营效益、企业社会效益

C. 项目管理绩效、项目管理责任　　D. 项目管理责任、企业经营效益

17. 结合项目的施工组织设计及自然地理条件，降低材料的库存成本和运输成本，属于成本管理的（　　）措施。

A. 组织　　B. 技术

C. 经济　　D. 合同

18. 某项目施工成本计划如下图所示，则 5 月末计划累积成本支出为（　　）万元。

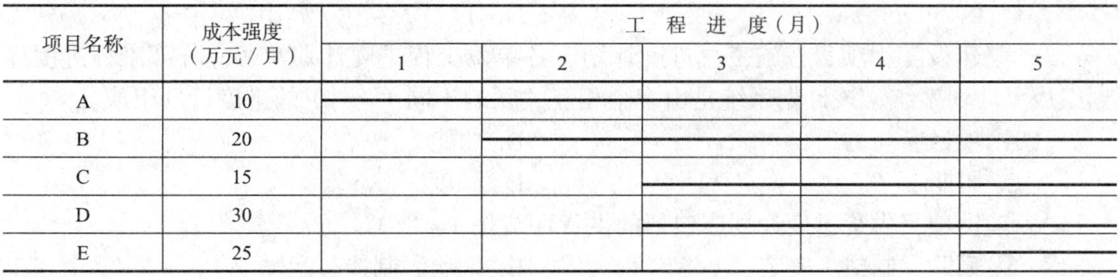

项目名称	成本强度（万元 / 月）	工　程　进　度（月）				
		1	2	3	4	5
A	10					
B	20					
C	15					
D	30					
E	25					

A. 75　　　　B. 180

C. 270　　　　D. 325

19. 将已汇总的人工、材料、机械台班消耗数量分别乘以所在地区的人工工资标准、材料预算价格、机械台班单价，计算出人料机费的表格是（　　）。

A. 工程量计算汇总表　　　　B. 施工预算工料分析表

C. 施工预算表　　　　D. 项目造价取费表

20. 某项目地面铺贴的清单工程量为 1000m^2，预算费用单价 60 元 /m^2，计划每天施工 100m^2。第 6 天检查时发现，实际完成 800m^2，实际费用为 5 万元。根据上述情况，预计项目完工时的费用偏差（*ACV*）是（　　）元。

A. −2000　　　　B. −2500

C. 2000　　　　D. 2500

21. 项目成本指标控制的工作包括：①采集成本数据，监测成本形成过程；②制定对策，纠正偏差；③找出偏差，分析原因；④确定成本管理分层次目标。其正确的工作程序是（　　）。

A. ①—②—③—④　　　　B. ①—③—②—④

C. ②—④—③—①　　　　D. ④—①—③—②

22. 工程成本应当包括（　　）所发生的、与执行合同有关的直接费用和间接费用。

A. 从工程投标开始至竣工验收为止　　　　B. 从合同签订开始至合同完成为止

C. 从场地移交开始至项目移交为止　　　　D. 从项目设计开始至竣工投产为止

23. 关于施工项目成本核算方法的说法，正确的是（　　）。

A. 表格核算法的优点是覆盖面较大

B. 会计核算法不核算工程项目在施工过程中出现的债权债务

C. 表格核算法可用于工程项目施工各岗位成本的责任核算

D. 会计核算法不能用于整个企业的生产经营核算

24. 某工程各门窗安装班组的相关经济指标见下表，按照成本分析的比率法，人均效益最好的班组是（　　）。

项目	班组甲	班组乙	班组丙	班组丁
工程量（m^2）	5400	5000	4800	5200
班组人数（人）	50	45	42	43
班组人工费（元）	150000	126000	147000	129000

A. 甲　　　　　　　　　　　　　　B. 乙

C. 丙　　　　　　　　　　　　　　D. 丁

25. 某建设工程项目按施工总进度计划、各单位工程进度计划及相应分部工程进度计划组成了计划系统，该计划系统是由多个相互关联的不同（　　）的进度计划组成。

A. 项目参与方　　　　　　　　　　B. 功能

C. 周期　　　　　　　　　　　　　D. 深度

26. 建设项目供货进度计划应包括的供货环节是（　　）。

A. 采购、制造、安装　　　　　　　B. 采购、制造、运输

C. 选型、制造、运输　　　　　　　D. 选型、供货、存储

27. 某工程采用建设项目工程总承包的模式，则项目总进度目标的控制是（　　）的任务。

A. 业主方与监理方　　　　　　　　B. 监理方与工程总承包方

C. 业主方与工程总承包方　　　　　D. 工程总承包方与设计方

28. 建设工程项目总进度目标论证的工作包括：①编制各层进度计划；②项目结构分析；③编制总进度计划；④项目的工作编码。其正确的工作程序是（　　）。

A. ④—③—②—①　　　　　　　　B. ②—④—①—③

C. ②—④—③—①　　　　　　　　D. ④—②—①—③

29. 某网络计划中，工作 N 的持续时间为 6 天，最迟完成时间为第 25 天；该工作三项紧前工作的最早完成时间分别为第 10 天、第 12 天和第 13 天，则工作 N 的总时差是（　　）天。

A. 4　　　　　　　　　　　　　　B. 6

C. 8　　　　　　　　　　　　　　D. 12

30. 某双代号时标网络计划如下图所示，工作 F、工作 H 的最迟完成时间分别为（　　）。

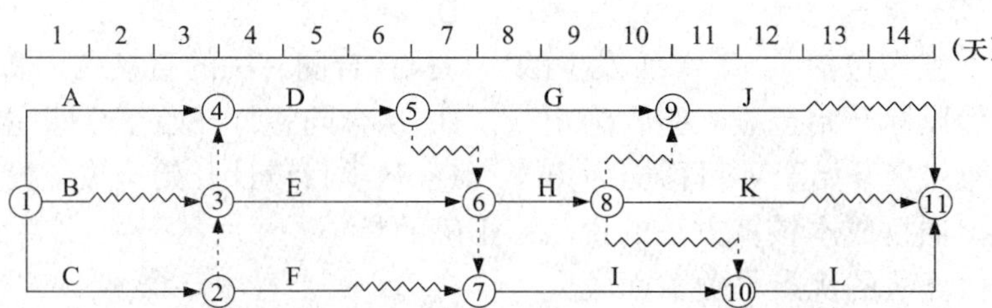

A. 第 7 天、第 9 天　　　　　　　B. 第 7 天、第 11 天

C. 第 8 天、第 9 天　　　　　　　D. 第 8 天、第 11 天

31. 某双代号网络计划如下图所示（单位：天），则工作 E 的自由时差为（　　）天。

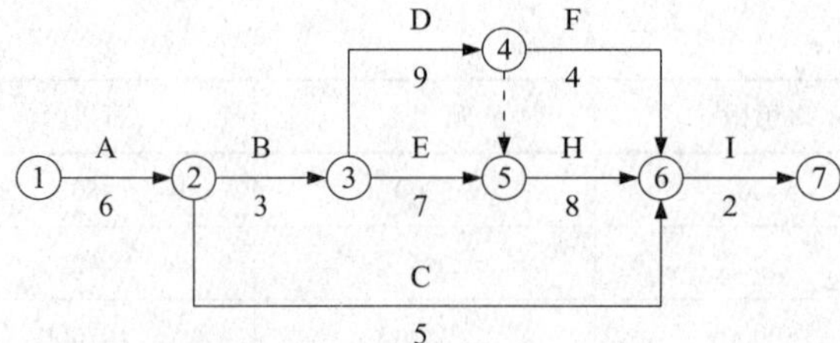

A. 0　　B. 4
C. 2　　D. 15

32. 某工作有三项紧后工作，持续时间分别为4天、5天、6天，对应的最迟完成时间分别为第18天、第16天、第14天，则该工作的最迟完成时间是第（　　）天。

A. 6　　B. 8
C. 12　　D. 14

33. 某双代号网络计划如下图所示，其关键路线有（　　）条。

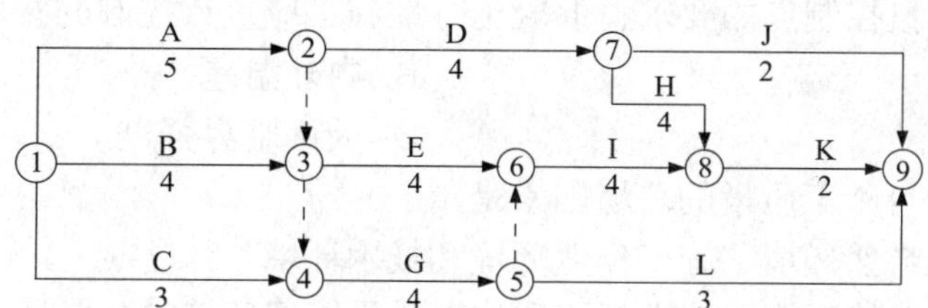

A. 1　　B. 2
C. 3　　D. 4

34. 某工程网络计划中，工作M的自由时差为2天，总时差为5天。进度检查时发现该工作的持续时间延长了4天，则工作M的实际进度（　　）。

A. 既不影响总工期，也不影响其紧后工作的正常进行
B. 将使其紧后工作的开始时间推迟4天，并使总工期延长2天
C. 将使总工期延长4天，但不影响其紧后工作的正常进行
D. 不影响总工期，但其紧后工作的最早开始时间推迟2天

35. 下列建设工程项目进度控制的措施中，属于经济措施的是（　　）。

A. 编制与进度计划相适应的资源需求计划
B. 重视信息技术在进度控制中的应用
C. 分析设计方案对工程进度的影响，优化设计方案
D. 分析影响工程进度的风险，减少进度失控的风险量

36. 某投标人在内部投标评审会中发现招标人公布的招标控制价不合理，因此决定放弃此次投标。该风险应对策略为（　　）。

A. 风险规避　　B. 风险减轻
C. 风险自留　　D. 风险转移

37. 我国实行建筑业企业资质管理制度、建造师执业资格注册制度、管理人员持证上岗等制度，都是对建设工程项目质量影响因素中（　　）的控制。

A. 管理因素　　B. 人的因素
C. 环境因素　　D. 技术因素

38. 关于工程项目质量控制体系的说法，正确的是（　　）。

A. 目的是用于建筑业企业的质量管理
B. 涉及工程项目实施中所有的质量责任主体
C. 其控制目标是建筑业企业的质量管理目标
D. 体系有效性需进行第三方审核认证

39. 下列质量管理体系程序性文件中，可视企业质量控制需要而制定、不作统一规定的是（　　）。

A. 内部审核程序　B. 质量记录管理程序

C. 纠正措施控制程序　D. 生产过程管理程序

40. 下列质量控制工作中，事中质量控制的重点是（　　）。

A. 质量管理点的设置　B. 施工质量计划的编制

C. 工序质量的控制　D. 工序质量偏差的纠正

41. 根据施工质量控制点的要求，混凝土冬期施工应重点控制的技术参数是（　　）。

A. 养护标准　B. 内外温差

C. 保温系数　D. 受冻临界强度

42. 影响建设项目施工质量的环境因素是（　　）。

A. 施工现场自然环境、施工作业环境和技术环境

B. 施工现场自然环境、技术环境和施工质量管理环境

C. 施工现场自然环境、施工作业环境和施工质量管理环境

D. 施工作业环境、技术环境和施工质量管理环境

43. 当无驻厂监督时，未做结构性能检验的装配式混凝土预制构件，进场时应按规定进行实体检验。关于检验数量的说法，正确的是（　　）。

A. 同一类型不超过 500 个为一批，每批随机抽取 1 个

B. 同一类型不超过 500 个为一批，每批随机抽取 3 个

C. 同一类型不超过 1000 个为一批，每批随机抽取 1 个

D. 同一类型不超过 1000 个为一批，每批随机抽取 3 个

44. 关于单位工程竣工验收的说法，错误的是（　　）。

A. 工程完工后，总监理工程师应组织各专业监理工程师进行竣工预验收

B. 对存在的质量问题整改完毕后，施工单位应提交工程竣工报告，申请验收

C. 竣工验收应由建设单位组织，并书面通知政府质量监督机构

D. 工程竣工验收合格后，施工单位应当及时提出工程竣工验收报告

45. 某砖混结构住宅墙体砌筑时，由于施工放线的错误，导致山墙上窗户的位置偏离 30cm，应采用的处理方法是（　　）。

A. 加固处理　B. 修补处理

C. 返工处理　D. 不作处理

46. 工程施工质量事故处理的工作包括：①事故调查；②事故原因分析；③事故处理；④事故处理的鉴定验收；⑤制定事故处理技术方案。其正确的工作程序是（　　）。

A. ①—②—③—④—⑤　B. ②—①—③—④—⑤

C. ②—①—⑤—④—③　D. ①—②—⑤—③—④

47. 工程质量控制中采用因果分析图法的目的是（　　）。

A. 找出工程中存在的主要质量问题

B. 全面分析工程中可能存在的质量问题

C. 找出影响工程质量问题的最主要原因

D. 动态地分析工程中的质量问题

48. 关于工程项目政府质量监督的说法，正确的是（　　）。

A. 政府质量监督的性质属于行政执法行为

B. 施工单位应在项目开工前向监督机构申报质量监督手续

C. 临时性房屋建筑工程也属于政府质量监督的范围

D. 质量监督机构可以聘请助理工程师协助质量监督工作

49. 下列职业健康安全管理体系的要素中，属于核心要素的是（　　）。

A. 应急准备和响应

B. 法律法规和其他要求

C. 文件控制

D. 沟通、参与和协商

50. 关于安全生产教育培训的说法，正确的是（　　）。

A. 企业新员工按规定经过三级安全教育和实际操作训练后即可上岗

B. 项目级安全教育由企业安全生产管理部门负责人组织实施、安全员协助

C. 班组级安全教育由项目负责人组织实施、安全员协助

D. 企业安全教育培训包括对管理人员、特种作业人员和企业员工的安全教育

51. 根据《安全生产许可证条例》，安全生产许可证的有效期是（　　）年。

A. 3

B. 4

C. 5

D. 6

52. 关于施工安全技术措施要求的说法，正确的是（　　）。

A. 施工安全技术措施应包括应急预案

B. 施工企业针对工程项目可编制统一的施工安全技术措施

C. 编制施工安全技术措施应与工程施工同步进行

D. 编制施工组织设计时必须包括专项安全施工技术方案

53. 根据《生产安全事故报告和调查处理条例》，下列安全事故中，属于较大事故的是（　　）。

A. 2 人死亡，980 万元直接经济损失

B. 4 人死亡，6000 万元直接经济损失

C. 3 人死亡，4800 万元直接经济损失

D. 10 人死亡，3000 万元直接经济损失

54. 某县一建筑工地发生生产安全重大事故，则事故调查组应由（　　）负责组织。

A. 事故发生地县级人民政府

B. 国务院安全生产监督管理部门

C. 事故发生单位

D. 事故发生地省级人民政府

55. 关于施工现场食堂职业健康安全卫生管理的说法，正确的是（　　）。

A. 食堂不需办理卫生许可证，但炊事人员须有健康证明

B. 除炊事人员和现场管理人员外，不得随意进入制作间

C. 食堂制作间灶台及周边贴 1.8m 高瓷砖

D. 食堂外设置敞开式泔水桶，并定期进行清理

56. 下列施工现场环境保护措施中，属于大气污染防治措施的是（　　）。

A. 禁止将有毒有害废弃物作土方回填

B. 禁止在施工现场焚烧各种包装物

C. 工地临时厕所化粪池采取防渗漏措施

D. 选用低噪声设备和加工工艺

57. 建设工程施工合同订立过程中，发承包双方开展合同谈判的时间是（　　）。

A. 投标人提交投标文件时　　B. 订立、签署书面合同时

C. 招标人退还投标保证金后　　D. 明确中标人并发出中标通知书后

58. 某工程承包人于 2018 年 6 月 15 日向监理人提交了竣工验收申请报告，7 月 10 日竣工验收合格，7 月 18 日发包人签发了工程接收证书。根据《建设工程施工合同（示范文本）》通用条款，该工程的实际竣工日期、保修期起算日分别为（　　）。

A. 6 月 15 日、7 月 10 日　　B. 7 月 10 日、7 月 18 日

C. 6 月 15 日、7 月 18 日　　D. 7 月 18 日、7 月 10 日

59. 根据《建设工程监理合同（示范文本）》，监理工作的内容包括（　　）。

A. 主持图纸会审会议　　B. 主持第一次工地会议

C. 组织工程竣工验收　　D. 编制工程质量评估报告

60. 工程咨询服务合同的计价方式主要采用（　　）。

A. 总价合同和单价合同

B. 单价合同和成本加酬金合同

C. 总价合同和成本加酬金合同

D. 总价合同、单价合同和成本加酬金合同

61. 某项目招标时，因图纸、规范准备不充分，不能据此确定合同价格，而仅能制定一个估算指标，则适宜采用的合同形式是（　　）。

A. 成本加奖金合同　　B. 成本加固定费用合同

C. 最大成本加费用合同　　D. 成本加固定比例费用合同

62. 我国建设工程常用的担保方式中，担保金额最大的是（　　）。

A. 投标担保　　B. 履约担保

C. 保修担保　　D. 付款担保

63. 根据我国保险制度，工程一切险通常由（　　）办理。

A. 承包人　　B. 监理人

C. 设计人　　D. 项目法人

64. 下列合同事件中，表示承包人工程施工任务完结的是（　　）。

A. 竣工结算　　B. 竣工验收

C. 工程移交　　D. 工程保修

65. 关于工程变更的说法，正确的是（　　）。

A. 承包人可直接变更能缩短工期的施工方案

B. 工程变更价款未确定之前，承包人可以不执行变更指示

C. 业主要求变更施工方案，承包人可以索赔相应费用

D. 因政府部门要求导致的设计修改，由业主和承包人共同承担责任

66. 某工程施工中出现了意外情况，导致工程量由原来的 2500m^3 增加到 3000m^3，原定工期为 30 天，合同规定工程量变动 10% 为承包商应承担风险，则可索赔工期为（　　）天。

A. 2.5　　B. 3

C. 5　　D. 6

67. 最常用的索赔费用计算方法是（　　）。

A. 总费用法　　B. 修正总费用法

C. 网络分析法　　D. 实际费用法

68. 关于国际工程施工承包合同争议解决的说法，正确的是（　　）。

A. 国际工程施工承包合同争议解决中，仲裁实行一裁终局制

B. 国际工程施工承包合同争议解决中，诉讼是首选方式

C. FIDIC 合同中，DAB 作出的裁决是强制性的

D. 国际工程施工承包合同争议最有效的解决方式是协商

69. 关于 FIDIC《永久设备和设计—建造合同条件》的说法，正确的是（　　）。

A. 适用于由发包人负责设计的工程项目

B. 合同计价采用单价合同方式

C. 业主委派工程师负责合同管理

D. 承包商只负责提供设备及工程建造

70. 关于项目信息编码的说法，正确的是（　　）。

A. 投资项编码应采用概预算定额确定的分部分项工程编码

B. 项目实施的工作项编码就是指对施工和设备安装工作项的编码

C. 项目管理组织结构编码要依据组织结构图，对每一个工作部门进行编码

D. 进度项编码应根据不同层次的进度计划工作需要分别建立

二、多项选择题（共30题，每题2分。每题的备选项中，有2个或2个以上符合题意，至少有1个错项。错选，本题不得分；少选，所选的每个选项得0.5分）

71. 每一个建设项目根据其特点，应确定的工作流程有（　　）。

A. 设计准备工作的流程　　B. 施工招标工作的流程

C. 施工作业的流程　　D. 工作任务分工的流程

E. 信息处理的流程

72. 关于项目施工总承包模式特点的说法，正确的有（　　）。

A. 业主择优选择承包方范围小

B. 项目质量好坏取决于总承包单位的管理水平和技术水平

C. 开工日期不可能太早，建设周期会较长

D. 有利于业主方的总投资控制

E. 与平行发包模式相比，业主组织协调工作量大大减少

73. 下列具体情况中，施工组织设计应及时进行修改或补充的有（　　）。

A. 设计单位应业主要求对工程设计图纸进行了细微修改

B. 由于施工规范发生变更导致需要调整预应力钢筋施工工艺

C. 由于国际钢材市场价格大涨导致进口钢材无法及时供料，严重影响工程施工

D. 由于自然灾害导致工期严重滞后

E. 施工单位发现设计图纸存在严重错误，无法继续施工

74. 下列风险管理工作内容中，属于项目风险评估工作的有（　　）。

A. 分析各种风险因素发生的概率　　B. 分析各种风险发生的损失量

C. 确定风险等级　　D. 确定风险量

E. 确定风险管理范围

75. 根据《建设工程监理规范》，工程建设监理实施细则应包括的内容有（　　）。

A. 专业工程的特点　　B. 监理的工作范围

C. 监理工作的流程　　D. 监理工作的控制要点

E. 监理工作的目标值

76. 下列施工费用中，可直接计入直接成本的有（　　）。

A. 人工费　　B. 周转材料购置费

C. 施工机械使用费　　D. 材料采购保管费

E. 管理人员差旅交通费

77. 下列建筑安装工程费用中，属于企业管理费的有（　　）。

A. 检验试验费　　B. 劳动保护费

C. 城市维护建设税　　D. 教育费附加

E. 增值税

78. 某混凝土工程的清单综合单价 1000 元 /m^3，按月结算，其工程量和施工进度数据见下表。按赢得值法计算，3 月末已完工作实际费用（*ACWP*）是 9790 千元。该工程 3 月末参数或指标正确的有（　　）。

工作名称	计划工程量（m^3/ 月）	实际工程量（m^3/ 月）	工程进度（月）			
			1	2	3	4
工作 A	4500	4500				
工作 B	2500	2300				
工作 C	1200	1250				

图例：实际进度　计划进度

A. 已完工作预算费用（*BCWP*）是 9100 千元

B. 费用偏差（*CV*）是 690 千元

C. 进度偏差（*SV*）是 −1600 千元

D. 费用绩效指数（*CPI*）是 0.93

E. 计划工作预算费用（*BCWS*）是 10700 千元

79. 根据《财政部关于印发〈企业产品成本核算制度（试行）〉的通知》（财会［2013］17 号），建筑业企业可设置的成本项目有（　　）。

A. 直接人工　　B. 其他直接费用

C. 分包成本　　D. 借款费用

E. 相关税费

80. 下列成本计划指标中，属于数量指标的有（　　）。

A. 工程项目计划总成本指标

B. 设计预算成本计划降低率

C. 按主要生产要素划分的计划成本指标

D. 各单位工程计划成本指标

E. 责任目标成本计划降低率

81. 项目总进度目标论证时应调研和收集的资料包括（　　）。

A. 项目决策阶段有关项目进度目标确定的情况和资料

B. 与进度有关的该项目组织、管理、经济和技术资料

C. 类似项目的进度资料

D. 该项目的总体部署

E. 该项目施工总承包单位的信用等级

82. 某双代号网络计划如下图所示，绘图的错误有（　　）。

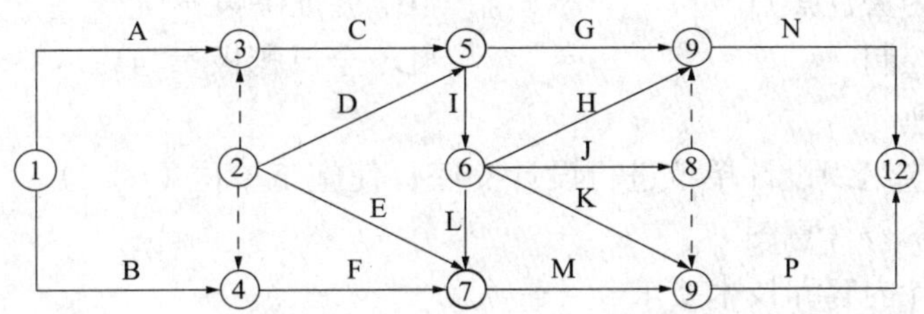

A. 有多个起点节点　　B. 有多个终点节点

C. 节点编号有误　　D. 存在循环回路

E. 有多余虚工作

83. 某工程双代号网络计划如下图，已标明各项工作的最早开始时间（ES_{i-j}）、最迟开始时间（LS_{i-j}）和持续时间（D_{i-j}）。该网络计划表明（　　）。

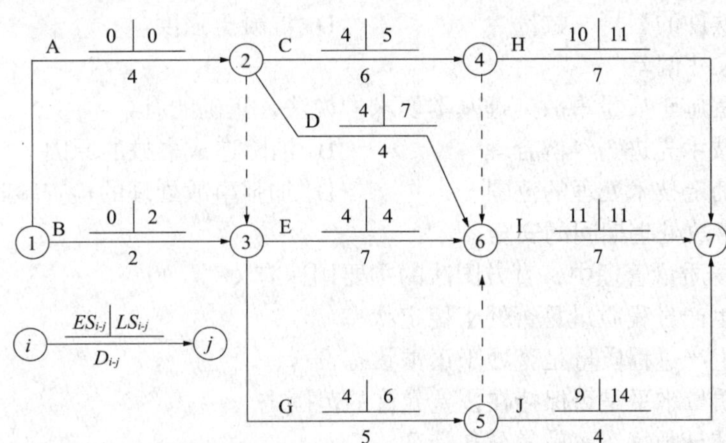

A. 工作 B 的总时差和自由时差相等

B. 工作 D 的总时差和自由时差相等

C. 工作 C 和工作 E 均为关键工作

D. 工作 G 的总时差、自由时差分别为 2 天、0 天

E. 工作 J 的总时差和自由时差相等

84. 网络进度计划的工期调整可通过（　　）来实现。

A. 调整关键工作持续时间　　B. 增减工作项目

C. 缩短非关键工作的持续时间　　D. 调整工作间的逻辑关系

E. 增加非关键工作的时差

85. 下列建设工程项目进度控制措施中，属于技术措施的有（　）。

A. 建立图纸审查、工程变更管理制度

B. 深化设计，选用对实现目标有利的设计方案

C. 优化施工方案，合理选用机械设备

D. 编制与进度计划相适应的资金保证计划

E. 优化工作之间的逻辑关系，缩短持续时间

86. 根据《质量管理体系标准 基础和术语》，质量管理原则包括（　）。

A. 以顾客为关注焦点

B. 循证决策

C. 全要素控制

D. 全员积极参与

E. 关系管理

87. 建设单位应组织设计单位进行设计交底，使施工单位（　）。

A. 充分理解设计意图

B. 了解设计内容和技术要求

C. 解决各专业设计之间可能存在的矛盾

D. 消除施工图差错

E. 明确质量控制的重点与难点

88. 对于不做结构性能检验的混凝土预制构件，当无驻厂监督时，预制构件进场时应按规定进行实体检验，其检验内容包括（　）。

A. 受力钢筋的数量、规格、间距

B. 受力钢筋的保护层厚度

C. 预埋铁件的型号、数量

D. 混凝土强度

E. 外形尺寸偏差

89. 关于工程施工质量事故处理基本要求的说法，正确的有（　）。

A. 确保技术先进、经济合理

B. 消除造成事故的原因

C. 正确确定技术处理的范围

D. 加强事故处理的检查验收工作

E. 确保事故处理期间的安全

90. 施工现场质量管理中，直方图法的主要用途有（　）。

A. 分析生产过程质量是否处于稳定状态

B. 分析生产过程质量是否处于正常状态

C. 分析质量水平是否保持在公差允许的范围内

D. 整理统计数据，了解其分布特征

E. 找出质量问题的主要影响因素

91. 关于安全技术交底内容及要求的说法，正确的有（　）。

A. 内容中必须包括事故发生后的避难和急救措施

B. 项目部必须实行逐级交底制度，纵向延伸到班组全体人员

C. 定期向交叉作业的施工班组进行口头交底

D. 内容中必须包括针对危险点的预防措施

E. 涉及“四新”项目的单项技术设计必须经过两阶段技术交底

92. 关于生产安全事故应急预案的说法，正确的有（　）。

A. 编制目的是为了杜绝职业健康安全和环境事故的发生

B. 应急预案体系包括综合应急预案、专项应急预案和现场处置方案

C. 综合应急预案从总体上阐述应急的基本要求和程序

D. 专项应急预案是针对具体装置、场所或设施、岗位所制定的应急措施

E. 现场处置方案是针对具体事故类别、危险源和研究保障而制定的计划或方案

93. 关于施工现场文明施工管理措施的说法，正确的有（　　）。

A. 施工现场实行封闭管理，外来人员进场实行登记制度

B. 市区主要路段的工地围挡高度不低于 2m

C. 施工现场作业区、生活区主干道地面必须硬化

D. 施工现场作业区内禁止随意吸烟

E. 施工现场消防重点部位设置灭火器和消防砂箱

94. 关于世界银行贷款项目工程和货物采购方式的说法，正确的有（　　）。

A. 首选国际竞争性招标方式

B. 可以采用直接签订合同的方式

C. 国际竞争性招标方式属于公开招标

D. 有限国际招标方式相当于邀请招标

E. 不允许采用自营工程和询价采购的方式

95. 根据《建设工程施工合同（示范文本）》通用条款，除专用条款另有约定外，发包人的责任与义务有（　　）。

A. 按照承包人实际需要的数量免费提供图纸

B. 对施工现场发掘的文物古迹采取妥善保护措施

C. 负责完善无法满足施工需要的场外交通设施

D. 最迟于开工日期 7 天前向承包人移交施工现场

E. 无条件向承包人提供银行保函形式的支付担保

96. 采用固定总价合同时，承包商承担的价格风险有（　　）。

A. 漏报项目　　B. 报价计算错误

C. 工程范围不确定　　D. 工程量计算错误

E. 物价和人工费上涨

97. 下列工程合同风险中，属于信用风险的有（　　）。

A. 物价上涨　　B. 知假买假

C. 偷工减料　　D. 违法分包

E. 拖欠工程款

98. 关于建筑市场诚信行为记录的说法，正确的有（　　）。

A. 由地方建设行政主管部门统一公布

B. 良好行为记录信息的公布期限一般为 3 年

C. 不良行为记录信息的公布期限最短为 1 年

D. 不良行为记录信息公布时间是行政处罚决定做出后 7 日内

E. 不良行为记录信息公布期限可以根据整改审查结果延长

99. 承包人向发包人索赔成立的前提条件有（　　）。

A. 按合同规定程序和时间提交了索赔报告

B. 索赔前需进行现场保护

C. 按合同规定程序和时间提交了索赔意向通知

D. 与合同对照，事件已造成了承包人实际损失

E. 索赔原因按合同约定不属于承包人的行为责任

100. 工程项目管理信息系统的成本控制功能包括（　　）。

A. 进行项目的估算、概预算的比较分析

B. 计划成本与实际成本的比较分析

C. 根据工程进展进行成本预测

D. 计算实际成本

E. 合同执行情况的查询和统计分析

2018 年度真题参考答案及考点解析

一、单项选择题

1. D

【考点】建设工程管理的内涵。

【解析】国际设施管理协会（IFMA）所确定的设施管理的含义，如下图所示，它包括物业资产管理和物业运行管理，这与我国物业管理的概念尚有差异。

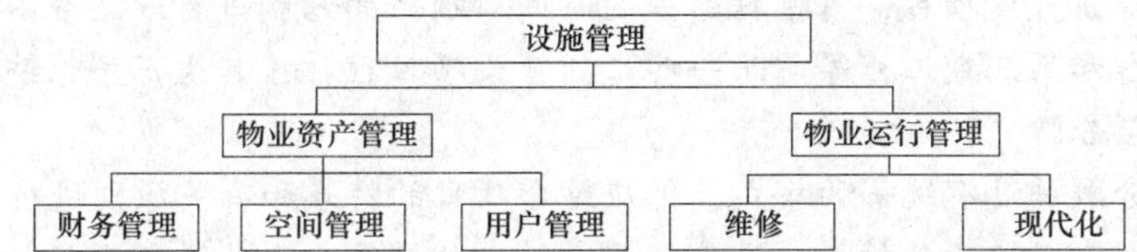

因此，正确选项是 D。

2. A

【考点】业主方、设计方和供货方项目管理的目标和任务。

【解析】项目管理作为一门学科，50 多年来在不断发展，传统的项目管理（Project Management）是该学科的第一代，其第二代是项目集管理（Program Management），第三代是项目组合管理（Portfolio Management），第四代是变更管理（Change Management）。美国项目管理协会（PMI）的《项目管理知识体系指南（PMBOK 指南）》第四版对有关概念作了如下一些解释：

项目集即："一组相互关联且被协调管理的项目。协调管理是为了获得对单个项目分别管理所无法实现的利益和控制。项目集中可能包括各单个项目范围之外的相关工作。"

项目集管理指的是："对项目集进行统一协调管理，以实现项目集的战略目标和利益。"

项目组合即："为有效管理、实现战略业务目标而组合在一起的项目、项目集和其他工作。项目组合中的项目或项目集不一定彼此依赖或有直接关系。"

项目组合管理指的是："为了实现特定的战略业务目标，对一个或多个项目组合进行的集中管理，包括识别、排序、管理、和控制项目、项目集和其他有关工作。"

因此，正确选项是 A。

3. A

【考点】施工方项目管理的目标和任务。

【解析】施工方是受业主方的委托承担工程建设任务，施工方必须为项目建设服务，为业主提供建设服务；施工方作为项目建设的一个重要参与方，其项目管理不仅应服务于施工方本身的利益，也必须服务于项目的整体利益。项目的整体利益和施工方本身的利益是对立的统一关系。

如果采用工程施工总承包或工程施工总承包管理模式，施工总承包方或施工总承包管理方必须按工程合同规定的工期目标和质量目标完成建设任务。而施工总承包方或施工总承包管理方的成本目标是由施工企业根据其生产和经营的情况自行确定的。

施工方的项目管理工作主要在施工阶段进行，但由于设计阶段和施工阶段在时间上往往是交叉的，因此，施工方的项目管理工作也会涉及设计阶段。

因此，正确选项是A。

4. B

【考点】项目结构分析在项目管理中的应用。

【解析】同一个建设工程项目可有不同的项目结构的分解方法，项目结构的分解应与整个工程实施的部署相结合，并与将采用的合同结构相结合，如地铁工程主要有两种不同的合同分解方案，其对应的项目结构不相同。

一些居住建筑开发项目，可根据建设的时间对项目的结构进行逐层分解，如第一期工程、第二期工程和第三期工程等。而一些工业建设项目往往按其生产子系统的构成对项目的结构进行逐层分解。

项目结构分解并没有统一的模式，但应结合项目的特点和有关原则进行。

单体工程如有必要（如投资、进度和质量控制的需要）也应进行项目结构分解，如一栋高层办公大楼可分解为：地下工程、裙房结构工程、主体结构工程、建筑装饰工程、幕墙工程、建筑设备工程（不包括弱电工程）、弱电工程、室外总体工程等。

因此，正确选项是B。

5. C

【考点】项目决策阶段策划的工作内容。

【解析】建设工程项目决策阶段策划的基本内容如下：

（1）项目环境和条件的调查与分析。

（2）项目定义和项目目标论证。

（3）组织策划。

（4）管理策划。

（5）合同策划。

其主要工作内容包括：决策期的合同结构；决策期的合同内容和文本；实施期合同结构总体方案。

（6）经济策划。

（7）技术策划。

因此，正确选项是C。

6. D

【考点】项目实施阶段策划的工作内容。

【解析】建设工程项目实施阶段策划的基本内容如下：

（1）项目实施的环境和条件的调查与分析

环境和条件包括自然环境、建设政策环境、建筑市场环境、建设环境（能源、基础设施等）、建筑环境（民用建筑的风格和主色调等）等。

（2）项目目标的分析和再论证

其主要工作内容包括：①投资目标的分解和论证；②编制项目投资总体规划；③进度目标的分解和论证；④编制项目建设总进度规划；⑤项目功能分解；⑥建筑面积分配；⑦确定项目质量目标。

（3）项目实施的组织策划

其主要工作内容包括：①业主方项目管理的组织结构；②任务分工和管理职能分工；③项目管理工作流程；④建立编码体系。

（4）项目实施的管理策划

其主要工作内容包括：①项目实施各阶段项目管理的工作内容；②项目风险管理与工程保险方案。

（5）项目实施的合同策划

其主要工作内容包括：①方案设计竞赛的组织；②项目管理委托、设计、施工、物资采购的合同结构方案；③合同文本。

（6）项目实施的经济策划

其主要工作内容包括：①资金需求量计划；②融资方案的深化分析。

（7）项目实施的技术策划

其主要工作内容包括：①技术方案的深化分析和论证；②关键技术的深化分析和论证；③技术标准和规范的应用和制定等。

（8）项目实施的风险策划等。

因此，正确选项是 D。

7. B

【考点】施工任务委托的模式。

【解析】施工总承包管理合同中一般只确定施工总承包管理费（通常是按工程建筑安装工程造价的一定百分比计取），而不需要确定建筑安装工程造价，这也是施工总承包管理模式的招标可以不依赖于施工图纸出齐的原因之一。分包合同一般采用单价合同或总价合同。施工总承包管理模式与施工总承包模式相比在合同价方面有以下优点：

（1）合同总价不是一次确定，某一部分施工图设计完成以后，再进行该部分施工招标，确定该部分合同价，因此整个建设项目的合同总额的确定较有依据。

（2）所有分包都通过招标获得有竞争力的投标报价，对业主方节约投资有利。

（3）在施工总承包管理模式下，分包合同价对业主是透明的。

因此，正确选项是 B。

8. A

【考点】施工任务委托的模式。

【解析】一般情况下，当采用施工总承包管理模式时，分包合同由业主与分包单位直接签订，但每一个分包人的选择和每一个分包合同的签订都要经过施工总承包管理单位的认可，因为施工总承包管理单位要承担施工总体管理和目标控制的任务和责任。如果施工总承包管理单位认为业主选定的某个分包人确实没有能力完成分包任务，而业主执意不肯更换分包人，施工总承包管理单位也可以拒绝认可该分包合同，并且不承担该分包人所负责工程的管理责任。

因此，正确选项是 A。

9. C

【考点】建设工程项目管理规划的内容和编制方法。

【解析】建设工程项目管理规划涉及项目整个实施阶段，它属于业主方项目管理的范畴。如果采用建设项目工程总承包的模式，业主方也可以委托建设项目工程总承包方编制建设工程项目管理规划。建设项目的其他参与单位，如设计单位、施工单位和供货单位等，为进行其项目管理也需要编制项目管理规划，如设计方项目管理规划、施工方项目管理规划和供货方项目管理规划。

因此，正确选项是 C。

10. A

【考点】施工组织设计的编制方法。

【解析】关于施工组织设计的编制和审批：

（1）施工组织设计应由项目负责人主持编制，可根据需要分阶段编制和审批。

有些分期分批建设的项目跨越时间很长，还有些项目地基基础、主体结构、装修装饰和机电设备安装并不是由一个总承包单位完成，此外还有一些特殊情况的项目，在征得建设单位同意的情况下，施工单位可分阶段编制施工组织设计。

（2）施工组织总设计应由总承包单位技术负责人审批；单位工程施工组织设计应由施工单位技术负责人或技术负责人授权的技术人员审批，施工方案应由项目技术负责人审批；重点、难点分部（分项）工程和专项工程施工方案应由施工单位技术部门组织相关专家评审，施工单位技术负责人批准。

在《建设工程安全生产管理条例》（国务院第 393 号令）中规定：对下列达到一定规模的危险性较大的分部（分项）工程编制专项施工方案，并附具安全验算结果，经施工单位技术负责人、总监理工程师签字后实施。

（3）由专业承包单位施工的分部（分项）工程或专项工程的施工方案，应由专业承包单位技术负责人或技术负责人授权的技术人员审批；有总承包单位时，应由总承包单位项目技术负责人核准备案。

（4）规模较大的分部（分项）工程和专项工程的施工方案应按单位工程施工组织设计进行编制和审批。

有些分部（分项）工程或专项工程如主体结构为钢结构的大型建筑工程，其钢结构分部规模很大且在整个工程中占有重要的地位，需另行分包，遇有这种情况的分部（分项）工程或专项工程，其施工方案应按施工组织设计进行编制和审批。

因此，正确选项是 A。

11. C

【考点】动态控制在投资控制中的应用。

【解析】在施工过程中投资的计划值和实际值的比较包括：

（1）工程合同价与工程概算的比较；

（2）工程合同价与工程预算的比较；

（3）工程款支付与工程概算的比较；

（4）工程款支付与工程预算的比较；

（5）工程款支付与工程合同价的比较；

（6）工程决算与工程概算、工程预算和工程合同价的比较。

由上可知，投资的计划值和实际值是相对的，如：相对于工程预算而言，工程概算是投资的计划值；相对于工程合同价，则工程概算和工程预算都可作为投资的计划值等。

因此，正确选项是C。

12. C

【考点】

【解析】根据《注册建造师执业管理办法》，注册建造师不得有下列行为：

（1）不按设计图纸施工；

（2）使用不合格建筑材料；

（3）使用不合格设备、建筑构配件；

（4）违反工程质量、安全、环保和用工方面的规定；

（5）在执业过程中，索贿、行贿、受贿或者谋取合同约定费用外的其他不法利益；

（6）签署弄虚作假或在不合格文件上签章的；

（7）以他人名义或允许他人以自己的名义从事执业活动；

（8）同时在两个或者两个以上企业受聘并执业；

（9）超出执业范围和聘用企业业务范围从事执业活动；

（10）未变更注册单位，而在另一家企业从事执业活动；

（11）所负责工程未办理竣工验收或移交手续前，变更注册到另一企业；

（12）伪造、涂改、倒卖、出租、出借或以其他形式非法转让资格证书、注册证书和执业印章；

（13）不履行注册建造师义务和法律、法规、规章禁止的其他行为。

注册建造师有上述行为的，经有关监督部门确认后由工程所在地建设主管部门或有关部门记入注册建造师执业信用档案。

因此，正确选项是C。

13. A

【考点】施工企业人力资源管理的任务。

【解析】建筑施工企业应当将每个工程项目中的施工管理、作业人员劳务档案中有关情况在当地建筑业企业信息管理系统中按规定如实填报。人员发生变更的，应当在变更后7个工作日内，在建筑业企业信息管理系统中作相应变更。

因此，正确选项是A。

14. A

【考点】项目的风险类型。

【解析】建设工程项目的风险有如下几种类型：组织风险、经济与管理风险、工程环境分析、技术分析。

其中，组织风险，如：

（1）组织结构模式；

（2）工作流程组织；

（3）任务分工和管理职能分工；

（4）业主方（包括代表业主利益的项目管理方）人员的构成和能力；

（5）设计人员和监理工程师的能力；

（6）承包方管理人员和一般技工的能力；

（7）施工机械操作人员的能力和经验；

（8）损失控制和安全管理人员的资历和能力等。

因此，正确选项是A。

15. B

【考点】监理的工作任务。

【解析】《建设工程质量管理条例》第三十七条：工程监理单位应当选派具备相应资格的总监理工程师和监理工程师进驻施工现场。未经监理工程师签字，建筑材料、建筑构配件和设备不得在工程上使用或者安装，施工单位不得进行下一道工序的施工。未经总监理工程师签字，建设单位不拨付工程款，不进行竣工验收。

因此，正确选项是B。

16. A

【考点】成本管理的任务和程序。

【解析】对竣工工程的成本核算，应区分为竣工工程现场成本和竣工工程完全成本，分别由项目经理部和企业财务部门进行核算分析，其目的在于分别考核项目管理绩效和企业经营效益。

因此，正确选项是A。

17. B

【考点】成本管理的措施。

【解析】施工成本控制的措施可归纳为组织措施、技术措施、经济措施、合同措施。

其中，施工过程中降低成本的技术措施，包括：进行技术经济分析，确定最佳的施工方案；结合施工方法，进行材料使用的比选，在满足功能要求的前提下，通过代用、改变配合比、使用外加剂等方法降低材料消耗的费用；确定最合适的施工机械、设备使用方案；结合项目的施工组织设计及自然地理条件，降低材料的库存成本和运输成本；应用先进的施工技术，运用新材料，使用先进的机械设备等。在实践中，也要避免仅从技术角度选定方案而忽视对其经济效果的分析论证。

因此，正确选项是B。

18. C

【考点】按施工实施阶段编制成本计划的方法。

【解析】根据题中的施工成本计划图，可知：1月的计划成本支出为10万元，2月的计划成本支出为10＋20＝30万元,3月的计划成本支出为10＋20＋15＋30＝75万元，4月的计划成本支出为20＋15＋30＝65万元，5月的计划成本支出为20＋15＋30＋25＝90万元，则5月末计划累积成本支出为10＋30＋75＋65＋90＝270万元。

因此，正确选项是C。

19. C

【考点】成本计划的类型（施工预算）

【解析】施工预算表：将已汇总的人工、材料、机械台班消耗数量分别乘以所在地区的人工工资标准、材料预算价格、机械台班单价，计算出人料机费（有定额单价时可直接使用定额单价）。

因此，正确选项是C。

20. B

【考点】成本控制的方法。

【解析】ACV＝项目完工预算（BAC）－预测的项目完工估算（EAC）

$$= 1000\times 60 - (50000/800)\times 1000$$

$$= -2500 元$$

因此，正确选项是B。

21. D

【考点】成本控制的依据和程序。

【解析】施工项目成本指标控制的程序：

（1）确定施工项目成本目标及月度成本目标

在工程开工之初，工程项目部应根据公司与项目签订的《项目承包合同》确定项目的成本管理目标，并根据工程进度计划确定月度成本计划目标。

（2）收集成本数据，监测成本形成过程

过程控制的目的就在于不断纠正成本形成过程中的偏差，保证成本项目的发生是在预定范围之内。因此，在施工过程中要定期收集反映施工成本支出情况的数据，并将实际发生情况与目标计划进行对比，从而保证有效控制成本的整个形成过程。

（3）分析偏差原因，制定对策

施工过程是一个多工种、多方位立体交叉作业的复杂活动，成本的发生和形成是很难按预定的目标进行的，因此，需要对产生的偏差及时分析原因，分清是客观因素（如市场调价）还是人为因素（如管理行为失控），及时制定对策并予以纠正。

（4）用成本指标考核管理行为，用管理行为来保证成本指标

管理行为的控制程序和成本指标的控制程序是对项目施工成本进行过程控制的主要内容，这两个程序在实施过程中，是相互交叉、相互制约又相互联系的。只有把成本指标的控制程序和管理行为的控制程序相结合，才能保证成本管理工作有序地、富有成效地进行。

因此，正确选项是D。

22. B

【考点】成本核算的原则、依据、范围和程序。

【解析】根据《企业会计准则第15号——建造合同》，工程成本应当包括从合同签订开始至合同完成为止所发生的、与执行合同有关的直接费用和间接费用。

因此，正确选项是B。

23. C

【考点】成本核算的方法。

【解析】施工项目成本核算的方法主要有表格核算法和会计核实法。

（1）表格核算法

表格核算法是通过对施工项目内部各环节进行成本核算，以此为基础，核算单位和

各部门定期采集信息，按照有关规定填制一系列的表格，完成数据比较、考核和简单的核算，形成工程项目成本的核算体系，作为支撑工程项目成本核算的平台。这种核算的优点的简便易懂，方便操作，实用性较好；缺点是难以实现较为科学严密的审核制度，精度不高，覆盖面较小。

（2）会计核算法

会计核算方法是建立在会计对工程项目进行全面核算的基础上，再利用收支全面核实和借贷记账法的综合特点，按照施工项目成本的收支范围和内容，进行施工项目成本核算。不仅核算工程项目施工的直接成本，而且还要核算工程项目在施工过程中出现的债权债务、为施工生产而自购的工具、器具摊销、向发包单位的报量和收款、分包完成和分包付款等。这种核算方法的优点是科学严谨，人为控制的因素较小而且和是的覆盖面较大；缺点是对核算人员的专业水平和工作经验都要求较高。

（3）两种核算方法的综合使用

表格核算具有操作简单和表格格式自有等特点，因而等工程项目内各岗位成本的责任核算比较实用。施工单位除对整个企业的生产经营进行会计核算外，还应在工程项目上设成本会计，进行工程项目成本核算，以减少数据的传递，提高数据的及时性，便于与表格核算的数据接口。

因此，正确选项是 C。

24. D

【考点】成本分析的方法。

【解析】计算相关比率如下：

	班组甲	班组乙	班组丙	班组丁
人均产值（m^2/人）	108	111.1	114.3	120.9
完成单位工程量所需人工费（元/m^2）	27.7	25.2	30.6	24.8
人均人工费（元/人）	3000	2800	3500	3000

从上表的数据可以看出，班组丁的人均产值最高。

因此，正确选项是 D。

25. D

【考点】项目进度计划系统的建立。

【解析】由不同深度的计划构成进度计划系统，包括：（1）总进度规划（计划）；（2）项目子系统进度规划（计划）；（3）项目子系统中的单项工程进度计划等。

因此，正确选项是 D。

26. B

【考点】项目进度控制的任务。

【解析】供货方进度控制的任务是依据供货合同对供货的要求控制供货进度，这是供货方履行合同的义务。供货进度计划应包括供货的所有环节，如采购、加工制造、运输等。

因此，正确选项是 B。

27. C

【考点】项目总进度目标论证的工作内容。

【解析】建设工程项目的总进度目标指的是整个工程项目的进度目标，它是在项目决策阶段项目定义时确定的，项目管理的主要任务是在项目的实施阶段对项目的目标进行控制。建设工程项目总进度目标的控制是业主方项目管理的任务（若采用建设项目工程总承包的模式，协助业主进行项目总进度目标的控制也是建设项目工程总承包方项目管理的任务）。

因此，正确选项是 C。

28. B

【考点】项目总进度目标论证的工作步骤。

【解析】建设工程项目总进度目标论证的工作步骤如下：

（1）调查研究和收集资料；

（2）项目结构分析；

（3）进度计划系统的结构分析；

（4）项目的工作编码；

（5）编制各层进度计划；

（6）协调各层进度计划的关系，编制总进度计划；

（7）若所编制的总进度计划不符合项目的进度目标，则设法调整；

（8）若经过多次调整，进度目标无法实现，则报告项目决策者。

因此，正确选项是 B。

29. B

【考点】工程网络计划有关时间参数的计算。

【解析】工作 N 的最早开始时间等于其紧前工作最早完成时间的最大值，所以工作 N 的最早开始时间为 13，最早完成时间为 13 ＋ 6 ＝ 19 天；已知工作 N 的最迟完成时间为第 25 天，故工作 N 的总时差为 25 － 19 ＝ 6 天。

因此，正确选项是 B。

30. B

【考点】工程网络计划有关时间参数的计算。

【解析】由题中的时标网络计划可以看出，工作 F、工作 H 的最早开始时间分别为第 4 天、第 8 天，最早完成时间分别为第 5 天、第 9 天。节点⑦、⑪为关键节点，所以工作 J、工作 K 的总时差、自由时差均为 2，工作 F 的总时差为 2，工作 I、工作 L 为关键工作。工作 F 的最迟完成时间为 5 ＋ 2 ＝ 7 天，工作 H 的最迟完成时间为 9 ＋ 2 ＝ 11 天。

因此，正确选项是 B。

31. C

【考点】工程网络计划有关时间参数的计算。

【解析】由题中的双代号网络计划可知，关键线路为 A—B—D—H—I，节点③、⑤为关键节点，工作 D 为关键工作。工作 D 的持续时间为 9，工作 E 的持续时间为 7，所以，工作 E 的自由时差为 2 天。

因此，正确选项是 C。

32. B

【考点】工程网络计划有关时间参数的计算。

【解析】三项紧后工作的最迟开始时间分别为 18 － 4 ＝ 14 天、16 － 5 ＝ 11 天、14 － 6 ＝ 8 天。则该工作的最迟完成时间应为第 8 天。

因此，正确选项是 B。

33. C

【考点】关键工作、关键线路和时差的确定。

【解析】在双代号网络计划和单代号网络计划中，关键路线是总的工作持续时间最长的线路。只要把该网络计划的所有线路一一列出，并计算出每条线路的长度，就可找出关键线路。该网络计划的关键线路有三条，分别为①—②—⑦—⑧—⑨、①—②—③—⑥—⑧—⑨、①—②—③—④—⑤—⑥—⑧—⑨。

因此，正确选项是 C。

34. D

【考点】关键工作、关键线路和时差的确定。

【解析】总时差是指在不影响总工期的前提下，本工作可以利用的机动时间。自由时差是指在不影响其紧后工作最早开始时间的前提下，本工作可以利用的机动时间。

工作 M 的总时差为 5 天，自由时差为 2 天，实际工作中其持续时间延长了 4 天。根据上述时差的定义，工作 M 程序时间的延长不会影响总工期，但会影响其后续工作的开始时间。

因此，正确选项是 D。

35. A

【考点】建设工程项目进度控制的措施。

【解析】建设工程项目进度控制的措施，包括组织措施、管理措施、经济措施和技术措施。其中，经济措施涉及资金需求计划、资金供应的条件和经济激励措施等。为确保进度目标的实现，应编制与进度计划相适应的资源需求计划（资源进度计划），包括资金需求计划和其他资源（人力和物力资源）需求计划，以反映工程实施的各时段所需要的资源。通过资源需求的分析，可发现所编制的进度计划实现的可能性，若资源条件不具备，则应调整进度计划。资金需求计划也是工程融资的重要依据。

资金供应条件包括可能的资金总供应量、资金来源（自有资金和外来资金）以及资金供应的时间。在工程预算中应考虑加快工程进度所需要的资金，其中包括为实现进度目标将要采取的经济激励措施所需要的费用。

因此，正确选项是 A。

36. A

【考点】项目质量风险分析和控制。

【解析】常用的质量风险对策包括风险规避、减轻、转移、自留及其组合等策略。

（1）规避

采取恰当的措施避免质量风险的发生。例如；依法进行招投标，慎重选择有资质、有能力的项目设计、施工、监理单位，避免因这些质量责任单位选择不当而发生质量风险；正确进行项目的规划选址，避开不良地基或容易发生地质灾害的区域；不选用不成熟、不可靠的设计、施工技术方案；合理安排施工工期和进度计划，避开可能发生的水灾、风灾、冻害对工程质量的损害等等：都是规避质量风险的办法。

（2）减轻

针对无法规避的质量风险，研究制定有效的应对方案，尽量把风险发生的概率和损失量降到最低程度，从而降低风险量和风险等级。例如，在施工中有针对性地制定和落实有效的施工质量保证措施和质量事故应急预案，可以降低质量事故发生的概率和减少事故损失量。

（3）转移

依法采用正确的方法把质量风险转移给其他方承担。转移的方法有：分包转移、担保转移、保险转移。

（4）风险承担

又称风险自留。当质量风险无法避免，或者估计可能造成的质量损害不会很严重而预防的成本很高时，风险承担也常常是一种有效的风险响应策略。

因此，正确选项是A。

37. B

【考点】项目质量的形成过程和影响因素分析。

【解析】建设工程项目质量的影响因素，主要是指在项目质量目标策划、决策和实现过程中影响质量形成的各种客观因素和主观因素，包括人的因素、机械因素、材料因素、方法因素和环境因素（简称人、机、料、法、环）等。

其中，人的因素起决定性的作用。项目质量控制应以控制人的因素为基本出发点。影响项目质量的人的因素，包括两个方面：一是指直接履行项目质量职能的决策者、管理者和作业者个人的质量意识及质量活动能力；二是指承担项目策划、决策或实施的建设单位、勘察设计单位、咨询服务机构、工程承包企业等实体组织的质量管理体系及其管理能力。我国实行建筑业企业经营资质管理制度、市场准入制度、执业资格注册制度、作业及管理人员持证上岗制度等，从本质上说，都是对从事建设工程活动的人的素质和能力进行必要的控制。

因此，正确选项是B。

38. B

【考点】项目质量控制体系的建立和运行。

【解析】建设工程项目质量控制系统是面向项目对象而建立的质量控制工作体系，它与建筑企业或其他组织机构按照GB/T 19000—2008族标准建立的质量管理体系相比较，有如下不同：

（1）项目质量控制体系只用于特定的项目质量控制，而不是用于建筑企业或组织的质量管理，其建立的目的不同。

（2）项目质量控制体系涉及项目实施过程所有的质量责任主体，而不只是针对某一个承包企业或组织机构，其服务的范围不同。

（3）项目质量控制体系的控制目标是项目的质量目标，并非某一具体建筑企业或组织的质量管理目标，其控制的目标不同。

（4）项目质量控制体系与项目管理组织系统相融合，是一次性的质量工作体系，并非永久性的质量管理体系，其作用的时效不同。

（5）项目质量控制体系的有效性一般由项目管理的总组织者进行自我评价与诊断，不需进行第三方认证，其评价的方式不同。

因此，正确选项是B。

39. D

【考点】施工企业质量管理体系的建立和运行。

【解析】一般有以下六个方面的程序为通用性管理程序，各类企业都应在程序文件中制定：(1) 文件控制程序；(2) 质量记录管理程序；(3) 内部审核程序；(4) 不合格品控制程序；(5) 纠正措施控制程序；(6) 预防措施控制程序。

除以上六个程序以外，涉及产品质量形成过程各环节控制的程序文件，如生产过程、服务过程、管理过程、监督过程等管理程序文件，可视企业质量控制的需要而制定，不作统一规定。

为确保过程的有效运行和控制，在程序文件的指导下，尚可按管理需要编制相关文件，如作业指导书、具体工程的质量计划等。

因此，正确选项是D。

40. C

【考点】施工质量控制的依据和基本环节。

【解析】施工质量控制应贯彻全面、全员、全过程质量管理的思想，运用动态控制原理，进行质量的事前控制、事中控制和事后控制。

事中质量控制的目标是确保工序质量合格，杜绝质量事故发生；控制的关键是坚持质量标准；控制的重点是工序质量、工作质量和质量控制点的控制。

因此，正确选项是C。

41. D

【考点】施工质量计划的内容与编制方法。

【解析】施工质量控制中的有关技术参数：如混凝土的外加剂掺量、水胶比，回填土的含水量，砌体的砂浆饱满度，防水混凝土的抗渗等级，建筑物沉降与基坑边坡稳定监测数据，大体积混凝土内外温差及混凝土冬期施工受冻临界强度等技术参数都是应重点控制的质量参数与指标。

因此，正确选项是D。

42. C

【考点】施工生产要素的质量控制。

【解析】环境的因素主要包括施工现场自然环境因素、施工质量管理环境因素和施工作业环境因素。环境因素对工程质量的影响，具有复杂多变和不确定性的特点，具有明显的风险特性。要减少其对施工质量的不利影响，主要是采取预测预防的风险控制方法。

因此，正确选项是C。

43. C

【考点】施工过程的质量验收。

【解析】装配式混凝土建筑的施工质量验收，除了符合一般建筑工程施工质量验收规范以外，还有一些专门的要求。如关于预制构件的质量验收：对不做结构性能检验的预制构件，施工单位或监理单位代表应驻厂监督生产过程。当无驻厂监督时，预制构件进场时应对其主要受力钢筋数量、规格、间距、保护层厚度及混凝土强度等进行实体检验。检验的数量：同一类型预制构件不超过1000个为一批，每批随机抽取1个构件进行结构性能检验。

因此，正确选项是C。

44. D

【考点】竣工质量验收。

【解析】施工单位按照合同规定的施工范围和质量标准完成施工任务后，应自行组织有关人员进行自检。

总监理工程师应组织各专业监理工程师对工程质量进行竣工预验收。对工程实体质量及档案资料存在的缺陷，及时提出整改意见，并与施工单位协商整改方案，确定整改要求和完成时间。

工程竣工质量验收由建设单位负责组织实施。建设单位组织单位工程质量验收时，分包单位负责人应参加验收。

工程完工并对存在的质量问题整改完毕后，施工单位向建设单位提交工程竣工报告，申请工程竣工验收。

建设单位收到工程竣工验收报告后，对符合竣工验收要求的工程，组织施工（含分包单位）、设计、勘察、监理等单位组成验收组，制定验收方案。

建设单位应在工程竣工验收前7个工作日前将验收时间、地点、验收组名单书面通知该工程的工程质量监督机构。

因此，正确选项是D。

45. C

【考点】施工质量问题和质量事故的处理。

【解析】施工质量缺陷处理的基本方法有：返修处理、加固处理、返工处理、限制使用、不作处理、报废处理等方式。其中，关于返工处理，当工程质量缺陷经过返修、加固处理后仍不能满足规定的质量标准要求，或不具备补救可能性，则必须采取重新制作、重新施工的返工处理措施。例如，某防洪堤坝填筑压实后，其压实土的干密度未达到规定值，经核算将影响土体的稳定且不满足抗渗能力的要求，须挖除不合格土，重新填筑，重新施工；某公路桥梁工程预应力按规定张拉系数为1.3，而实际仅为0.8，属严重的质量缺陷，也无法修补，只能重新制作。再比如某高层住宅施工中，有几层的混凝土结构误用了安定性不合格的水泥，无法采用其他补救办法，不得不爆破拆除重新浇筑。

因此，正确选项是C。

46. D

【考点】施工质量问题和质量事故的处理。

【解析】施工质量事故报告和调查处理的一般程序如下图所示。

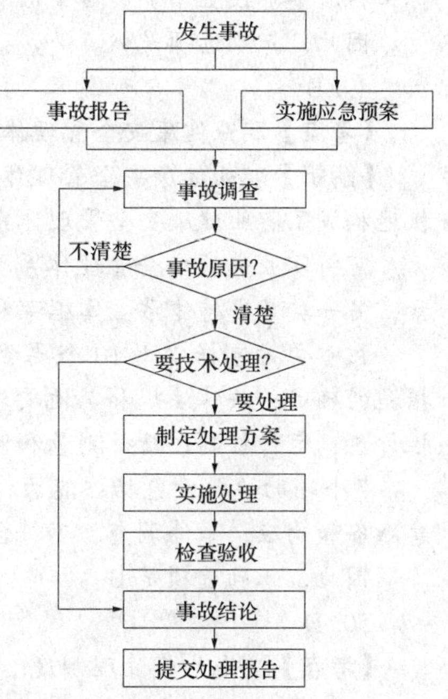

因此，正确选项是D。

47. C

【考点】因果分析图法的应用。

【解析】因果分析图法，也称为质量特性要因分析法，其基本原理是对每一个质量特性或问题，采用如下图所示的方法，逐层深入排查可能原因，然后确定其中最主要原因，进行有的放矢的处置和管理。

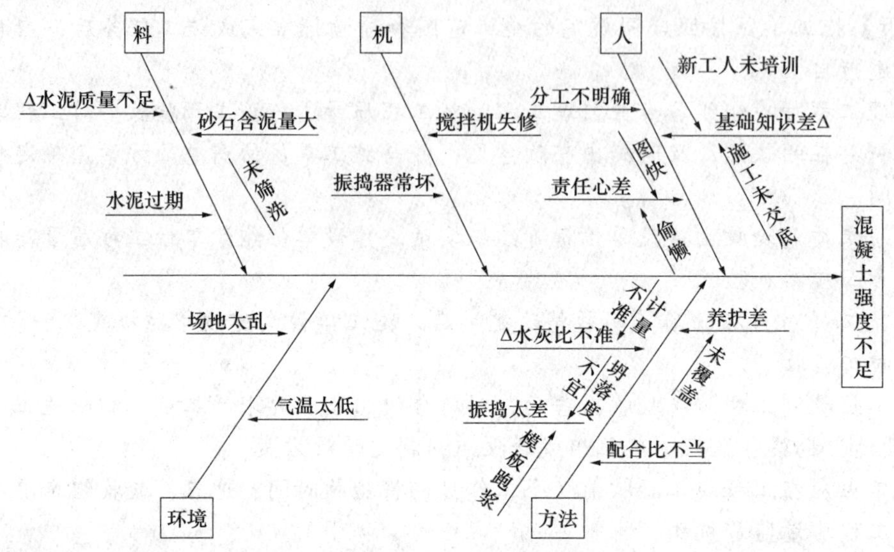

因此，正确选项是C。

48. A

【考点】政府对工程项目质量监督的职能与权限。

【解析】政府质量监督的性质属于行政执法行为，是主管部门依据有关法律法规和工程建设强制性标准，对工程实体质量和工程建设、勘察、设计、施工、监理单位（以下简称工程质量责任主体）和质量检测等单位的工程质量行为实施监督。

因此，正确选项是A。

49. B

【考点】职业健康安全管理体系与环境管理体系标准。

【解析】职业健康安全管理体系包括17个基本要素，它们相互关系、相互作用共同有机地构成了职业健康安全管理体系的整体。

可将职业健康安全管理体系要素分为两类，一类是体现主体框架和基本功能的核心要素，另一类是支持体系主体框架和保证实现基本功能的辅助性要素。

核心要素包括以下10个要素：职业健康安全方针；对危险源辨识、风险评价和控制措施的确定；法律法规和其他要求；目标和方案；资源、作用、职责、责任和权限；合规性评价；运行控制；绩效测量和监视；内部审核；管理评审。

7个辅助性要素包括：能力、培训和意识；沟通、参与和协商；文件；文件控制；应急准备和响应；事件调查、不符合、纠正措施和预防措施；记录控制。

因此，正确选项是B。

50. D

【考点】安全生产管理制度。

【解析】企业安全生产教育培训一般包括对管理人员、特种作业人员和企业员工的安全教育。

企业新员工上岗前必须进行三级（企业、项目、班组）安全教育，企业新员工须按规定通过三级安全教育和实际操作训练，并经考核合格后方可上岗。

（1）企业（公司）级安全教育由企业主管领导负责，企业职业健康安全管理部门会同有关部门组织实施，内容应包括安全生产法律、法规，通用安全技术、职业卫生和安全文化的基本知识，本企业安全生产规章制度及状况、劳动纪律和有关事故案例等内容。

（2）项目（或工区、工程处、施工队）级安全教育由项目级负责人组织实施，专职或兼职安全员协助，内容包括工程项目的概况，安全生产状况和规章制度，主要危险因素及安全事项，预防工伤事故和职业病的主要措施，典型事故案例及事故应急处理措施等。

（3）班组级安全教育由班组长组织实施，内容包括遵章守纪，岗位安全操作规程，岗位间工作衔接配合的安全生产事项，典型事故及发生事故后应采取的紧急措施，劳动防护用品（用具）的性能及正确使用方法等内容。

因此，正确选项是 D。

51. A

【考点】安全生产管理制度。

【解析】根据《安全生产许可证条例》，安全生产许可证的有效期为 3 年。安全生产许可证有效期满需要延期的，企业应当于期满前 3 个月向原安全生产许可证颁发管理机关办理延期手续。

因此，正确选项是 A。

52. A

【考点】施工安全技术措施和安全技术交底。

【解析】施工安全技术措施的一般要求：

（1）施工安全技术措施是施工组织设计的重要组成部分，应在工程开工前与施工组织设计一同编制。

（2）施工安全技术措施要有全面性

按照有关法律法规的要求，在编制工程施工组织设计时，应当根据工程特点制定相应的施工安全技术措施。对于大中型工程项目、结构复杂的重点工程，除必须在施工组织设计中编制施工安全技术措施外，还应编制专项工程施工安全技术措施，详细说明有关安全方面的防护要求和措施，确保单位工程或分部分项工程的施工安全。对爆破、拆除、起重吊装、水下、基坑支护和降水、土方开挖、脚手架、模板等危险性较大的作业，必须编制专项安全施工技术方案。

（3）施工安全技术措施要有针对性

施工安全技术措施是针对每项工程的特点制定的，编制安全技术措施的技术人员必须掌握工程概况、施工方法、施工环境、条件等一手资料，并熟悉安全法规、标准等，才能制定有针对性的安全技术措施。

（4）施工安全技术措施应力求全面、具体、可靠

施工安全技术措施应把可能出现的各种不安全因素考虑周全，制定的对策措施方案应力求全面、具体、可靠，这样才能真正做到预防事故的发生。但是，全面具体不等于罗列

一般通常的操作工艺、施工方法以及日常安全工作制度、安全纪律等。这些制度性规定，安全技术措施中不需要再作抄录，但必须严格执行。

（5）施工安全技术措施必须包括应急预案

由于施工安全技术措施是在相应的工程施工实施之前制定的，所涉及的施工条件和危险情况大都是建立在可预测的基础上，而建设工程施工过程是开放的过程，在施工期间的变化是经常发生的，还可能出现预测不到的突发事件或灾害（如地震、火灾、台风、洪水等）。所以，施工技术措施计划必须包括面对突发事件或紧急状态的各种应急设施、人员逃生和救援预案，以便在紧急情况下，能及时启动应急预案，减少损失，保护人员安全。

（6）施工安全技术措施要有可行性和可操作性

施工安全技术措施应能够在每个施工工序之中得到贯彻实施，既要考虑保证安全要求，又要考虑现场环境条件和施工技术条件能够做得到。

因此，正确选项是 A。

53. C

【考点】职业健康安全事故的分类和处理。

【解析】根据《生产安全事故报告和调查处理条例》，按生产安全事故造成的人员伤亡或者直接经济损失，事故分为：

（1）特别重大事故，造成 30 人以上死亡，或者 100 人以上重伤（包括急性工业中毒，下同），或者 1 亿元以上直接经济损失的事故。

（2）重大事故，造成 10 人以上 30 人以下死亡，或者 50 人以上 100 人以下重伤，或者 5000 万元以上 1 亿元以下直接经济损失的事故。

（3）较大事故，造成 3 人以上 10 人以下死亡，或者 10 人以上 50 人以下重伤，或者 1000 万元以上 5000 万元以下直接经济损失的事故。

（4）一般事故，造成 3 人以下死亡，或者 10 人以下重伤，或者 1000 万元以下直接经济损失的事故。

因此，正确选项是 C。

54. D

【考点】职业健康安全事故的分类和处理。

【解析】事故调查的有关规定：

（1）特别重大事故由国务院或者国务院授权有关部门组织事故调查组进行调查。重大事故、较大事故、一般事故分别由事故发生地省级人民政府、设区的市级人民政府、县级人民政府负责调查。省级人民政府、设区的市级人民政府、县级人民政府可以直接组织事故调查组进行调查，也可以授权或者委托有关部门组织事故调查组进行调查。未造成人员伤亡的一般事故，县级人民政府也可以委托事故发生单位组织事故调查组进行调查。

（2）事故调查组有权向有关单位和个人了解与事故有关的情况，并要求其提供相关文件、资料，有关单位和个人不得拒绝。事故发生单位的负责人和有关人员在事故调查期间不得擅离职守，并应当随时接受事故调查组的询问，如实提供有关情况。事故调查中发现涉嫌犯罪的，事故调查组应当及时将有关材料或者其复印件移交司法机关处理。

因此，正确选项是 D。

55. C

【考点】施工现场职业健康安全卫生的要求。

【解析】现场食堂的管理的要求：

（1）食堂必须有卫生许可证，炊事人员必须持身体健康证上岗。

（2）炊事人员上岗应穿戴洁净的工作服、工作帽和口罩，并应保持个人卫生。不得穿工作服出食堂，非炊事人员不得随意进入制作间。

（3）食堂炊具、餐具和公用饮水器具必须清洗消毒。

（4）施工现场应加强食品、原料的进货管理，食堂严禁出售变质食品。

（5）食堂应设置在远离厕所、垃圾站、有毒有害场所等污染源的地方。

（6）食堂应设置独立的制作间、储藏间，门扇下方应设不低于0.2m的防鼠挡板。制作间灶台及其周边应贴瓷砖，所贴瓷砖高度不宜小于1.5m，地面应做硬化和防滑处理。粮食存放台距墙和地面应大于0.2m。

（7）食堂应配备必要的排风设施和冷藏设施。

（8）食堂的燃气罐应单独设置存放间，存放间应通风良好并严禁存放其他物品。

（9）食堂制作间的炊具宜存放在封闭的橱柜内，刀、盆、案板等炊具应生熟分开。食品应有遮盖，遮盖物品应用正反面标识。各种作料和副食应存放在密闭器皿内，并应有标识。

（10）食堂外应设置密闭式泔水桶，并应及时清运。

因此，正确选项是C。

56. B

【考点】施工现场环境保护的要求。

【解析】施工现场空气污染的防治措施：

（1）施工现场垃圾渣土要及时清理出现场。

（2）高大建筑物清理施工垃圾时，要使用封闭式的容器或者采取其他措施处理高空废弃物，严禁凌空随意抛撒。

（3）施工现场道路应指定专人定期洒水清扫，形成制度，防止道路扬尘。

（4）对于细颗粒散体材料（如水泥、粉煤灰、白灰等）的运输、储存要注意遮盖、密封，防止和减少飞扬。

（5）车辆开出工地要做到不带泥沙，基本做到不洒土、不扬尘，减少对周围环境污染。

（6）除设有符合规定的装置外，禁止在施工现场焚烧油毡、橡胶、塑料、皮革、树叶、枯草、各种包装物等废弃物品以及其他会产生有毒、有害烟尘和恶臭气体的物质。

（7）机动车都要安装减少尾气排放的装置，确保符合国家标准。

（8）工地茶炉应尽量采用电热水器。若只能使用烧煤茶炉和锅炉时，应选用消烟除尘型茶炉和锅炉，大灶应选用消烟节能回风炉灶，使烟尘降至允许排放范围为止。

（9）大城市市区的建设工程已不容许搅拌混凝土。在容许设置搅拌站的工地，应将搅拌站封闭严密，并在进料仓上方安装除尘装置，采用可靠措施控制工地粉尘污染。

（10）拆除旧建筑物时，应适当洒水，防止扬尘。

因此，正确选项是B。

57. D

【考点】合同谈判与签约。

【解析】建设工程施工合同的订立往往要经历一个较长的过程。在明确中标人并发出中标通知书后，双方即可就建设工程施工合同的具体内容和有关条款展开谈判，直到最终签订合同。

因此，正确选项是 D。

58. A

【考点】施工承包合同的内容。

【解析】根据《建设工程施工合同（示范文本）》通用条款：

工程经竣工验收合格的，以承包人提交竣工验收申请报告之日为实际竣工日期，并在工程接收证书中载明；因发包人原因，未在监理人收到承包人提交的竣工验收申请报告42天内完成竣工验收，或完成竣工验收不予签发工程接收证书的，以提交竣工验收申请报告的日期为实际竣工日期；工程未经竣工验收，发包人擅自使用的，以转移占有工程之日为实际竣工日期。

工程保修期从工程竣工验收合格之日起算，具体分部分项工程的保修期由合同当事人在专用合同条款中约定，但不得低于法定最低保修年限。在工程保修期内，承包人应当根据有关法律规定以及合同约定承担保修责任。发包人未经竣工验收擅自使用工程的，保修期自转移占有之日起算。

因此，正确选项是 A。

59. D

【考点】工程监理合同的内容。

【解析】《建设工程监理合同（示范文本）》GF—2012—0202 的主要内容如下。

除专用条件另有约定外，监理工作内容包括（2.1.2）：

（1）收到工程设计文件后编制监理规划，并在第一次工地会议 7 天前报委托人。根据有关规定和监理工作需要，编制监理实施细则。

（2）熟悉工程设计文件，并参加由委托人主持的图纸会审和设计交底会议。

（3）参加由委托人主持的第一次工地会议；主持监理例会并根据工程需要主持或参加专题会议。

（4）审查施工承包人提交的施工组织设计，重点审查其中的质量安全技术措施、专项施工方案与工程建设强制性标准的符合性。

（5）检查施工承包人工程质量、安全生产管理制度及组织机构和人员资格。

（6）检查施工承包人专职安全生产管理人员的配备情况。

（7）审查施工承包人提交的施工进度计划，核查承包人对施工进度计划的调整。

（8）检查施工承包人的试验室。

（9）审核施工分包人资质条件。

（10）查验施工承包人的施工测量放线成果。

（11）审查工程开工条件，对条件具备的签发开工令。

（12）审查施工承包人报送的工程材料、构配件、设备质量证明文件的有效性和符合性，并按规定对用于工程的材料采取平行检验或见证取样方式进行抽检。

(13) 审核施工承包人提交的工程款支付申请，签发或出具工程款支付证书，并报委托人审核、批准。

(14) 在巡视、旁站和检验过程中，发现工程质量、施工安全存在事故隐患的，要求施工承包人整改并报委托人。

(15) 经委托人同意，签发工程暂停令和复工令。

(16) 审查施工承包人提交的采用新材料、新工艺、新技术、新设备的论证材料及相关验收标准。

(17) 验收隐蔽工程、分部分项工程。

(18) 审查施工承包人提交的工程变更申请，协调处理施工进度调整、费用索赔、合同争议等事项。

(19) 审查施工承包人提交的竣工验收申请，编写工程质量评估报告。

(20) 参加工程竣工验收，签署竣工验收意见。

(21) 审查施工承包人提交的竣工结算申请并报委托人。

(22) 编制、整理工程监理归档文件并报委托人。

因此，正确选项是 D。

60. C

【考点】工程咨询合同计价方式。

【解析】工程咨询合同的计价主要采用总价和成本加酬金方式。

因此，正确选项是 C。

61. A

【考点】成本加酬金合同。

【解析】在招标时，当图纸、规范等准备不充分，不能据以确定合同价格，而仅能制定一个估算指标时可采用成本加奖金合同形式。

因此，正确选项是 A。

62. B

【考点】工程担保。

【解析】建设工程中经常采用的担保种类有：投标担保、履约担保、支付担保、预付款担保、工程保修担保等。其中，履约担保是指招标人在招标文件中规定的要求中标的投标人提交的保证履行合同义务和责任的担保。这是工程担保中最重要也是担保金额最大的工程担保。

因此，正确选项是 B。

63. D

【考点】工程保险。

【解析】按照我国保险制度，工程险包括建筑工程一切险、安装工程一切险两类。在施工过程中如果发生保险责任事件使工程本体受到损害，已支付进度款部分的工程属于项目法人的财产，尚未获得支付但已完成部分的工程属于承包人的财产，因此要求投保人办理保险时应以双方名义共同投保。为了保证保险的有效性和连贯性，国内工程通常由项目法人办理保险，国际工程一般要求承包人办理保险。

因此，正确选项是 D。

64. C

【考点】施工合同分析。

【解析】竣工验收合格即办理移交。移交作为一个重要的合同事件，同时又是一个重要的法律概念。它表示：

（1）业主认可并接收工程，承包人工程施工任务的完结；

（2）工程所有权的转让；

（3）承包人工程照管责任的结束和业主工程照管责任的开始；

（4）保修责任的开始；

（5）合同规定的工程款支付条款有效。

因此，正确选项是C。

65. C

【考点】施工合同实施控制。

【解析】由于工程变更对工程施工过程影响很大，会造成工期的拖延和费用的增加，容易引起双方的争执，所以要十分重视工程变更管理问题。

工程变更一般按照如下程序进行：

（1）提出工程变更

根据工程实施的实际情况，业主方、承包商、设计方都可以根据需要提出工程变更。

（2）工程变更的批准

承包商提出的工程变更，应该交予工程师审查并批准；由设计方提出的工程变更应该与业主协商或经业主审查并批准；由业主方提出的工程变更，涉及设计修改的应该与设计单位协商，并一般通过工程师发出。工程师发出工程变更的权力，一般会在施工合同中明确约定，通常在发出变更通知前应征得业主批准。

（3）工程变更指令的发出及执行

为了避免耽误工程，工程师和承包人就变更价格和工期补偿达成一致意见之前有必要先行发布变更指示，先执行工程变更工作，然后再就变更价格和工期补偿进行协商和确定。

根据工程惯例，除非工程师明显超越合同权限，承包人应该无条件地执行工程变更的指示。即使工程变更价款没有确定，或者承包人对工程师答应给予付款的金额不满意，承包人也必须一边进行变更工作，一边根据合同寻求解决办法。

根据工程变更的具体情况可以分析确定工程变更的责任和费用补偿：

（1）由于业主要求、政府部门要求、环境变化、不可抗力、原设计错误等导致的设计修改，应该由业主承担责任。由此所造成的施工方案的变更以及工期的延长和费用的增加应该向业主索赔。

（2）由于承包人的施工过程、施工方案出现错误、疏忽而导致设计的修改，应该由承包人承担责任。

（3）施工方案变更要经过工程师的批准，不论这种变更是否会对业主带来好处（如工期缩短、节约费用）。

因此，正确选项是C。

66. B

【考点】工期索赔计算。

【解析】工期索赔值＝原工期 × 新增工程量 / 原工程量

$$=30\times(3000-2500\times110\%)/2500$$

$$=3\text{ 天}$$

因此，正确选项是 B。

67. D

【考点】索赔费用计算。

【解析】索赔费用的计算方法有：实际费用法、总费用法和修正的总费用法。其中，实际费用法是计算工程索赔时最常用的一种方法。

因此，正确选项是 D。

68. D

【考点】施工承包合同争议的解决方式。

【解析】国际工程施工承包合同争议解决的方式一般包括协商、调解、仲裁或诉讼等。

协商解决争议是最常见也是最有效的方式，也是应该首选的最基本的方式。

当协商和调解不成时，仲裁是国际工程承包合同争议解决的常用方式。在双方的合同中应该约定仲裁的效力，即仲裁决定是否为终局性的。如果合同一方或双方对裁决不服，是否可以提起诉讼，是否可以强制执行等。

DAB 提出的裁决不是强制性的，不具有终局性，合同双方或一方对裁决不满意，仍然可以提请仲裁或诉讼。

因此，正确选项是 D。

69. C

【考点】国际常用的施工承包合同条件。

【解析】《永久设备和设计—建造合同条件》，适用于由承包商做绝大部分设计的工程项目，承包商要按照业主的要求进行设计、提供设备以及建造其他工程（可能包括由土木、机械、电力等工程的组合）。合同计价采用总价合同方式，如果发生法规规定的变化或物价波动，合同价格可随之调整。其合同管理与《施工合同条件》下由工程师负责合同管理的模式基本类似。

因此，正确选项是 C。

70. C

【考点】项目信息编码的方法。

【解析】项目的投资项编码（业主方）/ 成本项编码（施工方），它并不是概预算定额确定的分部分项工程的编码，它应综合考虑概算、预算、标底、合同价和工程款的支付等因素，建立统一的编码，以服务于项目投资目标的动态控制。

项目实施的工作项编码（项目实施的工作过程的编码）应覆盖项目实施的工作任务目录的全部内容。

项目管理组织结构编码，依据项目管理的组织结构图，对每一个工作部门进行编码。

项目的进度项（进度计划的工作项）编码，应综合考虑不同层次、不同深度和不同用途的进度计划工作项的需要，建立统一的编码，服务于项目进度目标的动态控制。

因此，正确选项是 C。

二、多项选择题

71. A、B、C、E

【考点】工作流程组织在项目管理中的应用。

【解析】每一个建设项目应根据其特点，从多个可能的工作流程方案中确定以下几个主要的工作流程组织：

（1）设计准备工作的流程；

（2）设计工作的流程；

（3）施工招标工作的流程；

（4）物资采购工作的流程；

（5）施工作业的流程；

（6）各项管理工作（投资控制、进度控制、质量控制、合同管理和信息管理等）的流程；

（7）与工程管理有关的信息处理的流程。

因此，正确选项是A、B、C、E。

72. B、C、D、E

【考点】施工任务委托的模式。

【解析】施工总承包模式有如下特点：

（1）投资控制方面

① 一般以施工图设计为投标报价的基础，投标人的投标报价较有依据；

② 在开工前就有较明确的合同价，有利于业主的总投资控制；

③ 若在施工过程中发生设计变更，可能会引发索赔。

（2）进度控制方面

由于一般要等施工图设计全部结束后，业主才进行施工总承包的招标，因此，开工日期不可能太早，建设周期会较长。这是施工总承包模式的最大缺点，限制了其在建设周期紧迫的建设工程项目上的应用。

（3）质量控制方面

建设工程项目质量的好坏在很大程度上取决于施工总承包单位的管理水平和技术水平。

（4）合同管理方面

① 业主只需要进行一次招标，与施工总承包商签约，因此招标及合同管理工作量将会减小；

② 在很多工程实践中，采用的并不是真正意义上的施工总承包，而采用所谓的“费率招标”。“费率招标”实质上是开口合同，对业主方的合同管理和投资控制十分不利。

（5）组织与协调方面

由于业主只负责对施工总承包单位的管理及组织协调，其组织与协调的工作量比平行发包会大大减少，这对业主有利。

因此，正确选项是B、C、D、E。

73. B、C、D、E

【考点】施工组织设计的编制方法

【解析】施工过程中，发生以下情况时，施工组织设计应及时进行修改或补充：

（1）工程设计有重大修改：当工程设计图纸发生重大修改时，如地基基础或主体结构的形式发生变化、装修材料或做法发生重大变化、机电设备系统发生大的调整等，需要对施工组织设计进行修改；对工程设计图纸的一般性修改，视变化情况对施工组织设计进行补充；对工程设计图纸的细微修改或更正，施工组织设计则不需调整。

（2）有关法律、法规、规范和标准实施、修订和废止：当有关法律、法规、规范和标准开始实施或发生变更，并涉及工程的实施、检查或验收时，施工组织设计需要进行修改或补充。

（3）主要施工方法有重大调整：由于主客观条件的变化，施工方法有重大变更，原来的施工组织设计已不能正确地指导施工，需要对施工组织设计进行修改或补充。

（4）主要施工资源配置有重大调整：当施工资源的配置有重大变更，并且影响到施工方法的变化或对施工进度、质量、安全，环境、造价 等造成潜在的重大影响，需对施工组织设计进行修改或补充。

（5）施工环境有重大改变：当施工环境发生重大改变，如施工延期造成季节性施工方法变化，施工场地变化造成现场布置和施工方式改变等，致使原来的施工组织设计已不能正确地指导施工。需对施工组织设计进行修改或补充。

因此，正确选项是B、C、D、E。

74. A、B、C、D

【考点】项目风险管理的工作流程。

【解析】风险管理过程包括项目实施全过程的项目风险识别、项目风险评估、项目风险响应和项目风险控制。

其中，项目风险评估包括以下工作：

（1）利用已有数据资料（主要是类似项目有关风险的历史资料）和相关专业方法分析各种风险因素发生的概率。

（2）分析各种风险的损失量，包括可能发生的工期损失、费用损失，以及对工程的质量、功能和使用效果等方面的影响。

（3）根据各种风险发生的概率和损失量，确定各种风险的风险量和风险等级。

因此，正确选项是A、B、C、D。

75. A、C、D、E

【考点】监理的工作方法。

【解析】工程建设监理实施细则应包括下列内容：

（1）专业工程的特点；

（2）监理工作的流程；

（3）监理工作的控制要点及目标值；

（4）监理工作的方法和措施。

因此，正确选项是A、C、D、E。

76. A、C、D

【考点】成本管理的任务和程序。

【解析】建设工程项目施工成本由直接成本和间接成本所组成。

直接成本是指施工过程中耗费的构成工程实体或有助于工程实体形成的各项费用支出，是可以直接计入工程对象的费用，包括人工费、材料费和施工机具使用费等。

间接成本是指准备施工、组织和管理施工生产的全部费用支出，是非直接用于也无法直接计入工程对象，但为进行工程施工所必须发生的费用，包括管理人员工资、办公费、差旅交通费等。

因此，正确选项是A、C、D。

77. A、B、C、D

【考点】按成本组成编制成本计划的方法。

【解析】根据成本构成要素划分的建筑安装工程费用项目组成，企业管理费包括：管理人员工资、办公费、差旅费、固定资产使用费、工具用具使用费、劳动保险和职工福利费、劳动保护费、检验试验费、工会经费、职工教育经费、财产保险费、财务费、税金、城市维护建设税、教育费附加、地方教育附加及其他。

因此，正确选项是A、B、C、D。

78. A、C、D、E

【考点】成本控制的方法。

【解析】该工程3月末：已完工作预算费用（*BCWP*）=（4500 + 2300×2）×1000
= 9100千元

费用偏差（*CV*）=已完工作预算费用（*BCWP*）−已完工作实际费用（*ACWP*）
= 9100 − 9790 = −690千元

进度偏差（*SV*）=已完工作预算费用（*BCWP*）−计划工作预算费用（*BCWS*）
= 9100 −（4500 + 2500×2 + 1200）= −1600千元

费用绩效指数（*CPI*）=已完工作预算费用（*BCWP*）/已完工作实际费用（*ACWP*）
= 9100/9790 = 0.93

计划工作预算费用（*BCWS*）=（4500 + 2500×2 + 1200）×1000元/m^3
= 10700千元

因此，正确选项是A、C、D、E。

79. A、B、C

【考点】成本核算的原则、依据、范围和程序。

【解析】根据《财政部关于印发〈企业产品成本核算制度（试行）〉的通知》（财会[2013]17号），将成本项目分为以下类别：直接人工、直接材料、机械使用费、其他直接费用、间接费用、分包成本。

因此，正确选项是A、B、C。

80. A、C、D

【考点】成本考核的依据和方法。

【解析】成本计划一般包括三类指标：

（1）成本计划的数量指标，如：①按子项汇总的工程项目计划总承包指标；②按分部汇总的各单位工程（或子项目）计划成本指标；③按人工、材料、机具等主要生产要素划分的计划成本指标。

（2）成本计划的质量指标，如下面总承包降低率。

（3）成本计划的效益指标，如下面成本降低额。

因此，正确选项是A、C、D。

81. A、B、C、D

【考点】项目总进度目标论证的工作步骤。

【解析】建设工程项目总进度目标论证过程中，调查研究和收集资料包括如下工作：

（1）了解和收集项目决策阶段有关项目进度目标确定的情况和资料；

（2）收集与进度有关的该项目组织、管理、经济和技术资料；

（3）收集类似项目的进度资料；

（4）了解和调查该项目的总体部署；

（5）了解和调查该项目实施的主客观条件等。

因此，正确选项是A、B、C、D。

82. A、C

【考点】工程网络计划的编制方法。

【解析】题中给出的双代号网络计划中，有两个起点节点①、②；有两个节点的编号相同，都为9。

因此，正确选项是A、C。

83. A、B、D、E

【考点】工程网络计划有关时间参数的计算。

【解析】题中给出的双代号网络计划及相应的时间参数，可知：关键线路①—②—③—⑥—⑦或A—E—I；关键节点①、②、③、⑥、⑦；关键工作A、E、I。所以，工作B、工作D、工作J的完成节点都是关键节点，这三项工作的总时差和自由时差相等。工作G的最早完成时间＝4＋5＝9，其总时差＝6－4＝2，自由时差＝9－9＝0。

因此，正确选项是A、B、D、E。

84. A、B、D

【考点】进度计划调整的方法。

【解析】网络计划调整的内容：

（1）调整关键线路的长度；

（2）调整非关键工作时差；

（3）增、减工作项目；

（4）调整逻辑关系；

（5）重新估计某些工作的持续时间；

（6）对资源的投入作相应调整。

因此，正确选项是A、B、D。

85. B、C

【考点】项目进度控制的技术措施。

【解析】建设工程项目进度控制的技术措施涉及对实现进度目标有利的设计技术和施

工技术的选用。不同的设计理念、设计技术路线、设计方案会对工程进度产生不同的影响，在设计工作的前期，特别是在设计方案评审和选用时，应对设计技术与工程进度的关系作分析比较。在工程进度受阻时，应分析是否存在设计技术的影响因素，为实现进度目标有无设计变更的可能性。

施工方案对工程进度有直接的影响，在决策其选用时，不仅应分析技术的先进性和经济合理性，还应考虑其对进度的影响。在工程进度受阻时，应分析是否存在施工技术的影响因素，为实现进度目标有无改变施工技术、施工方法和施工机械的可能性。

因此，正确选项是B、C。

86. A、B、D、E

【考点】施工企业质量管理体系的建立与认证。

【解析】根据《质量管理体系标准 基础和术语》，提出了质量管理7项原则：

（1）以顾客为关注焦点；

（2）领导作用；

（3）全员积极参与；

（4）过程方法；

（5）改进；

（6）循证决策；

（7）关系管理。

因此，正确选项是A、B、D、E。

87. A、B、E

【考点】施工质量与设计资料的协调。

【解析】建设单位和监理单位应组织设计单位向所有的施工实施单位进行详细的设计交底，使实施单位充分理解设计意图，了解设计内容和技术要求，明确质量控制的重点和难点；同时认真地进行图纸会审，深入发现和解决各专业设计之间可能存在的矛盾，消除施工图的差错。

因此，正确选项是A、B、E。

88. A、B、D

【考点】施工过程的质量验收。

【解析】对不做结构性能检验的预制构件，施工单位或监理单位代表应驻厂监督生产过程。当无驻厂监督时，预制构件进场时应对其主要受力钢筋数量、规格、间距、保护层厚度及混凝土强度等进行实体检验。检验的数量：同一类型预制构件不超过1000个为一批，每批随机抽取1个构件进行结构性能检验。

因此，正确选项是A、B、D。

89. B、C、D、E

【考点】施工质量问题和质量事故的处理。

【解析】施工质量事故处理的基本要求：

（1）质量事故的处理应达到安全可靠、不留隐患、满足生产和使用要求、施工方便、经济合理的目的；

（2）消除造成事故的原因，注意综合治理，防止事故再次发生；

（3）正确确定技术处理的范围和正确选择处理的时间和方法；

（4）切实做好事故处理的检查验收工作，认真落实防范措施；

（5）确保事故处理期间的安全。

因此，正确选项是B、C、D、E。

90. A、B、C、D

【考点】直方图的应用。

【解析】直方图法的主要用途：

（1）整理统计数据，了解统计数据的分布特征，即数据分布的集中或离散状况，从中掌握质量能力状态。

（2）观察分析生产过程质量是否处于正常、稳定和受控状态以及质量水平是否保持在公差允许的范围内。

因此，正确选项是A、B、C、D。

91. A、B、D、E

【考点】施工安全技术措施和安全技术交底。

【解析】安全技术交底主要内容：

（1）本施工项目的施工作业特点和危险点；

（2）针对危险点的具体预防措施；

（3）应注意的安全事项；

（4）相应的安全操作规程和标准；

（5）发生事故后应及时采取的避难和急救措施。

安全技术交底的要求：

（1）项目经理部必须实行逐级安全技术交底制度，纵向延伸到班组全体作业人员；

（2）技术交底必须具体、明确，针对性强；

（3）技术交底的内容应针对分部分项工程施工中给作业人员带来的潜在危险因素和存在问题；

（4）应优先采用新的安全技术措施；

（5）对于涉及“四新”项目或技术含量高、技术难度大的单项技术设计，必须经过两阶段技术交底，即初步设计技术交底和实施性施工图技术设计交底；

（6）应将工程概况、施工方法、施工程序、安全技术措施等向工长、班组长进行详细交底；

（7）定期向由两个以上作业队和多工种进行交叉施工的作业队伍进行书面交底；

（8）保持书面安全技术交底签字记录。

因此，正确选项是A、B、D、E。

92. B、C

【考点】安全生产事故应急预案的内容。

【解析】应急预案是对特定的潜在事件和紧急情况发生时所采取措施的计划安排，是应急响应的行动指南。编制应急预案的目的，是防止一旦紧急情况发生时出现混乱，能够按照合理的响应流程采取适当的救援措施，预防和减少可能随之引发的职业健康安全和环境影响。

应急预案体系由综合应急预案、专项应急预案和现场处置方案构成：

（1）综合应急预案是从总体上阐述事故的应急方针、政策，应急组织结构及相关应急职责，应急行动、措施和保障等基本要求和程序，是应对各类事故的综合性文件。

（2）专项应急预案是针对具体的事故类别（如基坑开挖、脚手架拆除等事故）、危险源和应急保障而制定的计划或方案，是综合应急预案的组成部分，应按照综合应急预案的程序和要求组织制定，并作为综合应急预案的附件。专项应急预案应制定明确的救援程序和具体的应急救援措施。

（3）现场处置方案是针对具体的装置、场所或设施、岗位所制定的应急处置措施。现场处置方案应具体、简单、针对性强。现场处置方案应根据风险评估及危险性控制措施逐一编制，做到事故相关人员应知应会、熟练掌握，并通过应急演练，做到迅速反应、正确处置。

因此，正确选项是 B、C。

93. A、C、D、E

【考点】施工现场文明施工的要求。

【解析】建设工程施工现场文明施工措施要点：

（1）施工现场必须实行封闭管理，设置进出口大门，制定门卫制度，严格执行外来人员进场登记制度。

（2）沿工地四周连续设置围挡，市区主要路段和其他涉及市容景观路段的工地设置围挡的高度不低于 2.5m，其他工地的围挡高度不低于 1.8m，围挡材料要求坚固、稳定、统一、整洁、美观。

（3）施工现场应积极推行硬地坪施工，作业区、生活区主干道地面必须用一定厚度的混凝土硬化，场内其他道路地面也应硬化处理。

（4）施工现场适当地方设置吸烟处，作业区内禁止随意吸烟。

（5）易燃易爆物品堆放间、油漆间、木工间、总配电室等消防防火重点部位要按规定设置灭火机和消防沙箱，并有专人负责，对违反消防条例的有关人员进行严肃处理。

因此，正确选项是 A、C、D、E。

94. B、C、D

【考点】施工招标。

【解析】世界银行贷款项目中的工程和货物的采购，可以采用国际竞争性招标、有限国际招标、国内竞争性招标、询价采购、直接签订合同、自营工程等采购方式。其中国际竞争性招标和国内竞争性招标都属于公开招标，而有限国际招标则相当于邀请招标。

因此，正确选项是 B、C、D。

95. B、C、D

【考点】施工承包合同的内容。

【解析】根据《建设工程施工合同（示范文本）》GF—2017—0201 通用条款，除专用条款另有约定外，发包人的责任与义务最主要有：

（1）图纸的提供和交底（1.6.1）。发包人应按照专用合同条款约定的期限、数量和内容向承包人免费提供图纸，并组织承包人、监理人和设计人进行图纸会审和设计交底。发包人至迟不得晚于第 7.3.2 项〔开工通知〕载明的开工日期前 14 天向承包人提供图纸。

（2）对化石、文物的保护（1.9）。发包人、监理人和承包人应按有关政府行政管理部门要求对施工现场发掘的所有文物、古迹以及具有地质研究或考古价值的其他遗迹、化石、钱币或物品采取妥善的保护措施，由此增加的费用和（或）延误的工期由发包人承担。

（3）出入现场的权利（1.10.1）。除专用合同条款另有约定外，发包人应根据施工需要，负责取得出入施工现场所需的批准手续和全部权利，以及取得因施工所需修建道路、桥梁以及其他基础设施的权利，并承担相关手续费用和建设费用。承包人应协助发包人办理修建场内外道路、桥梁以及其他基础设施的手续。

（4）场外交通（1.10.2）。发包人应提供场外交通设施的技术参数和具体条件，承包人应遵守有关交通法规，严格按照道路和桥梁的限制荷载行驶，执行有关道路限速、限行、禁止超载的规定，并配合交通管理部门的监督和检查。场外交通设施无法满足工程施工需要的，由发包人负责完善并承担相关费用。

（5）场内交通（1.10.3）。发包人应提供场内交通设施的技术参数和具体条件，并应按照专用合同条款的约定向承包人免费提供满足工程施工所需的场内道路和交通设施。因承包人原因造成上述道路或交通设施损坏的，承包人负责修复并承担由此增加的费用。

（6）许可或批准（2.1）。发包人应遵守法律，并办理法律规定由其办理的许可、批准或备案，包括但不限于建设用地规划许可证、建设工程规划许可证、建设工程施工许可证、施工所需临时用水、临时用电、中断道路交通、临时占用土地等许可和批准。发包人应协助承包人办理法律规定的有关施工证件和批件。因发包人原因未能及时办理完毕前述许可、批准或备案，由发包人承担由此增加的费用和（或）延误的工期，并支付承包人合理的利润。

（7）提供施工现场（2.4.1）。除专用合同条款另有约定外，发包人应最迟于开工日期7天前向承包人移交施工现场。

（8）提供施工条件（2.4.2）。

（9）提供基础资料（2.4.3）。

（10）资金来源证明及支付担保（2.5）。除专用合同条款另有约定外，发包人应在收到承包人要求提供资金来源证明的书面通知后28天内，向承包人提供能够按照合同约定支付合同价款的相应资金来源证明。除专用合同条款另有约定外，发包人要求承包人提供履约担保的，发包人应当向承包人提供支付担保。支付担保可以采用银行保函或担保公司担保等形式，具体由合同当事人在专用合同条款中约定。

（11）支付合同价款（2.6）。发包人应按合同约定向承包人及时支付合同价款。

（12）组织竣工验收（2.7）。发包人应按合同约定及时组织竣工验收。

（13）现场统一管理协议（2.8）。发包人应与承包人、由发包人直接发包的专业工程的承包人签订施工现场统一管理协议，明确各方的权利义务。施工现场统一管理协议作为专用合同条款的附件。

因此，正确选项是B、C、D。

96. A、B、E

【考点】总价合同。

【解析】采用固定总价合同，双方结算比较简单，但是由于承包商承担了较大的风险，因此报价中不可避免地要增加一笔较高的不可预见风险费。承包商的风险主要有两个方面：一是价格风险，二是工作量风险。价格风险有报价计算错误、漏报项目、物价和人工费上涨等；工作量风险有工程量计算错误、工程范围不确定、工程变更或者由于设计深度不够所造成的误差等。

因此，正确选项是A、B、E。

97. B、C、D、E

【考点】施工合同风险管理。

【解析】合同风险是指合同中的以及由合同引起的不确定性。工程合同风险可以按不同的方法进行分类。按合同风险产生的原因分，可以分为合同工程风险和合同信用风险。合同工程风险是指客观原因和非主观故意导致的，如工程进展过程中发生不利的地质条件变化、工程变更、物价上涨、不可抗力等。合同信用风险是指主观故意原因导致的。表现为合同双方的机会主义行为，如业主拖欠工程款，承包商层层转包、非法分包、偷工减料、以次充好、知假买假等。

因此，正确选项是B、C、D、E。

98. A、B、D、E

【考点】施工合同履行过程中的诚信自律。

【解析】根据《建筑市场诚信行为信息管理办法》（建市［2007］9号），省会城市、计划单列市以及地级城市要建立本地区的建筑市场综合监管信息系统和诚信信息平台，推动建筑市场信用体系建设的全面实施。

诚信行为记录由各省、自治区、直辖市建设行政主管部门在当地建筑市场诚信信息平台上统一公布。其中，不良行为记录信息的公布时间为行政处罚决定作出后7日内，公布期限一般为6个月至3年；良好行为记录信息公布期限一般为3年，法律、法规另有规定的从其规定。

省、自治区和直辖市建设行政主管部门负责审查整改结果，对整改确有实效的，由企业提出申请，经批准，可缩短其不良行为记录信息公布期限，但公布期限最短不得少于3个月，同时将整改结果列于相应不良行为记录后，供有关部门和社会公众查询；对于拒不整改或整改不力的单位，信息发布部门可延长其不良行为记录信息公布期限。

因此，正确选项是A、B、D、E。

99. A、C、D、E

【考点】索赔依据。

【解析】索赔的成立，应该同时具备以下三个前提条件：

（1）与合同对照，事件已造成了承包人工程项目成本的额外支出，或直接工期损失；

（2）造成费用增加或工期损失的原因，按合同约定不属于承包人的行为责任或风险责任；

（3）承包人按合同规定的程序和时间提交索赔意向通知和索赔报告。

以上三个条件必须同时具备，缺一不可。

因此，正确选项是A、C、D、E。

100. B、C、D

【考点】工程项目管理信息系统的功能。

【解析】工程项目管理信息系统中，成本控制的功能：

（1）投标估算的数据计算和分析；

（2）计划施工成本；

（3）计算实际成本；

（4）计划成本与实际成本的比较分析；

（5）根据工程的进展进行施工成本预测等。

因此，正确选项是 B、C、D。

2017年度一级建造师执业资格考试《建设工程项目管理》真题

一、单项选择题（共70题，每题1分。每题的备选项中，只有1个最符合题意）

1. 关于单价合同中承包商风险的说法，正确的是（　　）。

A. 单价合同中承包商存在工程量方面的风险

B. 单价合同中承包商存在投标总价过低方面的风险

C. 固定单价合同条件下，承包商存在通货膨胀带来的单价上涨的风险

D. 变动单价合同下，承包商存在通货膨胀带来的单价上涨的风险

2. 根据《工程网络计划技术规程》，直接法绘制时标网络计划的第一步工作是（　　）。

A. 绘制时标网络计划

B. 计算各工作的最早时间

C. 确定各节点的位置号

D. 将起点节点定位在时标计划表的起始刻度线上

3. 根据《建设工程项目管理规范》，项目管理规划大纲的编制工作包括：①收集项目的有关资料和信息；②明确项目目标；③确定项目管理组织模式；④明确项目管理内容；⑤编制项目目标计划；⑥报送审批；⑦分析项目环境和条件。正确的编制程序是（　　）。

A. ①—②—⑦—④—③—⑤—⑥　　B. ②—⑦—①—③—④—⑤—⑥

C. ①—②—⑦—⑤—③—④—⑥　　D. ②—①—⑦—④—⑤—③—⑥

4. 根据《建设工程质量管理条例》，对国家重大技术改造项目实施监督检查的部门是（　　）。

A. 建设行政主管部门　　B. 发展计划部门

C. 环境保护部门　　D. 经济贸易主管部门

5. 根据《质量管理体系 基础和术语》，“凡工程产品没有满足某个与预期或规定用途有关的要求”称为（　　）。

A. 质量问题　　B. 质量事故

C. 质量不合格　　D. 质量缺陷

6. 在解决国际工程承包合同争议的时候，应该首选（　　）方式。

A. 协商　　B. 仲裁

C. DAB　　D. DRB

7. 下列合同实施偏差处理措施中，属于合同措施的是（　　）。

A. 采取索赔手段

B. 变更技术方案

C. 调整工作流程

D. 增加经济投入

8. 某工程基础包含开挖基槽、浇筑混凝土垫层、砌筑砖基础三项工作，分三个施工段组织流水施工，每项工作均由一个专业班组施工，各工作在各施工段上的流水节拍分别是 4 天、1 天和 2 天，混凝土垫层和砖基础之间有 1 天的技术间歇。在保证各专业班组连续施工的情况下，完成该基础施工的工期是（　　）天。

A. 8

B. 12

C. 18

D. 22

9. 编制实施性成本计划的主要依据是（　　）。

A. 施工图预算

B. 施工预算

C. 投资估算

D. 设计概算

10. 质量管理中，运用排列图法可以（　　）。

A. 划分调查分析的类别和层次

B. 描述质量问题的原因分析统计数据

C. 确定质量问题的原因层次

D. 掌握质量能力状态

11. 建设工程项目进度控制的措施中，“定义项目进度计划系统的组成”属于（　　）措施。

A. 管理

B. 经济

C. 组织

D. 技术

12. 根据《建筑施工场界环境噪声排放标准》，打桩机在昼间施工的噪声排放限值是（　　）dB（A）。

A. 55

B. 60

C. 65

D. 70

13. 下列工程质量事故中，可由事故发生单位组织事故调查组的是（　　）。

A. 2 人以下死亡、100 万元～ 500 万元的直接经济损失

B. 未造成人员伤亡，100 万元～ 1000 万元的直接经济损失

C. 5 人以下重伤、100 万元～ 500 万元的直接经济损失

D. 未造成人员伤亡，1000 万元～ 5000 万元的直接经济损失

14. 根据《工程网络计划技术规程》，网络图存在的绘图错误是（　　）。

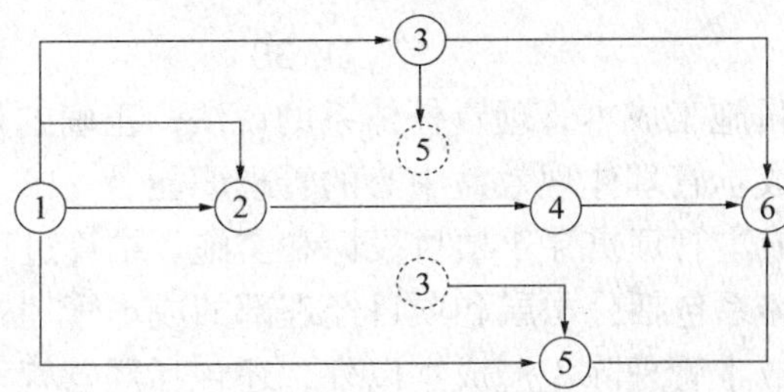

A. 编号相同的工作

B. 多个起点节点

C. 相同的节点编号

D. 无箭尾节点的箭线

15. 某双代号时标网络计划如下图所示，工作 G 的最迟开始时间是第（　　）天。

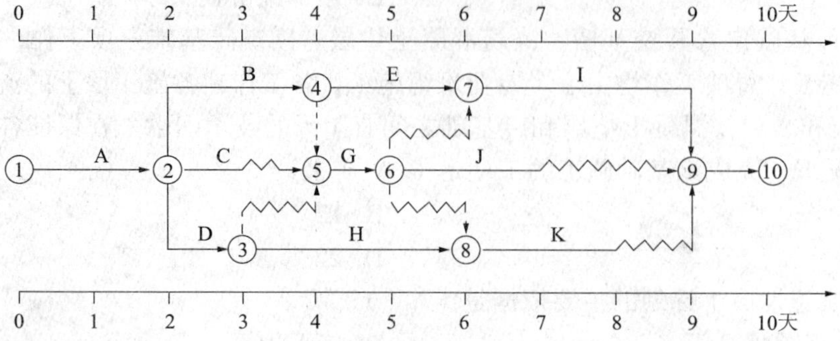

A. 4　　B. 5

C. 6　　D. 7

16. 建设工程管理工作是一种增值服务工作，下列属于工程建设增值的是（　　）。

A. 确保工程使用安全　　B. 满足最终用户的使用功能

C. 有利于工程维护　　D. 提高工程质量

17. 下列建设工程项目总进度目标论证的工作中，属于项目结构分析的是（　　）。

A. 了解和调查项目的总体部署　　B. 对每一个工作项进行编码

C. 将项目进行逐层分解　　D. 调查项目实施的主客观条件

18. 下列财产损失和人身伤害事件中，属于第三者责任险赔偿范围的是（　　）。

A. 项目承包商在施工工地的财产损失

B. 项目承包商职工在施工工地的人身伤害

C. 项目法人、承包商以外的第三人因施工原因造成的财产损失

D. 项目法人外聘员工在施工工地的人身伤害

19. 关于成本加酬金合同的说法，正确的是（　　）。

A. 成本加固定费用合同是指在工程直接费中加一定比例的报酬费

B. 最大成本加费用合同是指承包商报一个工程成本总价和一个固定的酬金

C. 成本加奖金合同是指对直接成本实报实销，同时确定固定数目的报酬金额

D. 成本加固定比例费用合同是指按成本估算的 60% ～ 75% 作为酬金计算的基数

20. 对于依法批准开工报告的建设工程，建设单位应当自开工报告批准之日起（　　）日内将保证安全施工的措施报送工程所在地相关部门备案。

A. 7　　B. 14

C. 15　　D. 30

21. 关于建设工程项目施工成本管理责任体系的说法，正确的是（　　）。

A. 项目经理部的成本管理体现效益中心的管理职能

B. 项目经理部的成本管理贯穿于项目投标和实施、结算过程

C. 成本管理责任体系包括公司层和项目经理部的成本管理

D. 项目经理部的成本管理除生产成本以外，还包括经营管理费用

22. 美国建筑师学会（AIA）合同文件中，A 系列的合同类型主要是用于（　　）。

A. 业主与建筑师之间　　B. 建筑师与咨询机构之间

C. 国际工程项目　　D. 业主与承包人之间

23. 施工单位内部的施工作业质量检查包括（　　）。

A. 自检、互检和旁站检查　　B. 自检、专检和平行检验

C. 自检、互检、专检和交接检查　　D. 自检、专检、旁站检查和平行检验

24. 关于建设工程项目施工质量验收的说法，正确的是（　　）。

A. 分项工程、分部工程应由专业监理工程师组织验收

B. 分项工程是工程验收的最小单元

C. 分部工程所含全部分项工程质量验收合格，即可认为该分部工程验收合格

D. 分部工程的质量验收在分项工程验收的基础上进行

25. 关于施工企业劳动用工管理的说法，正确的是（　　）。

A. 施工企业不得允许未与企业签订劳动合同的劳动者从事施工活动

B. 作业人员变更后的 14 个工作日内，在当地建筑业企业信息管理系统中变更

C. 施工企业与劳动者按相关规定可以订立口头劳动合同

D. 劳动合同一式两份，双方当事人各持一份

26. 项目质量控制体系得以运行的基础条件是（　　）。

A. 项目合同结构合理　　B. 人员和资源合理配置

C. 组织制度健全　　D. 程序性文件规范

27. 为确保安全，对设备的运转和零件的状况定时进行检查，发现损伤立刻更换，绝不能"带病"作业。此项工作属于（　　）。

A. 全面安全检查　　B. 要害部门重点安全检查

C. 经常性安全检查　　D. 专项安全检查

28. 关于建设工程项目施工成本控制的说法，正确的是（　　）。

A. 施工成本管理体系由社会有关组织进行评审和认证

B. 施工成本控制可分为事先控制、过程控制和事后控制

C. 管理行为控制程序是进行成本过程控制的重点

D. 管理行为控制程序和指标控制程序是相互独立的

29. 建设工程生产安全事故应急预案的管理包括应急预案的（　　）。

A. 评审、备案、实施和奖惩　　B. 制订、评审、备案和实施

C. 制订、备案、实施和奖惩　　D. 评审、备案、实施和落实

30. 编制设计任务书是项目（　　）阶段的工作。

A. 决策　　B. 设计准备

C. 设计　　D. 施工

31. 绘制时间－成本累积曲线的环节有：①计算单位时间成本；②确定工程项目进度计划；③计算计划累计支出的成本额；④绘制 S 形曲线。正确的绘制步骤是（　　）。

A. ②—①—③—④　　B. ①—②—③—④

C. ①—③—②—④　　D. ②—③—④—①

32. 下列策划内容中，属于建设工程项目实施阶段策划的是（　　）。

A. 进行项目目标的分析和再论证　　B. 编制项目实施期合同结构总体方案

C. 确立项目实施期管理总体方案　　D. 确定关键技术分析和论证

33. 根据《中华人民共和国建筑法》，工程监理人员发现工程设计不符合建筑工程质量标准或合同约定的质量要求的，应当报告（　　）要求设计单位改正。

A. 总监理工程师　　B. 专业监理工程师

C. 建设单位　　D. 质量监督站

34. 关于工程合同风险分配的说法，正确的是（　　）。

A. 业主、承包商谁能更有效的降低风险损失，则应由谁承担相应的风险责任

B. 承包商在工程合同风险分配中起主导作用

C. 业主、承包商谁承担管理风险的成本最高，则应由谁来承担相应的风险责任

D. 合同定义的风险没有发生，业主不用支付承包商投标中的不可预见风险费

35. 某住宅小区施工前，施工项目管理机构对项目分析后形成结果如下图所示，该图是（　　）。

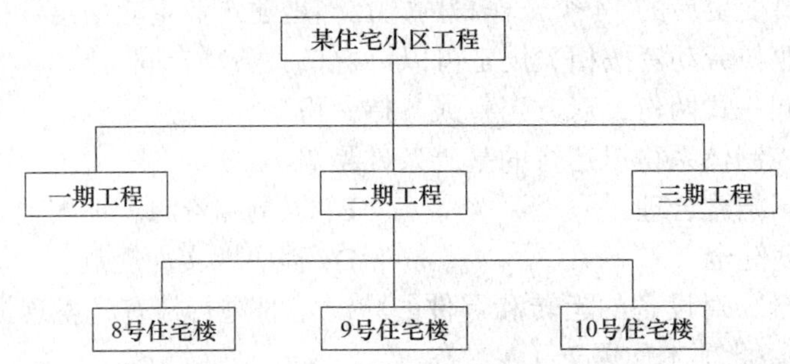

A. 组织结构图　　B. 工作流程图

C. 项目结构图　　D. 合同结构图

36. 施工单位在工程开工前编制的测量控制方案，需经（　　）批准后方可实施。

A. 项目经理　　B. 项目技术负责人

C. 总监理工程师　　D. 项目质量工程师

37. 下列工程项目管理工作中，属于信息管理部门工作任务的是（　　）。

A. 工程档案管理　　B. 工程质量管理

C. 工程安全管理　　D. 工程进度管理

38. 某项目部按施工总进度计划、主体工程施工计划、钢筋工程施工计划，构建了承包项目的进度计划系统，则该进度计划系统是按不同（　　）组成的计划系统。

A. 计划深度　　B. 计划功能

C. 项目参与方　　D. 计划周期

39. 关于建设工程现场宿舍管理的说法，正确的是（　　）。

A. 每间宿舍居住人员不得超过 16 人　　B. 室内净高不得小于 2.2m

C. 通道宽度不得小于 0.8m　　D. 不宜使用通铺

40. 工程建设过程中，对施工场界范围内的污染防治属于（　　）。

A. 现场文明施工问题　　B. 环境保护问题

C. 安全生产问题　　D. 职业健康安全问题

41. 某工程项目截至 8 月末的有关费用数据为：*BCWP* 为 980 万元，*BCWS* 为 820 万元，*ACWP* 为 1050 万元，则其 *SV* 为（　　）万元。

A. −160　　B. 160

C. 70　　D. −70

42. 根据《建筑施工组织设计规范》，“合理安排施工顺序”属于施工组织设计中（　　）的内容。

A. 施工进度计划　　B. 施工部署和施工方案

C. 施工平面图　　D. 施工准备工作计划

43. 某工程双代号网络计划如下图所示，其计算工期是（　　）天。

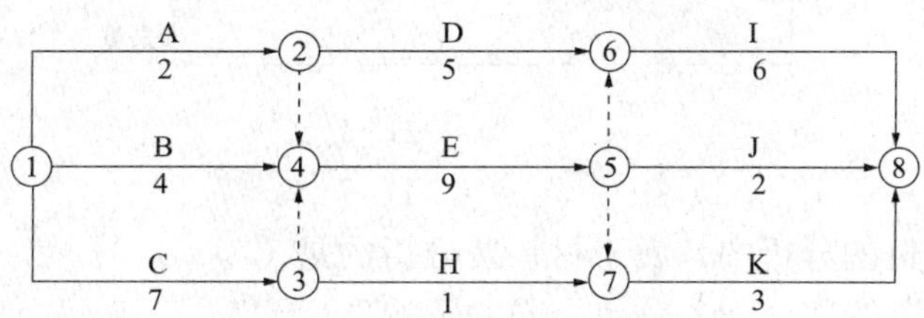

A. 11　　B. 13

C. 15　　D. 22

44. 施工单位编制项目管理任务分工表前，应完成的工作是（　　）。

A. 明确各项管理工作的流程

B. 落实各工作部门的具体人员

C. 检查各项管理工作的执行情况

D. 详细分解项目实施各阶段的工作

45. 关于施工总承包模式特点的说法，正确的是（　　）。

A. 招标和合同管理工作量大

B. 开工前就有较明确的合同价

C. 业主组织与协调的工作量大

D. 分包合同价对业主是透明的

46. 编制安全技术措施计划包括以下工作：①工作活动分类；②风险评价；③危险源识别；④制定安全技术措施计划；⑤评价安全技术措施计划的充分性；⑥风险确定。正确的编制步骤是（　　）。

A. ①—②—③—④—⑤—⑥　　B. ③—①—②—⑥—④—⑤

C. ①—③—⑥—②—⑤—④　　D. ①—③—⑥—②—④—⑤

47. 企业获准质量管理体系认证后，维持与监督管理活动中的自愿行为是（　　）。

A. 监督检查　　B. 企业通报

C. 认证注销　　D. 认证暂停

48. 预警信号一般采用国际通用的颜色表示不同的安全状况，Ⅲ级预警用（　　）表示。

A. 红色　　B. 橙色

C. 黄色　　D. 蓝色

49. 根据《建设工程项目管理规范》条文风险等级划分的说明，下图中风险区 A 的风险等级为（　　）等风险。

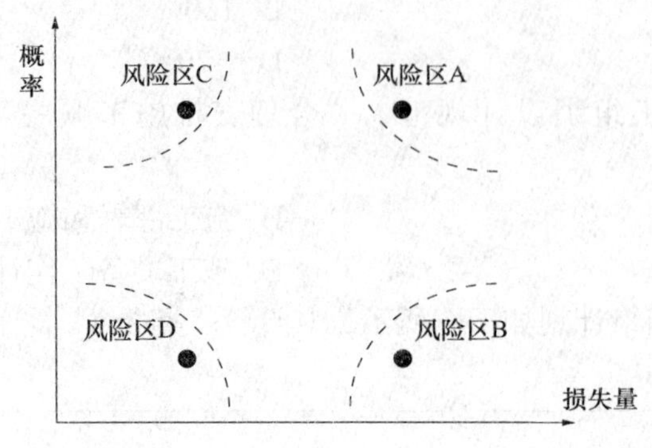

A. 1　　B. 3

C. 5　　D. 7

50. 下列成本项目的分析中，属于材料费分析的是（　　）。

A. 分析材料节约奖对劳务分包合同的影响

B. 分析施工机械燃料消耗量对施工成本的影响

C. 分析材料检验试验费占企业管理费的比重

D. 分析材料储备天数对材料储备金的影响

51. 某项目在进行资金成本分析时，其计算期实际工程款收入为 220 万元，计算期实际成本支出为 119 万元，计划工期成本为 150 万元，则该项目成本支出率为（　　）。

A. 30.69%　　B. 54.09%

C. 68.18%　　D. 79.33%

52. 某单代号网络计划如下图所示，工作 A、D 之间的时间间隔是（　　）天。

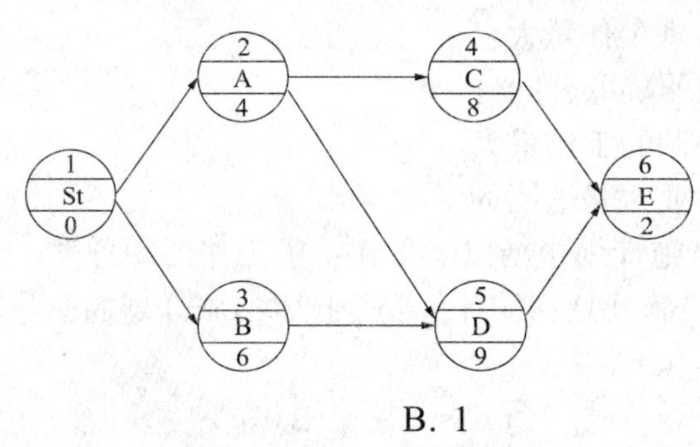

A. 0　　B. 1

C. 2　　D. 3

53. 关于施工成本分析依据的说法，正确的是（　　）。

A. 业务核算主要是价值核算

B. 统计核算的计量尺度比会计核算窄

C. 会计核算可以对尚未发生的经济活动进行核算

D. 统计核算可以用货币计算

54. 应用动态控制原理进行建设工程项目投资控制时，相对于工程合同价，投资的计划值是（　　）。

A. 施工预算　　B. 工程进度款

C. 工程预算　　D. 工程决算

55. 根据《建设工程监理合同（示范文本）》，关于监理人职责的说法，正确的是（　　）。

A. 委托人与承包人之间发生合同争议时，监理人应代表委托人进行处理

B. 在任何情况下，监理人的指令都必须经委托人批准后方可发出

C. 委托人与承包人合同争议提交仲裁机构时，监理人应提供必要的证明资料

D. 监理人发现承包人的人员不能胜任本职工作时，无权要求承包人予以替换

56. 关于施工承包合同中缺陷责任与保修的说法，正确的是（　　）。

A. 缺陷责任期自实际竣工日期起计算，最长不得超过 12 个月

B. 缺陷责任期届满，承包人仍应按合同约定的各部位保修年限承担保修义务

C. 因发包人原因导致工程无法按合同约定期限进行竣工验收的，缺陷责任期自竣工验收合格之日开始计算

D. 发包人未经竣工验收擅自使用工程的，缺陷责任期自承包人提交竣工验收申请报告之日开始计算

57. 物资采购管理程序中，完成编制采购计划后下一步应进行的工作是（　　）。

A. 进行市场调查，选择合格的产品供应单位并建立名录

B. 进行采购合同谈判，签订采购合同

C. 选择材料设备的采购单位

D. 明确采购产品的基本要求、采购分工和有关责任

58. 施工过程中，工程师下令暂停部分工程，而暂停的起因并非承包商违约或其他意外风险，承包商向业主提出索赔，则（　　）。

A. 工期和费用索赔均不能成立

B. 工期索赔成立，费用索赔不能成立

C. 工期索赔不能成立，费用索赔能成立

D. 工期和费用索赔均能成立

59. 建筑施工企业因暂时生产经营困难无法按劳动合同约定的日期支付工资的，应当向劳动者说明情况，并与工会或职工代表协商一致后，可以延期支付工资，但最长不得超过（　　）天。

A. 7　　　　B. 10

C. 15　　　　D. 30

60. 关于投标文件的说法，正确的是（　　）。

A. 投标文件在对招标文件的实质性要求作出响应后，可另外提出新的要求

B. 投标书只需要盖有投标企业公章或企业法定代表人名章

C. 投标书可由项目所在地的企业项目经理部组织投标、不需授权委托书

D. 通常投标文件中需要提交投标担保

61. 在施工成本的过程控制中，需进行包干控制的材料是（　　）。

A. 钢钉　　　　B. 水泥

C. 钢筋　　　　D. 石子

62. 根据《建设工程施工劳务分包合同（示范文本）》，合同中对固定劳动报酬可以约定调整的情况是（　　）。

A. 法律及政策变化导致劳务价格变化的，按变化前后价格差予以调整

B. 市场人工价格低于合同约定基准价格，按变化前后价格差予以调整

C. 工程量超出设计图纸范围导致劳务价格变化的，按变化前后价格差予以调整

D. 施工工时超出原施工要求导致劳务价格变化的，按变化前后价格差予以调整

63. 某工程项目总价值 1000 万元，合同工期为 18 个月，现因建设条件发生变化需增加额外工程费用 500 万元，则承包方可提出的工期索赔为（　　）个月。

A. 6　　　　B. 9

C. 24　　　　D. 27

64. 根据《中华人民共和国建筑法》和《建设工程质量管理条例》，设计单位的质量责任和义务是（　　）。

A. 按设计要求检验商品混凝土质量

B. 参与建设工程质量事故分析

C. 将施工图设计文件上报有关部门审查

D. 向施工单位提供设计原始资料

65. 某工作间逻辑关系如下图所示，则正确的是（　　）。

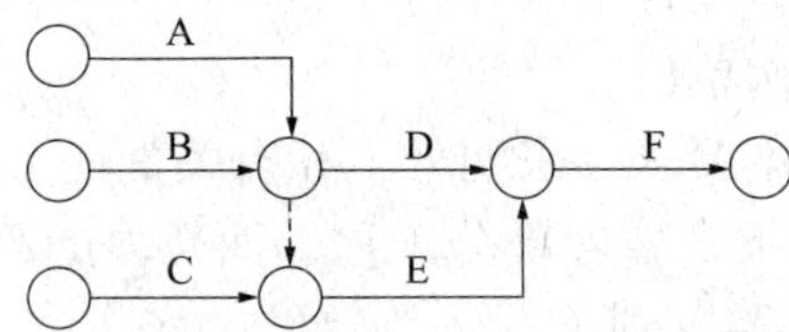

A. A、B 均完成后同时进行 C、D　　　　B. A、B、C 均完成后同时进行 D、E

C. A、B 均完成后进行 D　　　　D. B、C 完成后进行 E

66. 某房屋建筑拆除工程施工中，发生倒塌事故，造成12人重伤、6人死亡。根据《企业职工伤亡事故分类标准》，该事故属于（　　）。

A. 较大事故　　　　B. 重大事故

C. 特大伤亡事故　　　　D. 重大伤亡事故

67. 下列质量风险对策中，属“减轻”对策的是（　　）。

A. 设立质量事故风险基金　　　　B. 正确进行项目规划选址

C. 制定并落实施工质量保证措施　　　　D. 依法实行联合体承包

68. 关于工程变更的说法，正确的是（　　）。

A. 工程变更的补偿范围越大，承包人的风险越大

B. 合同实施中，承包人应就合同范围内的业主变更先提出补偿要求

C. 工程变更的索赔有效期一般为 7 天，不超过 14 天

D. 工程变更索赔期越短，对承包人越有利

69. 某工程项目的赢得值曲线如下图所示，关于项目偏差原因分析与纠偏措施的说法，正确的是（　　）。

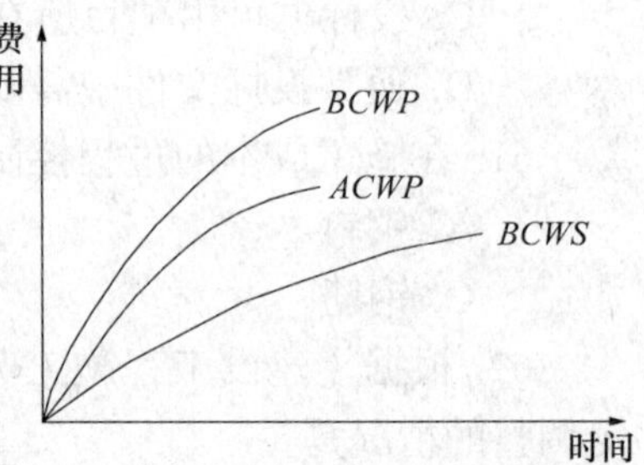

A. 效率高，进度较慢，投入延后

B. 抽出部分人员，放慢进度

C. 效率较高，进度较快，投入超前

D. 增加人员投入，加快进度

70. 关于住宅工程分户验收的说法，正确的是（　　）。

A. 分户验收应在住宅工程竣工验收合格后进行

B. 《住宅工程质量分户验收表》需要建设单位和设计单位项目负责人分别签字

C. 分户验收的内容不包括建筑节能工程质量的验收

D. 《住宅工程质量分户验收表》要作为《住宅质量保证书》的附件一同交给住户

二、多项选择题（共30题，每题2分。每题的备选项中，有2个或2个以上符合题意，至少有1个错项。错选，本题不得分；少选，所选的每个选项得0.5分）

71. 某工程网络计划中，工作N的自由时差为5天，计划执行过程中检查发现，工作N的工作时间延长了3天，其他工作均正常，此时（　　）。

A. 工作N的总时差不变，自由时差减少3天

B. 总工期不会延长

C. 工作N的最迟完成时间推迟3天

D. 工作N的总时差减少3天

E. 工作N将会影响紧后工作

72. 关于施工分包单位管理责任主体的说法，正确的有（　　）。

A. 分包单位的选择可由业主指定，也可在业主同意下由总承包单位自主选择

B. 分包合同由总承包单位签订的，分包单位的管理责任由总承包单位承担

C. 分包合同由业主签订的，分包单位的管理责任由业主承担

D. 施工总承包单位不需承担分包单位施工的安全责任

E. 对施工分包单位进行管理的第一责任主体是业主

73. 某双代号网络计划如下图所示（图中粗实线为关键工作），若计划工期等于计算工期，则自由时差一定等于总时差且不为零的工作有（　　）。

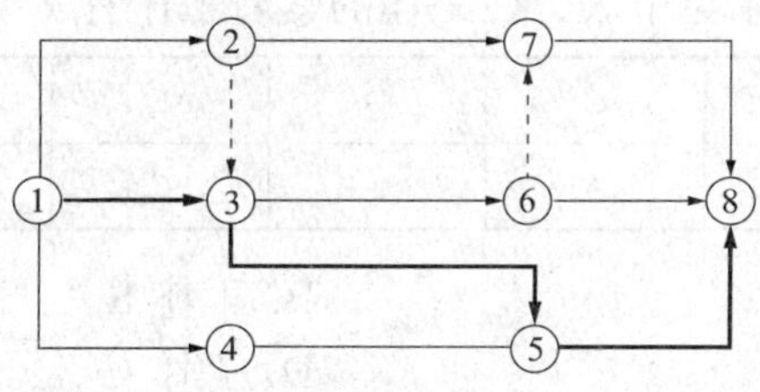

A. ①—②　　B. ③—⑤

C. ④—⑤　　D. ⑥—⑧

E. ②—⑦

74. 关于工程管理信息技术的说法，正确的有（　　）。

A. 管理信息系统可以实现项目各参与方的信息交流

B. 项目信息门户不同于项目管理信息系统

C. 项目管理信息系统主要用于企业人财物、产供销的管理

D. 项目信息门户是项目各参与方共同使用、共同工作和互动的管理工具

E. 项目管理信息系统有利于项目各参与方的信息交流和协同工作

75. 关于建设工程现场文明施工管理措施的说法，正确的有（　　）。

A. 项目安全负责人是施工现场文明施工的第一责任人

B. 沿工地四周连续设置围挡，市区主要路段的围挡高度不得低于 1.8m

C. 施工现场必须实行封闭管理，严格执行外来人员进场登记制度

D. 现场必须有消防平面布置图，临时设施按消防条例有关规定搭设

E. 施工现场设置排水系统，泥浆、污水、废水有组织地排入下水道或排入河道

76. 下列建设工程项目进度控制的措施中，属于管理措施的有（　　）。

A. 采用工程网络计划实现进度控制科学化

B. 明确进度控制管理职能分工

C. 编制资源需求计划

D. 选择合理的工程物资采购模式

E. 重视信息技术在进度控制中的应用

77. 根据《建设工程安全生产管理条例》，下列专项施工方案中，应当组织专家进行论证的有（　　）。

A. 深基坑工程　　B. 脚手架工程

C. 地下暗挖工程　　D. 高大模板工程

E. 爆破工程

78. 根据《建设项目工程总承包合同示范文本（试行）》，承包人在技术和设计方面的工作和义务有（　　）。

A. 提供建筑设计总体布局、功能分区方案

B. 对工程的安全、环境保护、职业健康标准负责

C. 提供项目基础资料

D. 提供现场障碍资料

E. 组织设计阶段审查会议

79. 某工程工作逻辑关系见下表，C 工作的紧后工作有（　　）。

工作	A	B	C	D	E	F	G	H
紧前工作	—	—	A	A、B	C	B、C	D、E	C、F、G

A. 工作 D　　B. 工作 E

C. 工作 F　　D. 工作 G

E. 工作 H

80. 关于总价合同的说法，正确的有（　　）。

A. 总价合同中业主风险较大、承包人风险较小

B. 当施工内容及有关条件未发生变化时，业主付给承包商的价款总额不变

C. 采用总价合同的前提是施工图设计完成、施工任务和范围比较明确

D. 总价合同中可约定在发生设计变更时对合同价格进行调整

E. 总价合同在施工进度上能够调动承包人的积极性

81. 工程质量验收时，设计单位项目负责人应参加验收的分部工程有（　　）。

A. 装饰装修

B. 环境保护

C. 地基与基础

D. 主体结构

E. 节能工程

82. 根据《建设工程项目管理规范》，项目风险管理计划应包括（　　）。

A. 风险分类和风险排序要求

B. 确定风险因素

C. 分析各种风险损失量

D. 收集风险信息

E. 可使用的风险管理方法、工具

83. 施工成本计划的编制方式有（　　）。

A. 按施工进度编制施工成本计划

B. 按施工成本组成编制施工成本计划

C. 按施工质量编制施工成本计划

D. 按施工项目组成编制施工成本计划

E. 按施工合同编制施工成本计划

84. 专项成本分析中，工期成本分析一般采用的方法有（　　）。

A. 构成比率法

B. 成本盈亏异常分析

C. 成本支出率法

D. 比较法

E. 因素分析法

85. 建设工程项目施工准备阶段，建设监理工作的主要任务有（　　）。

A. 审查分包单位资质条件

B. 检查施工单位的试验室

C. 签署单位工程质量评定表

D. 审查施工单位提交的施工进度计划

E. 审查工程开工条件

86. 关于建筑材料采购合同中违约责任的说法，正确的有（　　）。

A. 供货方提前发运或交付的货物，采购方要按实际发运或交付时间付款

B. 供货方发生逾期交货，要按合同约定依据逾期交货部分货款总价计算违约金

C. 供货方部分交货，应按合同约定违约金比例乘以不能交货部分货款计算违约金

D. 合同签订后采购方中途退货，应向供货方支付按退货货款总额计算的违约金

E. 合同签订后，采购方逾期付款，应按照合同约定支付逾期付款利息

87. 根据《中华人民共和国招标投标法实施条例》，招标人以不合理条件限制、排斥投标人的行为有（　　）。

A. 就同一招标项目向投标人提供有差别的项目信息

B. 就同一招标项目对投标人采取不同的资格审查标准

C. 招标项目以获得鲁班奖工程业绩作为加分条件

D. 依照招标项目的具体特点设定专门的技术条件

E. 招标项目指定特定的专利作为中标条件

88. 根据《建筑工程施工质量验收统一标准》，分项工程的划分依据有（　　）。

A. 工种

B. 工程部位

C. 材料

D. 施工工艺

E. 设备类别

89. 在项目实施阶段，项目总进度应包括（　　）。

A. 设计工作进度

B. 招标工作进度

C. 项目建议书编制进度

D. 工程施工和设备安装进度

E. 项目投产运行工作进度

90. 关于履约担保的说法，正确的有（　　）。

A. 履约担保有效期始于工程开工之日，终止日期可以约定在工程竣工交付之日

B. 履约担保是为保证正确、合理使用发包人支付的预付款而提供的担保

C. 银行履约保函担保金额通常为合同金额的 10% 左右

D. 履约担保书由商业银行开具，金额在保证金的担保金额之内

E. 保留金由发包人从工程进度款中扣除，总额一般限制在合同总价款的 5%

91. 下列可能导致施工质量事故发生的原因中，属于管理原因的有（　　）。

A. 操作人员技术素质差　　B. 质量控制不严格

C. 材料质量检验不严　　D. 违章作业

E. 地质勘察过于疏略

92. 施工成本控制的主要依据包括（　　）。

A. 工程承包合同　　B. 施工成本计划

C. 进度报告　　D. 工程变更

E. 施工图预算

93. 在企业质量管理体系的运行中，开展内部质量审核活动的主要目的有（　　）。

A. 检查质量体系运行的信息　　B. 为质量改进提供依据

C. 评价质量管理程序的完善性　　D. 减少社会重复检验费用

E. 向外部审核单位提供体系有效的证据

94. 根据《建设工程项目管理规范》，施工项目经理的职责有（　　）。

A. 进行授权范围内的利益分配　　B. 确保项目建设资金的落实到位

C. 对资源进行动态管理　　D. 与建设单位签订承包合同

E. 参与工程竣工验收

95. 项目施工过程中，对施工组织设计进行修改或补充的情形有（　　）。

A. 某桥梁工程由于新规范的实施而需要重新调整施工工艺

B. 由于自然灾害导致施工资源的配置有重大变更

C. 设计单位应业主要求对楼梯部分进行局部修改

D. 施工单位发现设计图纸存在重大错误需要修改工程设计

E. 某钢结构工程施工期间，钢材价格上涨

96. 根据《建设项目工程总承包管理规范》，工程总承包项目管理的主要内容有（　　）。

A. 编制和报批项目可行性研究报告　　B. 落实项目建设资金

C. 实施项目运行管理　　D. 任命项目经理，组建项目部

E. 进行项目策划，编制项目计划

97. 下列施工成本管理的措施中，属于经济措施的有（　　）。

A. 对施工方案进行经济效果分析论证

B. 通过生产要素的动态管理控制实际成本

C. 对各种变更及时落实业主签证并结算工程款

D. 抽检进场的工程材料、构配件质量

E. 对施工成本管理目标进行风险分析并制定防范性对策

98. 关于生产安全事故报告和调查处理原则的说法，正确的有（　　）。

A. 事故原因未查清不放过

B. 事故未整改到位不放过

C. 事故责任人和周围群众未受到教育不放过

D. 事故未及时报告不放过

E. 事故责任人未受到处理不放过

99. 在建设工程项目施工过程中，施工机具使用费的索赔款项包括（　　）。

A. 因机械故障停工维修而导致的窝工费

B. 因监理工程师指令错误导致机械停工的窝工费

C. 非承包商责任导致工效降低增加的机械使用费

D. 因机械操作工患病停工而导致的机械窝工费

E. 由于完成额外工作增加的机械使用费

100. 与施工总承包模式相比，施工总承包管理模式的优点有（　　）。

A. 整个建设项目合同总额的确定较有依据

B. 对业主方节约投资较为有利

C. 缩短建设周期，进度控制较为有利

D. 能为分包单位提供更好的管理和服务

E. 施工现场的总体管理与协调较为有利

2017年度真题参考答案及考点解析

一、单项选择题

1. C

【考点】单价合同。

【解析】固定单价合同条件下，无论发生哪些影响价格的因素都不对单价进行调整，因而对承包商而言就存在通货膨胀带来的单价上涨的风险。

因此，正确选项是C。

2. D

【考点】工程网络计划的编制方法。

【解析】直接法绘制时标网络计划之前，应先按已确定的时间单位绘制出时标计划表。

因此，正确选项是D。

3. B

【考点】项目管理规划的编制方法。

【解析】根据2017年版《建设工程项目管理》考试用书，编制项目管理规划大纲应遵循下列程序：

（1）明确项目目标。

（2）分析项目环境和条件。

（3）收集项目的有关资料和信息。

（4）确定项目管理组织模式、结构和职责。

（5）明确项目管理内容。

（6）编制项目目标计划和资源计划。

（7）汇总整理，报送审批。

因此，正确选项是B。

4. D

【考点】政府对工程项目质量监督的职能与权限。

【解析】根据监督管理部门的职责划分，国务院经济贸易主管部门按照国务院规定的职责，对国家重大技术改造项目实施监督检查。

因此，正确选项是D。

5. D

【考点】项目质量控制的目标、任务与责任。

【解析】根据《质量管理体系 基础和术语》GB/T 19000—2008/ISO 9000 : 2005，“凡工程产品没有满足某个与预期或规定用途有关的要求”称为质量缺陷。

因此，正确选项是D。

6. A

【考点】施工合同争议的解决方式。

【解析】国际工程施工合同争议解决的方式一般包括：协商、调解、仲裁或诉讼。协商解决争议是最常见也是最有效的方式，也是应该首选的最基本的方式。

因此，正确选项是 A。

7. A

【考点】合同实施偏差处理。

【解析】合同实施偏差处理措施包括：

（1）组织措施，如增加人员投入，调整人员安排，调整工作流程和工作计划等。

（2）技术措施，如变更技术方案，采用新的高效率的施工方法等。

（3）经济措施，如增加投入，采取经济激励措施等。

（4）合同措施，如进行合同变更，签订附加协议，采取索赔手段等。

因此，正确选项是 A。

8. C

【考点】建设工程项目进度计划的编制。

【解析】可以用横道图进度计划方法来解答。

用横道图来解答时，先绘制该基础工程是施工进度横道图，如下图所示。

工作	1	2	3	4	5	6	7	8	9	10	11	12	13	14	15	16	17	18
开挖基槽			①				②				③							
混凝土垫层											①	②	③					
砌砖基础												1 天		①		②		③

从横道图进度计划表上可以看出，基础施工的工期是 18 天。因此，正确选项是 C。

9. B

【考点】成本计划的类型。

【解析】实施性成本计划是项目施工准备阶段的施工预算成本计划，是以项目实施方案为依据，以落实项目经理责任目标为出发点，采用企业的施工定额通过施工预算的编制而形成的实施性成本计划。

因此，正确选项是 B。

10. B

【考点】排列图法的应用。

【解析】在质量管理过程中，通过抽样检查或检验试验所得到的关于质量问题、偏差、缺陷、不合格等方面的统计数据，以及造成质量问题的原因分析统计数据，均可采用排列图方法进行。

因此，正确选项是 B。

11. C

【考点】项目进度控制的组织措施。

【解析】项目进度控制过程中，组织是目标能否实现的决定性因素。为实现项目的进度目标，要重视项目管理的组织体系，在项目管理组织结构中设立专门的工作部门和符合进度控制岗位资格的专业人员负责进行进度控制，并应编制进度控制的工作流程，如：定义项目进度就会系统的组成；各类进度计划的编制程序、审批程序和计划调整程序等。

因此，正确选项是 C。

12. D

【考点】施工现场环境保护的要求。

【解析】根据《建筑施工场界环境噪声排放标准》GB 12523—2011，建筑施工过程中场界环境噪声排放限值为：昼间 70dB（A）、夜间 55 dB（A）。

因此，正确选项是 D。

13. B

【考点】施工质量问题和质量事故的处理。

【解析】施工质量事故的调查要区分事故是大小分别由相应级别的人民政府直接或授权委托有关部门组织事故调查组进行调查。未造成人员伤亡的一般事故，县级人民政府也可以委托事故发生单位组织事故调查组进行调查。根据《关于做好房屋建筑和市政基础设施工程质量事故报告和调查处理工作的通知》（建质［2010］111 号），选项 B 所述质量事故为一般事故，且无人员伤亡。

因此，正确选项是 B。

14. A

【考点】工程网络计划的编制方法。

【解析】双代号网络图中，一组编号（i–j）只能代表一项工作。而在题中所给的网络图中，编号 1—2 代表了两项工作，因此是错误的。

因此，正确选项是 A。

15. C

【考点】工程网络计划有关时间参数的计算。

【解析】由题中的时标网络计划可知，工作 G 的最早开始时间、最早完成时间为 4 和 5；节点⑨为关键节点，工作 I、J、K 的总时差分别为 0、2、1；工作 G 的总时差为 $\max\{0+1, 2+0, 1+1\}=2$；故可得到工作 G 的最迟开始时间为 $4+2=6$。

因此，正确选项是 C。

16. D

【考点】建设工程管理的任务。

【解析】建设工程管理工作是一种增值服务工作，其核心任务是为工程的建设和使用增值。其中，为工程建设增值的工作有：确保工程建设安全、提高工程质量、有利于投资（成本）控制、有利于降低控制等；为工程使用（运行）增值的工作有：确保工程使用安全、有利于环境保护、有利于节能、满足最终用户的使用功能、有利于降低工程运营成本、有利于工程维护等。

因此，正确选项是 D。

17. C

【考点】项目总进度目标论证的工作步骤。

【解析】建设工程项目总进度目标论证的工作中，对大型建设工程项目的项目结构分析是根据编制总进度纲要的需要，将整个项目进行逐层分解，确立相应的工作目录。

因此，正确选项是C。

18. C

【考点】工程保险。

【解析】第三者责任险是指由于施工的原因导致项目法人和承包人以外的第三人收到财产损失或人身伤害的赔偿。

因此，正确选项是C。

19. B

【考点】成本加酬金合同。

【解析】成本加酬金合同，也称成本补偿合同，其最终的合同价是按照工程的实际成本再加上一定的酬金进行计算。在签订合同时，工程实际成本还不能确定，只能确定酬金的取值比例或者计算原则。成本加酬金合同有多种形式，主要有：（1）成本加固定费用合同，根据双方讨论同意的工程规模、估计工期、技术要求、工作性质及复杂性、所涉及的风险等来考虑确定一笔固定数目的报酬金额作为管理费及利润，对人工、材料、机械台班等直接成本则实报实销。（2）成本加固定比例费用合同，工程成本中直接费加一定比例的报酬费，报酬部分的比例在签订合同时由双方确定。（3）成本加奖金合同，奖金是根据报价书中的成本估算指标制定的，在合同中对这个估算指标规定一个底点和顶点，分别为工程成本估算的60%～75%和110%～135%。承包商在估算指标的顶点以下完成工程则可得到奖金，超过顶点则要对超出部分支付罚款。如果成本在底点之下，则可加大酬金值或酬金百分比。（4）最大成本加费用合同，在工程成本总价合同基础上加固定酬金费用的方式，即当设计深度达到可以报总价的深度，投标人报一个工程成本总价和一个固定的酬金（包括各项管理费、风险费和利润）。如果实际成本超过合同中规定的工程成本总价，由承包商承担所有的额外费用，若实施过程中节约了成本，节约的部分归业主，或者由业主与承包商分享，在合同中要确定节约分成比例。

因此，正确选项是B。

20. C

【考点】职业健康安全管理体系与环境管理体系标准。

【解析】建设单位在申请领取施工许可证时，应当提供建设工程有关安全施工措施的资料。

对于依法批准开工报告的建设工程，建设单位应当自开工报告批准之日起15日内，将保证安全施工的措施报送建设工程所在地的县级以上人民政府建设行政主管部门或者其他有关部门备案。

因此，正确选项是C。

21. C

【考点】成本管理的任务和程序。

【解析】施工成本管理责任体系的建立是做好成本管理工作最根本最重要的基础工作。组织管理层负责项目成本的决策，确定项目的成本控制重点、难点，确定项目成本目标，并对项目管理机构进行过程和结果的考核。项目管理机构负责项目成本管理，遵守组织管理层的决策，实现项目管理的成本目标。

建设工程项目施工成本控制应贯穿于项目从投标阶段开始直至保证金返还的全过程。

公司应以项目成本降低额、项目成本降低率作为对项目管理机构成本考核的主要指标。

因此，正确选项是C。

22. D

【考点】国际常用的施工承包合同条件。

【解析】美国建筑师学会（AIA）出版的系列合同文件有A、B、C、D、F、G、INT系列，其中：A系列是关于业主与承包人之间的合同文件。

因此，正确选项是D。

23. C

【考点】施工过程的质量控制。

【解析】施工现场质量检查，对于重要的工序或对工程质量有重大影响的工序，应严格执行“三检”制度，即自检、互检、专检，未经监理工程师（或建设单位项目负责人）检查认可，不得进行下道工序的施工。

因此，正确选项是C。

24. D

【考点】施工过程的质量验收。

【解析】施工过程的质量验收主要是指检验批、分项工程和分部工程的质量验收，检验批是质量验收的最小单位，是分项工程乃至整个建设工程质量验收的基础。

分部工程的质量验收在其所含各分项工程质量验收的基础上进行。分部工程质量验收应由总监理工程师（而不是专业监理工程师）组织施工单位项目负责人和项目技术负责人等进行验收。

由于分部工程所含的各分项工程性质不同，因此它并不是在所含分项验收基础上的简单相加，即所含分项验收合格且质量控制资料完整，只是分部工程质量验收的基本条件，还必须在此基础上对涉及安全和使用功能的地基基础、主体结构、有关安全及重要使用功能的安装分部工程进行见证取样试验或抽样检测，而且还需要对其观感质量进行验收，并综合给出质量评价，对于评价为“差”的检查点应通过返修处理等进行补救。

因此，正确选项是D。

25. A

【考点】施工企业人力资源管理的任务。

【解析】各级政府主管部门制定了有关建设工程劳动用工管理的规定：

（1）建筑施工企业（包括施工总承包企业、专业承包企业和劳务分包企业，下同）应当按照相关规定办理用工手续，不得使用零散工，不得允许未与企业签订劳动合同的劳动者在施工现场从事施工活动。

（2）建筑施工企业与劳动者建立劳动关系，应当自用工之日起按照劳动合同法规的规定订立书面劳动合同。劳动合同中必须明确规定劳动合同期限，工作内容，工资支付的标准、项目、周期和日期，劳动纪律，劳动保护和劳动条件以及违约责任。劳动合同应一式三份，双方当事人各持一份，劳动者所在工地保留一份备查。

（3）施工总承包企业和专业承包企业应当加强对劳务分包企业与劳动者签订劳动合同

的监督，不得允许劳务分包企业使用未签订劳动合同的劳动者。

（4）建筑施工企业应当将每个工程项目中的施工管理、作业人员劳务档案中有关情况在当地建筑业企业信息管理系统中按规定如实填报。人员发生变更的，应当在变更后7个工作日内，在建筑业企业信息管理系统中作相应变更。

因此，正确选项是A。

26. B

【考点】项目质量控制体系的建立和运行。

【解析】项目质量控制体系的建立，为项目的质量控制提供了组织制度方面的保证。项目质量控制体系的运行，实质上就是系统功能的发挥过程，也是质量活动职能和效果的控制过程。质量控制体系要有效地运行，还有赖于系统内部的运行环境和运行机制的完善。

项目质量控制体系的运行环境，主要是指以下几方面为系统运行提供支持的管理关系、组织制度和资源配置的条件：

（1）项目的合同结构。建设工程合同是联系建设工程项目各参与方的纽带，只有在项目合同结构合理，质量标准和责任条款明确，并严格进行履约管理的条件下，质量控制体系的运行才能成为各方的自觉行动。

（2）质量管理的资源配置。质量管理的资源配置，包括专职的工程技术人员和质量管理人员的配置；实施技术管理和质量管理所必需的设备、设施、器具、软件等物质资源的配置。人员和资源的合理配置是质量控制体系得以运行的基础条件。

（3）质量管理的组织制度。项目质量控制体系内部的各项管理制度和程序性文件的建立，为质量控制系统各个环节的运行，提供必要的行动指南、行为准则和评价基准的依据，是系统有序运行的基本保证。

因此，正确选项是B。

27. B

【考点】安全生产检查监督的类型和内容。

【解析】安全生产检查监督的类型有：全面安全检查、经常性安全检查、专业或专职安全管理人员的专业安全检查、季节性安全检查、节假日安全检查、要害部门重点安全检查。其中，要害部门重点安全检查，就包括对设备的运转和零件的状况要进行定时检查，发现损伤立刻更换。

因此，正确选项是B。

28. B

【考点】施工成本控制的任务、程序和措施。

【解析】建设工程项目施工成本控制应贯穿于项目从投标阶段开始直至竣工验收的全过程。施工成本控制可分为事先控制、事中控制（过程控制）和事后控制。

成本的过程控制中，有两类控制程序，一是管理行为控制程序，二是指标控制程序。管理行为控制程序是对成本全过程控制的基础，指标控制程序则是成本进行过程控制的重点。两个程序既相对独立又相互联系，既相互补充又相互制约。

成本管理体系的建立不同于质量管理体系，质量管理体系反映的是企业的质量保证能力，由社会有关组织进行评审和认证；成本管理体系的建立是企业自身生存发展的需要，没有社会组织来评审和认证。

因此，正确选项是B。

29. A

【考点】生产安全事故应急预案的管理。

【解析】建设工程生产安全事故应急预案的管理包括：应急预案的评审、备案、实施和奖惩。

因此，正确选项是A。

30. B

【考点】建设工程项目管理的目标和任务。

【解析】建设工程项目的实施阶段划分如下图所示。

时间

决策阶段 | 项目准备阶段 | 设计阶段 | 施工阶段 | 动用前准备阶段 | 保修阶段

编制项目建议书 | 编制可行性研究报告 | 编制设计任务书 | 初步设计 | 技术设计 | 施工图设计 | 施工 | 竣工验收 | 动用开始 | 保修期结束

项目决策阶段

项目实施阶段

因此，正确选项是B。

31. A

【考点】按工程实施阶段编制成本计划的方法。

【解析】时间—成本累积曲线的绘制步骤如下：

（1）确定工程项目进度计划，编制进度计划的横道图；

（2）根据每单位时间内完成的实物工程量或投入的人力、物力和财力，计算单位时间（月或旬）的成本，在时标网络图上按时间编制成本支出计划；

（3）计算规定时间 t 计划累计支出的成本额；

（4）按各规定时间的 Q_t 值，绘制S形曲线。

因此，正确选项是A。

32. A

【考点】项目实施阶段策划的内容。

【解析】建设工程项目实施阶段策划的基本内容如下：

（1）项目实施的环境和条件的调查与分析；

（2）项目目标的分析和再论证；

（3）项目实施的组织策划；

（4）项目实施的管理策划；

（5）项目实施的合同策划；
（6）项目实施的经济策划；
（7）项目实施的技术策划；
（8）项目实施的风险策划等。

因此，正确选项是 A。

33. C

【考点】监理的工作方法。

【解析】“工程监理人员认为工程施工不符合工程设计要求、施工技术标准和合同约定的，有权要求建筑施工企业改正。工程监理人员发现工程设计不符合建筑工程质量标准或者合同约定的质量要求的，应当报告建设单位要求设计单位改正”（引自《中华人民共和国建筑法》）。

因此，正确选项是 C。

34. A

【考点】施工合同风险管理。

【解析】合同风险应该按照效率原则和公平原则进行分配。

（1）从工程整体效益出发，最大限度发挥双方的积极性，尽可能做到：

① 谁能最有效地（有能力和经验）预测、防止和控制风险，或能有效地降低风险损失，或能将风险转移给其他方面，则应由他承担相应的分风险责任；

② 承担者控制相关风险是经济的，即能够以最低的成本来承担风险损失，同时他管理风险的成本、自我防范和市场保险费用最低，同时又是有效、方便、可行的；

③ 通过风险分配，加强责任，发挥双方管理和技术革新的积极性等。

（2）公平合理，责权利平衡，体现在：

承包商提供的工程（或服务）与业主支付的价格之间应体现公平，这种公平通常以当地当时的市场价格为依据；

① 风险责任与权利之间应平衡；

② 风险责任与机会对等，即风险承担者同时应能享有风险控制获得的收益和机会收益；

③ 承担的可能性和合理性，即给风险承担者以风险预测、计划、控制的条件和可能性。

（3）符合现代工程管理理念。

（4）符合工程惯例，即符合通常的工程处理方法。

因此，正确选项是 A。

35. C

【考点】项目结构分析在项目管理中的应用。

【解析】项目结构图（Project Diagram，或称 WBS-Work Breakdown Structure）是一个组织工具，它通过树状图的方式对一个项目的结构进行逐层分解，以反映组成该项目的所有工作任务。项目结构图中，矩形表示工作任务（或第一层、第二层子项目等），矩形框之间的连接用连线表示。

因此，正确选项是 C。

36. B

【考点】施工准备的质量控制。

【解析】施工测量质量的好坏，直接决定工程的定位和标高是否正确，并且制约施工过程有关工序的质量。因此，施工单位在开工前应编制测量控制方案，经项目技术负责人批准后实施。

因此，正确选项是B。

37. A

【考点】项目信息管理的任务。

【解析】信息管理部门的主要工作任务是：

（1）负责编制信息管理手册，在项目实施过程中进行信息管理手册的必要修改和补充，并检查和督促其执行；

（2）负责协调和组织项目管理班子中各个工作部门的信息处理工作；

（3）负责信息处理工作平台的建立和运行维护；

（4）与其他工作部门协同组织收集信息、处理信息和形成各种反映项目进展和项目目标控制的报表和报告；

（5）负责工程档案管理等。

因此，正确选项是A。

38. A

【考点】项目进度计划系统的建立。

【解析】根据项目进度控制不同的需要和不同的用途，业主方和项目各参与方可以构建多个不同的建设工程项目进度计划系统。

（1）由不同深度的计划构成进度计划系统，包括：总进度规划（计划）、项目子系统进度规划（计划）、项目子系统中的单项工程进度计划等。

（2）由不同功能的计划构成进度计划系统，包括：控制性进度规划（计划）、指导性进度规划（计划）、实施性（操作性）进度计划等。

（3）由不同项目参与方的计划构成进度计划系统，包括：业主方编制的整个项目实施的进度计划、设计进度计划、施工和设备安装进度计划、采购和供货进度计划等。

（4）由不同周期的计划构成进度计划系统，包括：5年建设进度计划、年度、季度、月度和旬计划等。

因此，正确选项是A。

39. A

【考点】施工现场职业健康安全卫生的要求。

【解析】现场宿舍的管理的要求：

（1）宿舍内应保证有必要的生活空间，室内净高不得小于2.4m，通道宽度不得小于0.9m，每间宿舍居住人员不得超过16人。

（2）施工现场宿舍必须设置可开启式窗户，宿舍内的床铺不得超过2层，严禁使用通铺。

（3）宿舍内应设置生活用品专柜，有条件的宿舍宜设置生活用品储藏室。

（4）宿舍内应设置垃圾桶，宿舍外宜设置鞋柜或鞋架，生活区内应提供为作业人员晾晒衣服的场地。

因此，正确选项是 A。

40. D

【考点】职业健康安全管理体系与环境管理体系标准。

【解析】根据《职业健康安全管理体系 要求》GB/T 28001—2011 的定义，职业健康安全是指影响或可能影响工作场所内的员工或其他工作人员（包括临时工和承包方员工）、访问者或任何其他人员的健康安全的条件和因素。

对于建设工程项目，职业健康安全管理的目的是防止和尽可能减少生产安全事故、保护产品生产者的健康与安全、保障人民群众的生命和财产免受损失；控制影响或可能影响工作场所内的员工或其他工作人员（包括临时工和承包方员工）、访问者或任何其他人员的健康安全的条件和因素；避免因管理不当对在组织控制下工作的人员健康和安全造成危害。

对于建设工程项目，环境保护主要是指保护和改善施工现场的环境。企业应当遵照国家和地方的相关法律法规以及行业和企业自身的要求，采取措施控制施工现场的各种粉尘、废水、废气、固体废弃物以及噪声、振动对环境的污染和危害，并且要注意节约资源和避免资源的浪费。

因此，正确选项是 D。

41. B

【考点】成本控制的方法。

【解析】进度偏差 SV = 已完工程预算费用（$BCWP$）− 计划工作预算费用（$BCWS$）

$$= 980 - 820 = 160 \text{ 万元}$$

因此，正确选项是 B。

42. B

【考点】施工组织设计的内容。

【解析】施工组织设计应包括编制依据、工程概况、施工部署、施工进度计划、施工准备与资源配置计划、主要施工方法、施工现场平面布置及主要施工管理计划等基本内容。其中，施工部署及施工方案包括：

（1）根据工程情况，结合人力、材料、机械设备、资金、施工方法等条件，全面部署施工任务，合理安排施工顺序，确定主要工程的施工方案。

（2）对拟建工程可能采用的几个施工方案进行定性、定量的分析，通过技术经济评价，选择最佳方案。

因此，正确选项是 B。

43. D

【考点】工程网络计划有关时间参数的计算。

【解析】方法一：列出网络计划的所有线路，计算各线路的长度。线路长度最大的线路就是关键线路，本题中线路长度最大的线路是：①—③—④—⑤—⑥—⑧，长度为：7 + 9 + 6 = 22，即计算工期是 22 天。

方法二：计算网络计划中各工作的最早开始时间和最早完成时间，与终点节点相连的各工作最早完成时间的最大值即是计算工期，如下图所示。

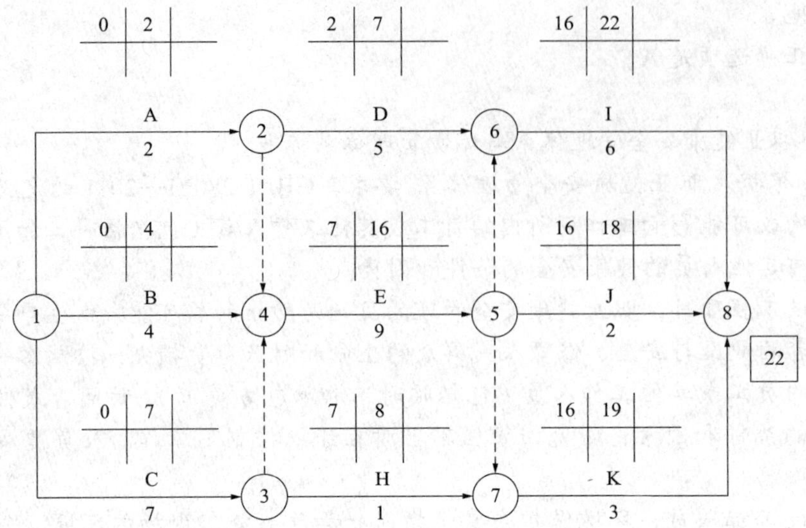

因此，正确选项是D。

44. D

【考点】工作任务分工在项目管理中的应用。

【解析】为了编制项目管理任务分工表，首先应对项目实施的各阶段的费用（投资或成本）控制、进度控制、质量控制、合同管理、信息管理和组织与协调等管理任务进行详细分解，在项目管理任务分解的基础上定义项目经理和费用（投资或成本）控制、进度控制、质量控制、合同管理、信息管理和组织与协调等主管工作部门或主管人员的工作任务。

因此，正确选项是D。

45. B

【考点】施工任务委托的模式。

【解析】施工总承包：业主方委托一个施工单位或由多个施工单位组成的施工联合体或施工合作体作为施工总包单位，经业主同意，施工总承包单位可以根据需要将施工任务的一部分分包给其他符合资质的分包人。

施工总承包模式有如下特点：

（1）投资控制方面：①一般以施工图设计为投标报价的基础，投标人的投标报价较有依据；②在开工前就有较明确的合同价，有利于业主的总投资控制；③若在施工过程中发生设计变更，可能会引发索赔。

（2）进度控制方面：由于一般要等施工图设计全部结束后，业主才进行施工总承包的招标，因此，开工日期不可能太早，建设周期会较长。这是施工总承包模式的最大缺点，限制了其在建设周期紧迫的建设工程项目上的应用。

（3）质量控制方面：建设工程项目质量的好坏在很大程度上取决于施工总承包单位的管理水平和技术水平。

（4）合同管理方面：①业主只需要进行一次招标，与施工总承包商签约，因此招标及合同管理工作量将会减小；②在很多工程实践中，采用的并不是真正意义上的施工总承包，而采用所谓的“费率招标”。“费率招标”实质上是开口合同，对业主方的合同管理和投资控制十分不利。

（5）组织与协调方面：由于业主只负责对施工总承包单位的管理及组织协调，其组织与协调的工作量比平行发包会大大减少，这对业主有利。

因此，正确选项是B。

46. D

【考点】安全生产管理制度。

【解析】编制安全技术措施计划可以按照下列步骤进行：

（1）工作活动分类；

（2）危险源识别；

（3）风险确定；

（4）风险评价；

（5）制定安全技术措施计划；

（6）评价安全技术措施计划的充分性。

因此，正确选项是D。

47. C

【考点】施工企业质量管理体系的建立与认证。

【解析】施工企业获准认证后的质量管理体系，维持与监督管理内容如下：

（1）企业通报：认证合格的企业质量管理体系在运行中出现较大变化时，需向认证机构通报。认证机构接到通报后，视情况采取必要的监督检查措施。

（2）监督检查：认证机构对认证合格单位质量管理体系维持情况进行监督性现场检查，包括定期和不定期的监督检查。定期检查通常是每年一次，不定期检查视需要临时安排。

（3）认证注销：注销是企业的自愿行为。在企业质量管理体系发生变化或证书有效期届满未提出重新申请等情况下，认证持证者提出注销的，认证机构予以注销，收回该体系认证证书。

（4）认证暂停：认证暂停是认证机构对获证企业质量管理体系发生不符合认证要求情况时采取的警告措施。认证暂停期间，企业不得使用质量管理体系认证证书做宣传。企业在规定期间采取纠正措施满足规定条件后，认证机构撤销认证暂停；否则将撤销认证注册，收回合格证书。

（5）认证撤销：当获证企业发生质量管理体系存在严重不符合规定，或在认证暂停的规定期限未予整改，或发生其他构成撤销体系认证资格情况时，认证机构作出撤销认证的决定。企业不服可提出申诉。撤销认证的企业一年后可重新提出认证申请。

（6）复评：认证合格有效期满前，如企业愿继续延长，可向认证机构提出复评申请。

（7）重新换证：在认证证书有效期内，出现体系认证标准变更、体系认证范围变更、体系认证证书持有者变更，可按规定重新换证。

因此，正确选项是C。

48. C

【考点】安全生产管理预警体系的建立和运行。

【解析】预警信号一般采用国际通用的颜色表示不同的安全状况，如：

Ⅰ级预警，表示安全状况特别严重，用红色表示。

Ⅱ级预警，表示受到事故的严重威胁，用橙色表示。

Ⅲ级预警，表示处于事故的上升阶段，用黄色表示。

Ⅳ级预警，表示生产活动处于正常状态，用蓝色表示。

因此，正确选项是C。

49. C

【考点】项目的风险类型。

【解析】风险等级评估表如下：

	轻度损失	中度损失	重大损失
很大	3	4	5
中等	2	3	4
极小	1	2	3

按上表的风险等级划分，题中的各风险区的风险等级如下：

（1）风险区A——5等风险；

（2）风险区B——3等风险；

（3）风险区C——3等风险；

（4）风险区D——1等风险。

因此，正确选项是C。

50. D

【考点】成本分析的方法。

【解析】材料费分析包括主要材料、结构件和周转材料使用费的分析以及材料储备的分析。

（1）主要材料和结构件费用的分析

主要材料和结构件费用的高低，主要受价格和消耗数量的影响。而材料价格的变动，受采购价格、运输费用、途中损耗、供应不足等因素的影响；材料消耗数量的变动，则受操作损耗、管理损耗和返工损失等因素的影响。因此，可在价格变动较大和数量超用异常的时候再作深入分析。为了分析材料价格和消耗数量的变化对材料和结构件费用的影响程度，可按下列公式计算：

因材料价格变动对材料费的影响＝（计划单价－实际单价）×实际数量

因消耗数量变动对材料费的影响＝（计划用量－实际用量）×实际价格

（2）周转材料使用费分析

在实行周转材料内部租赁制的情况下，项目周转材料费的节约或超支，取决于材料周转率和损耗率，周转减慢，则材料周转的时间增长，租赁费支出就增加；而超过规定的损耗，则要照价赔偿。

（3）采购保管费分析

材料采购保管费属于材料的采购成本，包括：材料采购保管人员的工资、工资附加费、劳动保护费、办公费、差旅费，以及材料采购保管过程中发生的固定资产使用费、工具用具使用费、检验试验费、材料整理及零星运费和材料物资的盘亏及毁损等。材料采购保管费一般应与材料采购数量同步，即材料采购多，采购保管费也会相应增加。因此，应根据每月实际采购的材料数量（金额）和实际发生的材料采购保管费，分析保管费率的变化。

（4）材料储备资金分析

材料的储备资金是根据日平均用量、材料单价和储备天数（即从采购到进场所需要的时间）计算的。上述任何一个因素变动，都会影响储备资金的占用量。材料储备资金的分析，可以应用“因素分析法”。

因此，正确选项是D。

51. B

【考点】成本分析的方法。

【解析】成本支出率＝计算期实际成本支出／计算期实际工程款收入 ×100%

＝ 119/220×100% ＝ 54.09%

因此，正确选项是B。

52. C

【考点】工程网络计划有关时间参数的计算。

【解析】计算网络计划各工作的最早开始时间、最早完成时、工作A与工作D之间的间隔时间，计算结果如下图所示。

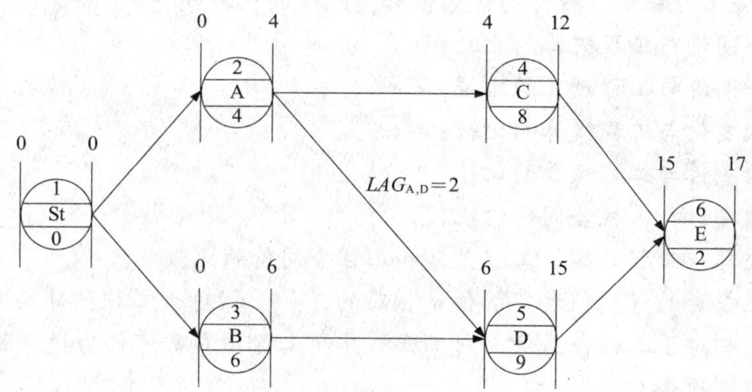

因此，正确选项是C。

53. D

【考点】成本分析的依据、内容和步骤。

【解析】施工成本分析的主要依据是会计核算、业务核算和统计核算所提供的资料。

（1）会计核算

会计核算主要是价值核算。会计是对一定单位的经济业务进行计量、记录、分析和检查，作出预测，参与决策，实行监督，旨在实现最优经济效益的一种管理活动。它通过设置账户、复式记账、填制和审核凭证、登记账簿、成本计算、财产清查和编制会计报表等一系列有组织有系统的方法，来记录企业的一切生产经营活动，然后据此提出一些用货币来反映的有关各种综合性经济指标的数据，如资产、负债、所有者权益、收入、费用和利润等。由于会计记录具有连续性、系统性、综合性等特点，所以它是施工成本分析的重要依据。

（2）业务核算

业务核算是各业务部门根据业务工作的需要建立的核算制度，它包括原始记录和计算登记表，如单位工程及分部分项工程进度登记，质量登记，工效、定额计算登记，物资消耗定额记录，测试记录等。业务核算的范围比会计、统计核算要广。会计和统计核算一般是对已经发生的经济活动进行核算，而业务核算不但可以核算已经完成的项目是否达到原定的目的、取得预期的效果，而且可以对尚未发生或正在发生的经济活动进行核算，以确定该项经济活动是否有经济效果，是否有执行的必要。它的特点是对个别的经济业务进行单项核算，例如各种技术措施、新工艺等项目。业务核算的目的，在于迅速取得资料，以便在经济活动中及时采取措施进行调整。

（3）统计核算

统计核算是利用会计核算资料和业务核算资料，把企业生产经营活动客观现状的大量数据，按统计方法加以系统整理，以发现其规律性。它的计量尺度比会计宽，可以用货币计算，也可以用实物或劳动量计量。它通过全面调查和抽样调查等特有的方法，不仅能提供绝对数指标，还能提供相对数和平均数指标，可以计算当前的实际水平，还可以确定变动速度以预测发展的趋势。

因此，正确选项是D。

54. C

【考点】动态控制在投资控制中的应用。

【解析】在施工过程中，投资的计划值和实际值的比较包括：

（1）工程合同价与工程概算的比较；

（2）工程合同价与工程预算的比较；

（3）工程款支付与工程概算的比较；

（4）工程款支付与工程预算的比较；

（5）工程款支付与工程合同价的比较；

（6）工程决算与工程概算、工程预算和工程合同价的比较。

由上可知，投资的计划值和实际值是相对的，如：相对于工程预算而言，工程概算是投资的计划值；相对于工程合同价，则工程概算和工程预算都可作为投资的计划值等。

因此，正确选项是C。

55. C

【考点】工程监理合同的内容。

【解析】根据《建设工程监理合同（示范文本）》GF—2012—0202，监理人职责有：

监理人应遵循职业道德准则和行为规范，严格按照法律法规、工程建设有关标准及本合同履行职责。

（1）在监理与相关服务范围内，委托人和承包人提出的意见和要求，监理人应及时提出处置意见。当委托人与承包人之间发生合同争议时，监理人应协助委托人、承包人协商解决（2.4.1）。

（2）当委托人与承包人之间的合同争议提交仲裁机构仲裁或人民法院审理时，监理人应提供必要的证明资料（2.4.2）。

（3）监理人应在专用条件约定的授权范围内，处理委托人与承包人所签订合同的变更事宜。如果变更超过授权范围，应以书面形式报委托人批准。

在紧急情况下，为了保护财产和人身安全，监理人所发出的指令未能事先报委托人批准时，应在发出指令后的24小时内以书面形式报委托人（2.4.3）。

（4）除专用条件另有约定外，监理人发现承包人的人员不能胜任本职工作的，有权要求承包人予以调换（2.4.4）。

因此，正确选项是C。

56. B

【考点】施工承包合同的内容。

【解析】《建设工程施工合同（示范文本）》GF—2017—0201中，关于缺陷责任与保修：

（1）工程保修的原则（15.1）

在工程移交发包人后，因承包人原因产生的质量缺陷，承包人应承担质量缺陷责任和保修义务。缺陷责任期届满，承包人仍应按合同约定的工程各部位保修年限承担保修义务。

（2）缺陷责任期自实际竣工日期起计算，合同当事人应在专用合同条款约定缺陷责任期的具体期限，但该期限最长不超过24个月。单位工程先于全部工程进行验收，经验收合格并交付使用的，该单位工程缺陷责任期自单位工程验收合格之日起算。因发包人原因导致工程无法按合同约定期限进行竣工验收的，缺陷责任期自承包人提交竣工验收申请报告之日起开始计算；发包人未经竣工验收擅自使用工程的，缺陷责任期自工程转移占有之日起开始计算（15.2.1）。

（3）工程竣工验收合格后，因承包人原因导致的缺陷或损坏致使工程、单位工程或某项主要设备不能按原定目的使用的，则发包人有权要求承包人延长缺陷责任期，并应在原缺陷责任期届满前发出延长通知，但缺陷责任期最长不能超过24个月（15.2.2）。

（4）任何一项缺陷或损坏修复后，经检查证明其影响了工程或工程设备的使用性能，承包人应重新进行合同约定的试验和试运行，试验和试运行的全部费用应由责任方承担（15.2.3）。

（5）除专用合同条款另有约定外，承包人应于缺陷责任期届满后7天内向发包人发出缺陷责任期届满通知，发包人应在收到缺陷责任期满通知后14天内核实承包人是否履行缺陷修复义务，承包人未能履行缺陷修复义务的，发包人有权扣除相应金额的维修费用。发包人应在收到缺陷责任期届满通知后14天内，向承包人颁发缺陷责任期终止证书（15.2.4）。

（6）保修责任（15.4.1）

工程保修期从工程竣工验收合格之日起算，具体分部分项工程的保修期由合同当事人在专用合同条款中约定，但不得低于法定最低保修年限。在工程保修期内，承包人应当根据有关法律规定以及合同约定承担保修责任。发包人未经竣工验收擅自使用工程的，保修期自转移占有之日起算。

因此，正确选项是B。

57. A

【考点】物资采购的模式。

【解析】物资采购工作应符合有关合同和设计文件所规定的数量、技术要求和质量标准，并符合工程进度、安全、环境和成本管理等要求。采购管理应遵循下列程序：

（1）明确采购产品或服务的基本要求、采购分工及有关责任；

（2）进行采购策划，编制采购计划；

（3）进行市场调查，选择合格的产品供应或服务单位，建立名录；

（4）采用招标或协商等方式实施评审工作，确定供应或服务单位；

（5）签订采购合同；

（6）运输、验证、移交采购产品或服务；

（7）处置不合格产品或不符合要求的服务；

（8）采购资料归档。

因此，正确选项是 A。

58. D

【考点】施工成本合同的内容。

【解析】根据《建设工程施工合同（示范文本）》GF—2017—0201，关于发包人原因引起的暂停施工（7.8.1）：

因发包人原因引起暂停施工的，监理人经发包人同意后，应及时下达暂停施工指示。情况紧急且监理人未及时下达暂停施工指示的，按照第 7.8.4 项〔紧急情况下的暂停施工〕执行。

因发包人原因引起的暂停施工，发包人应承担由此增加的费用和（或）延误的工期，并支付承包人合理的利润。

因此，正确选项是 D。

59. D

【考点】施工企业人力资源管理的任务。

【解析】建筑施工企业因暂时生产经营困难无法按劳动合同约定的日期支付工资的，应当向劳动者说明情况，并经与工会或职工代表协商一致后，可以延期支付工资，但最长不得超过 30 日。超过 30 日不支付劳动者工资的，属于无故拖欠工资行为。

因此，正确选项是 D。

60. D

【考点】施工投标。

【解析】投标人应当按照招标文件的要求编制投标文件。投标文件应当对招标文件提出的实质性要求和条件做出响应。投标不完备或投标没有达到招标人的要求，在招标范围以外提出新的要求，均被视为对于招标文件的否定，不会被招标人所接受。

标书的提交要有固定的要求，基本内容是：签章、密封。如果不密封或密封不满足要求，投标是无效的。投标书还需要按照要求签章，投标书需要盖有投标企业公章以及企业法人的名章（或签字）。

如果项目所在地与企业距离较远，由当地项目经理部组织投标，需要提交企业法人对于投标项目经理的授权委托书。

通常投标需要提交投标担保。

因此，正确选项是 D。

61. A

【考点】成本控制的方法。

【解析】包干控制：在材料使用过程中，对部分小型及零星材料（如钢钉、钢丝等）根据工程量计算出所需材料量，将其折算成费用，由作业者包干控制。

因此，正确选项是 A。

62. A

【考点】施工劳务分包合同的内容。

【解析】根据《建设工程施工劳务分包合同（示范文本）》GF—2003—2014，在合同中可以约定，下列情况下，固定劳务报酬或单价可以调整：

（1）以本合同约定价格为基准，市场人工价格的变化幅度超过一定百分比时，按变化前后价格的差额予以调整；

（2）后续法律及政策变化，导致劳务价格变化的，按变化前后价格的差额予以调整；

（3）双方约定的其他情形。

因此，正确选项是A。

63. B

【考点】工期索赔计算。

【解析】用"比例分析法"计算工期索赔值：

$$\begin{aligned}\text{工期索赔值} &= \text{原工期} \times \text{新增工程量} / \text{原工程量} \\ &= 18 \times 500/1000 = 9\text{个月}\end{aligned}$$

因此，正确选项是B。

64. B

【考点】项目质量控制的目标、任务与责任。

【解析】根据《中华人民共和国建筑法》和《建设工程质量管理条例》，勘察、设计单位的质量责任和义务：

（1）从事建设工程勘察、设计的单位应当依法取得相应等级的资质证书，在其资质等级许可的范围内承揽工程，并不得转包或者违法分包所承揽的工程。

（2）勘察、设计单位必须按照工程建设强制性标准进行勘察、设计，并对其勘察、设计的质量负责。注册建筑师、注册结构工程师等注册执业人员应当在设计文件上签字，对设计文件负责。

（3）勘察单位提供的地质、测量、水文等勘察成果必须真实、准确。

（4）设计单位应当根据勘察成果文件进行建设工程设计。设计文件应当符合国家规定的设计深度要求，注明工程合理使用年限。

（5）设计单位在设计文件中选用的建筑材料、建筑构配件和设备，应当注明规格、型号、性能等技术指标，其质量要求必须符合国家规定的标准。除有特殊要求的建筑材料、专用设备、工艺生产线等外，设计单位不得指定生产、供应商。

（6）设计单位应当就审查合格的施工图设计文件向施工单位做出详细说明。

（7）设计单位应当参与建设工程质量事故分析，并对因设计造成的质量事故，提出相应的技术处理方案。

因此，正确选项是B。

65. C

【考点】工程网络计划的编制方法。

【解析】根据题中所给出的各工作间逻辑关系，A、B、C、D、E之间逻辑关系的正确描述为：A、B均完成后进行D；A、B、C均完成后进行E。

因此，正确选项是C。

66. C

【考点】职业健康安全事故的分类和处理。

【解析】我国《企业职工伤亡事故分类标准》GB 6441—1986规定，按事故严重程度分类，事故分为：

（1）轻伤事故，是指造成职工肢体或某些器官功能性或器质性轻度损伤，能引起劳动能力轻度或暂时丧失的伤害的事故，一般每个受伤人员休息1个工作日以上（含1个工作日），105个工作日以下。

（2）重伤事故，一般指受伤人员股体残缺或视觉、听觉等器官受到严重损伤，能引起人体长期存在功能障碍或劳动能力有重大损失的伤害，或者造成每个受伤人损失105工作日以上（含105个工作日）的失能伤害的事故。

（3）死亡事故，其中，重大伤亡事故指一次事故中死亡1～2人的事故；特大伤亡事故指一次事故死亡3人以上（含3人）的事故。

因此，正确选项是C。

67. C

【考点】项目质量风险分析和控制。

【解析】常用的质量风险对策包括风险规避、减轻、转移、自留及其组合等策略。其中，减轻：针对无法规避的质量风险，研究制定有效的应对方案，尽量把风险发生的概率和损失量降到最低程度，从而降低风险量和风险等级。例如，在施工中有针对性地制定和落实有效的施工质量保证措施和质量事故应急预案，可以降低质量事故发生的概率和减少事故损失量。

因此，正确选项是C。

68. A

【考点】施工合同实施控制。

【解析】工程变更的范围越大，不确定性就越多，因此承包商承担的风险就越大；根据《建设工程施工合同（示范文本）》GF—2017—0201，承包人应在知道或应当知道索赔事件发生后28天内，向监理人递交索赔意向通知书，并说明发生索赔事件的事由；承包人应在发出索赔意向通知书后28天内，向监理人正式递交索赔报告。

因此，正确选项是A。

69. B

【考点】成本控制的方法。

【解析】根据题中所给图形可知，$BCWP > ACWP > BCWS$，说明施工效率高，进度快，投入延后。可抽出部分人员，放慢进度。

因此，正确选项是B。

70. D

【考点】竣工质量验收。

【解析】住宅工程要分户验收。在住宅工程各检验批、分项、分部工程验收合格的基础上，在住宅工程竣工验收前，建设单位应组织施工单位、监理等单位，依据国家有关工程质量验收标准，对每户住宅及相关公共部位的观感质量和使用功能等进行检查验收。每户住宅和规定的公共部位验收完毕，应填写《住宅工程质量分户验收表》，建设单位和施工单位项目负责人、监理单位项目总监理工程师要分部签字。分户验收不合格，不能进行住宅工程整体竣工验收。

因此，正确选项是D。

二、多项选择题

71. B、D

【考点】工程网络计划有关时间参数的计算。

【解析】自由时差（FF_{i-j}），是指在不影响其紧后工作最早开始的前提下，工作$i-j$可以利用的机动时间。工作N的原有自由时差5天，工作时间延长了3天，它不影响其紧后工作的开始时间，故总工期不会延长;工作N的自由时差变为5－3＝2天，即减少了3天。

因此，正确选项是B、D。

72. A、B

【考点】施工分包管理方法。

【解析】施工分包单位的选择可由业主指定，也可以在业主同意的前提下由施工总承包或者施工总承包管理单位自主选择，其合同既可以与业主签订，也可以与施工总承包或者施工总承包管理单位签订。一般情况下，无论是业主指定的分包单位还是施工总承包或者施工总承包管理单位选定的分包单位，其分包合同都是与施工总承包或者施工总承包管理单位签订。对分包单位的管理责任，也是由施工总承包或者施工总承包管理单位承担。也就是说，将由施工总承包或者施工总承包管理单位向业主承担分包单位负责施工的工程质量、工程进度、安全等的责任。

对施工分包单位进行管理的第一责任主体是施工总承包单位或施工总承包管理单位。

因此，正确选项是A、B。

73. C、D

【考点】工程网络计划有关时间参数的计算。

【解析】网络计划的计划工期等于计算工期时，以关键节点为完成节点的工作，其总时差和自由时差相等。在题中，节点①、③、⑤、⑧是关键节点，则非关键工作④—⑤、⑥—⑧、⑦—⑧的总时差和自由时差相等。

因此，正确选项是C、D。

74. B、D

【考点】工程管理信息化。

【解析】项目信息门户是基于互联网技术为建设工程增值的重要管理工具，是当前在建设工程管理领域中信息化的重要标志。项目信息门户是项目各参与方信息交流、共同工作、共同使用和互动的管理工具。

项目管理信息系统是基于数据处理设备的，为项目管理服务的信息系统，主要用于项目的目标控制。由于业主方和承包方项目管理的目标和利益不同，因此它们都必须有各自的项目管理信息系统。

管理信息系统（Management Information System —— MIS）是基于数据处理设备的信息系统，但主要用于企业的人、财、物、产、供、销的管理。项目管理信息系统与管理信息系统服务的对象和功能是不同的。项目信息门户既不同于项目管理信息系统，也不同于管理信息系统。

因此，正确选项是B、D。

75. C、D

【考点】施工现场文明施工的要求。

【解析】施工现场应确立项目经理为现场文明施工的第一责任人，以各专业工程师、施工质量、安全、材料、保卫等现场项目经理部人员为成员的施工现场文明管理组织，共同负责本工程现场文明施工工作。

针对现场文明施工的各项要求，落实相应的各项管理措施。要点摘要如下：

（1）施工现场必须实行封闭管理，设置进出口大门，制定门卫制度，严格执行外来人员进场登记制度。沿工地四周连续设置围挡，市区主要路段和其他涉及市容景观路段的工地设置围挡的高度不低于2.5m，其他工地的围挡高度不低于1.8m，围挡材料要求坚固、稳定、统一、整洁、美观。

（2）严禁泥浆、污水、废水外流或未经允许排入河道，严禁堵塞下水道和排水河道。

（3）现场必须有消防平面布置图，临时设施按消防条例有关规定搭设，做到标准规范。

因此，正确选项是C、D。

76. A、D、E

【考点】建设工程项目进度控制的措施。

【解析】（1）组织措施

在项目组织结构中应有专门的工作部门和符合进度控制岗位资格的专人负责进度控制工作。

进度控制的主要工作环节包括进度目标的分析和论证、编制进度计划、定期跟踪进度计划的执行情况、采取纠偏措施以及调整进度计划。这些工作任务和相应的管理职能应在项目管理组织设计的任务分工表和管理职能分工表中标示并落实。

应编制项目进度控制的工作流程，如：定义项目进度计划系统的组成；各类进度计划的编制程序、审批程序和计划调整程序等。

进度控制工作包含了大量的组织和协调工作，而会议是组织和协调的重要手段，应进行有关进度控制会议的组织设计，以明确：会议的类型；各类会议的主持人及参加单位和人员；各类会议的召开时间；各类会议文件的整理、分发和确认等。

（2）管理措施

管理措施涉及管理的思想、管理的方法、管理的手段、承发包模式、合同管理和风险管理等。在理顺组织的前提下，科学和严谨的管理显得十分重要。

用工程网络计划的方法编制进度计划必须很严谨地分析和考虑工作之间的逻辑关系，通过工程网络的计算可发现关键工作和关键路线，也可知道非关键工作可使用的时差，工程网络计划的方法有利于实现进度控制的科学化。

承发包模式的选择直接关系到工程实施的组织和协调。为了实现进度目标，应选择合理的合同结构，以避免过多的合同交界面而影响工程的进展。工程物资的采购模式对进度也有直接的影响，对此应作比较分析。

为实现进度目标，不但应进行进度控制，还应注意分析影响工程进度的风险，并在分析的基础上采取风险管理措施，以减少进度失控的风险量。

重视信息技术（包括相应的软件、局域网、互联网以及数据处理设备）在进度控制中的应用。虽然信息技术对进度控制而言只是一种管理手段，但它的应用有利于提高进度信息处理的效率、有利于提高进度信息的透明度、有利于促进进度信息的交流和项目各参与方的协同工作。

（3）经济措施

建设工程项目进度控制的经济措施涉及资金需求计划、资金供应的条件和经济激励措施等。为确保进度目标的实现，应编制与进度计划相适应的资源需求计划（资源进度计划），包括资金需求计划和其他资源（人力和物力资源）需求计划，以反映工程实施的各时段所需要的资源。通过资源需求的分析，可发现所编制的进度计划实现的可能性，若资源条件不具备，则应调整进度计划。资金需求计划也是工程融资的重要依据。

在工程预算中应考虑加快工程进度所需要的资金，其中包括为实现进度目标将要采取的经济激励措施所需要的费用。

（4）技术措施

建设工程项目进度控制的技术措施涉及对实现进度目标有利的设计技术和施工技术的选用。不同的设计理念、设计技术路线、设计方案会对工程进度产生不同的影响，在设计工作的前期，特别是在设计方案评审和选用时，应对设计技术与工程进度的关系作分析比较。在工程进度受阻时，应分析是否存在设计技术的影响因素，为实现进度目标有无设计变更的可能性。

施工方案对工程进度有直接的影响，在决策其选用时，不仅应分析技术的先进性和经济合理性，还应考虑其对进度的影响。在工程进度受阻时，应分析是否存在施工技术的影响因素，为实现进度目标有无改变施工技术、施工方法和施工机械的可能性。

因此，正确选项是A、D、E。

77. A、C、D

【考点】安全生产管理制度。

【解析】《建设工程安全生产管理条例》第二十六条：施工单位应当在施工组织设计中编制安全技术措施和施工现场临时用电方案，对下列达到一定规模的危险性较大的分部分项工程编制专项施工方案，并附具安全验算结果，经施工单位技术负责人、总监理工程师签字后实施，由专职安全生产管理人员进行现场监督，包括基坑支护与降水工程；土方开挖工程；模板工程；起重吊装工程；脚手架工程；拆除、爆破工程；国务院建设行政主管部门或者其他有关部门规定的其他危险性较大的工程。

对上述所列工程中涉及深基坑、地下暗挖工程、高大模板工程的专项施工方案，施工单位还应当组织专家进行论证、审查。

因此，正确选项是A、C、D。

78. A、B

【考点】工程总承包合同的内容。

【解析】在《建设项目工程总承包合同示范文本（试行）》GF—2011—0216中，有关“技术与设计”的条款有：

（1）承包人提供的工艺技术和（或）建筑设计方案（5.1.1）

承包人负责提供生产工艺技术（含专利技术、专有技术、工艺包）和（或）建筑设计方案（含总体布局、功能分区、建筑造型和主体结构等）时，应对所提供的工艺流程、工艺技术数据、工艺条件、软件、分析手册、操作指导书、设备制造指导书和其他资料要求，和（或）总体布局、功能分区、建筑造型及其结构设计等负责。

承包人应对专用条款约定的试运行考核保证值、和（或）使用功能保证的说明负责。该试运行考核保证值、和（或）使用功能保证的说明，作为发包人根据10.3.3款进行试运行考核的评价依据。

（2）发包人的义务（5.2.1）

① 提供项目基础资料。发包人应按合同约定、法律或行业规定，向承包人提供设计需要的项目基础资料，并对其真实性、准确性、齐全性和及时性负责。

② 提供现场障碍资料。除专用条款另有约定外，发包人应按合同约定和适用法律规定，在设计开始前，提供与设计、施工有关的地上、地下已有的建筑物、构筑物等现场障碍资料，并对其真实性、准确性、齐全性和及时性负责。

③ 承包人无法核实发包人所提供的项目基础资料中的数据、条件和资料的，发包人有义务给予进一步确认。

（3）承包人的义务（5.2.2）

承包人有义务按照发包人提供的项目基础资料、现场障碍资料和国家有关部门、行业工程建设标准规范规定的设计深度开展工程设计，并对其设计的工艺技术和（或）建筑功能，及工程的安全、环境保护、职业健康的标准，设备材料的质量、工程质量和完成时间负责。

（4）设计缺陷的自费修复，自费赶上（5.3.6）

因承包人原因，造成设计文件存在遗漏、错误、缺陷和不足的，承包人应自费修复、弥补、纠正和完善。造成设计进度延误时，应自费采取措施赶上。

（5）本工程的设计阶段、设计阶段审查会议的组织和时间安排，在专用条款约定。发包人负责组织设计阶段审查会议，并承担会议费用及发包人的上级单位、政府有关部门参加审查会议的费用（5.3.1）。

（6）承包人应根据5.3.1款的约定，向发包人提交相关设计审查阶段的设计文件，设计文件应符合国家有关部门、行业工程建设标准规范对相关设计阶段的设计文件、图纸和资料的深度规定。承包人有义务自费参加发包人组织的设计审查会议、向审查者介绍、解答、解释其设计文件，并自费提供审查过程中需提供的补充资料（5.3.2）。

（7）发包人有义务向承包人提供设计审查会议的批准文件和纪要。承包人有义务按相关设计审查阶段批准的文件和纪要，并依据合同约定及相关设计规定，对相关设计进行修改、补充和完善（5.3.3）。

因此，正确选项是A、B。

79. B、C、E

【考点】工程网络计划的编制方法。

【解析】在工作逻辑关系中，紧前工作一行有工作C所对应的工作，就是工作C的紧后工作。E、F、H的紧前工作都有工作C，所有，工作C的紧后工作是E、F、H。

因此，正确选项是B、C、E。

80. B、C、D、E

【考点】总价合同。

【解析】总价合同的特点是：

（1）发包单位可以在报价竞争状态下确定项目的总造价，可以较早确定或者预测工程成本；

（2）业主的风险较小，承包人将承担较多的风险；

（3）评标时易于迅速确定最低报价的投标人；

（4）在施工进度上能极大地调动承包人的积极性；

（5）发包单位能更容易、更有把握地对项目进行控制；

（6）必须完整而明确地规定承包人的工作；

（7）必须将设计和施工方面的变化控制在最小限度内。

总价合同和单价合同有时在形式上很相似，例如，在有的总价合同的招标文件中也有工程量表，也要求承包商提出各分项工程的报价，与单价合同在形式上很相似，但两者在性质上是完全不同的。总价合同是总价优先，承包商报总价，双方商讨并确定合同总价，最终也按总价结算。

因此，正确选项是B、C、D、E

81. C、D、E

【考点】施工过程的质量验收。

【解析】检验批应由监理工程师（建设单位项目技术负责人）组织施工单位项目专业质量（技术）负责人等进行验收。

分项工程应由监理工程师（建设单位项目技术负责人）组织施工单位项目专业质量（技术）负责人进行验收。

分部工程应由总监理工程师（建设单位项目负责人）组织施工单位项目负责人和技术、质量负责人等进行验收；勘察、设计单位项目技术负责人和施工单位技术、质量部门负责人应参加地基与基础分部工程验收。设计单位项目技术负责人和施工单位技术、质量部门负责人应参加主体结构、节能分部工程验收。

因此，正确选项是C、D、E。

82. A、E

【考点】项目风险管理的工作流程。

【解析】风险管理计划应当包括：

（1）风险管理目标；

（2）风险管理范围；

（3）可使用的风险管理方法、工具以及数据来源；

（4）风险分类和风险排序要求；

（5）风险管理的职责和权限；

（6）风险跟踪的要求；

（7）相应的资源预算。

因此，正确选项是A、E。

83. A、B、D

【考点】施工成本计划。

【解析】施工成本计划通常可以按以下几种方式编制：

（1）按施工成本组成编制施工成本计划；

（2）按施工项目结构编制施工成本计划；

（3）按施工进度编制施工成本计划。

因此，正确选项是A、B、D。

84. D、E

【考点】成本分析的方法。

【解析】工期成本分析一般采用比较法，将计划工期成本与实际国情成本进行比较，然后应用“因素分析法”分析各种因素的变动对工期成本差异的影响程度。

因此，正确选项是D、E。

85. A、B、E

【考点】监理的工作任务。

【解析】根据《建设工程监理规范》GB/T 50319—2013，施工准备阶段建设监理工作的主要任务有：

（1）审查施工单位提交的施工组织设计中的质量安全技术措施、专项施工方案与工程建设强制性标准的符合性；

（2）参与设计单位向施工单位的设计交底；

（3）检查施工单位工程质量、安全生产管理制度及组织机构和人员资格；

（4）检查施工单位专职安全生产管理人员的配备情况；

（5）审核分包单位资质条件；

（6）检查施工单位的试验室；

（7）查验施工单位的施工测量放线成果；

（8）审查工程开工条件，签发开工令。

因此，正确选项是A、B、E。

86. B、C、D、E

【考点】物资采购合同的内容。

【解析】物资采购合同中，关于违约责任的规定通常有：

当事人任何一方不能正确履行合同义务时，都可以以违约金的形式承担违约赔偿责任。双方应通过协商确定违约金的比例，并在合同条款内明确。

（1）供货方的违约行为可能包括不能按期供货、不能供货、供应的货物有质量缺陷或数量不足等。如有违约，应依照法律和合同规定承担相应的法律责任。

供货方不能按期交货分为逾期交货和提前交货。发生逾期交货情况，要按照合同约定，依据逾期交货部分货款总价计算违约金。对约定由采购方自提货物的，若发生采购方的其他损失，其实际开支的费用也应由供货方承担。比如，采购方已按期派车到指定地点接收货物，而供货方不能交付时，派车损失应由供货方承担。对于提前交货的情况，如果属于采购方自提货物，采购方接到提前提货通知后，可以根据自己的实际情况拒绝提前提货。对于供货方提前发运或交付的货物，采购方仍可按合同规定的时间付款，而且对多交货部分，以及不符合合同规定的产品，在代为保管期内实际支出的保管、保养费由供货方承担。

供货方不能全部或部分交货，应按合同约定的违约金比例乘以不能交货部分货款来计算违约金。如果违约金不足以偿付采购方的实际损失，采购方还可以另外提出补偿要求。

供货方交付的货物品种、型号、规格、质量不符合合同约定，如果采购方同意利用，应当按质论价；采购方不同意使用时，由供货方负责包换或包修。

（2）需方采购方的违约行为可能包括不按合同要求接受货物、逾期付款或拒绝付款等，应依照法律和合同规定承担相应的法律责任。

合同签订以后，采购方要求中途退货，应向供货方支付按退货部分货款总额计算的违约金，并要承担由此给供货方造成的损失。采购方不能按期提货，除支付违约金以外，还应承担逾期提货给供货方造成的代为保管费、保养费等。

采购方逾期付款，应该按照合同约定支付逾期付款利息。

因此，正确选项是B、C、D、E。

87. A、B、C、E

【考点】施工招标。

【解析】根据《中华人民共和国招标投标法实施条例》（中华人民共和国国务院令第613号）第三十二条，招标人不得以不合理的条件限制、排斥潜在投标人或者投标人。招标人有下列行为之一的，属于以不合理条件限制、排斥潜在投标人或者投标人：

（1）就同一招标项目向潜在投标人或者投标人提供有差别的项目信息；

（2）设定的资格、技术、商务条件与招标项目的具体特点和实际需要不相适应或者与合同履行无关；

（3）依法必须进行招标的项目以特定行政区域或者特定行业的业绩、奖项作为加分条件或者中标条件；

（4）对潜在投标人或者投标人采取不同的资格审查或者评标标准；

（5）限定或者指定特定的专利、商标、品牌、原产地或者供应商；

（6）依法必须进行招标的项目非法限定潜在投标人或者投标人的所有制形式或者组织形式；

（7）以其他不合理条件限制、排斥潜在投标人或者投标人。

因此，正确选项是A、B、C、E。

88. A、C、D、E

【考点】施工准备的质量控制。

【解析】根据《建筑工程施工质量验收统一标准》GB 50300—2013的规定，建筑工程质量验收应逐级划分为单位（子单位）工程、分部（子分部）工程、分项工程和检验批。

（1）单位工程的划分应按下列原则确定：

① 具备独立施工条件并能形成独立使用功能的建筑物及构筑物为一个单位工程；

② 建筑规模较大的单位工程，可将其能形成独立使用功能的部分划为一个子单位工程。

（2）分部工程的划分应按下列原则确定：

① 分部工程的划分应按专业性质、建筑部位确定，例如，一般的建筑工程可划分为地基与基础、主体结构、建筑装饰装修、建筑屋面、建筑给水排水及采暖、建筑电气、智能建筑、通风与空调、电梯等分部工程；

② 当分部工程较大或较复杂时，可按材料种类、施工特点、施工程序、专业系统及

类别等划分为若干子分部工程。

（3）分项工程应按主要工种、材料、施工工艺、设备类别等进行划分。

（4）分项工程可由一个或若干个检验批组成，检验批可根据施工及质量控制和专业验收需要按楼层、施工段、变形缝等进行划分。

（5）室外工程可根据专业类别和工程规模划分单位（子单位）工程。一般室外单位工程可划分为室外建筑环境工程和室外安装工程。

因此，正确选项是 A、C、D、E。

89. A、B、D

【考点】项目总进度目标论证的工作内容。

【解析】在项目的实施阶段，项目总进度应包括：

（1）设计前准备阶段的工作进度；

（2）设计工作进度；

（3）招标工作进度；

（4）施工前准备工作进度；

（5）工程施工和设备安装进度；

（6）工程物资采购工作进度；

（7）项目动用前的准备工作进度等。

因此，正确选项是 A、B、D。

90. A、C、E

【考点】工程担保。

【解析】履约担保，是指招标人在招标文件中规定的要求中标的投标人提交的保证履行合同义务和责任的担保。

履约担保的有效期始于工程开工之日，终止日期则可以约定为工程竣工交付之日或者保修期满之日。

根据《中华人民共和国招标投标法实施条例》（中华人民共和国国务院令第 613 号）第五十八条，招标文件要求中标人提交履约保证金的，中标人应当按照招标文件的要求提交。履约保证金不得超过中标合同金额的 10%。

履约担保书由担保公司或者保险公司开具。当承包人在执行合同过程中违约时，开出担保书的担保公司或者保险公司用该项担保金去完成施工任务或者向发包人支付完成该项目所实际花费的金额，但该金额必须在保证金的担保金额之内。

根据《建设工程施工合同（示范文本）》GF—2017—0201 第 15.3.2 条，发包人累计扣留的质量保证金不得超过工程价款结算总额的 3%。

因此，正确选项是 A、C、E。

91. B、C、D

【考点】施工质量事故的预防。

【解析】施工质量事故发生的原因大致有技术原因，管理原因，社会、经济原因和人为事故和自然灾害原因四类。其中：

（1）技术原因：指引发质量事故是由于在项目勘察、设计、施工中技术上的失误。例如，地质勘察过于疏略，对水文地质情况判断错误，致使地基基础设计采用不正确的方案；或结构设计方案不正确，计算失误，构造设计不符合规范要求；施工管理及实际操作人员的技术素质差，采用了不合适的施工方法或施工工艺等；这些技术上的失误是造成质量事故的常见原因。

（2）管理原因：指引发的质量事故是由于管理上的不完善或失误。例如，施工单位或监理单位的质量管理体系不完善，质量管理措施落实不力，施工管理混乱，不遵守相关规范，违章作业，检验制度不严密，质量控制不严格，检测仪器设备管理不善而失准，以及材料质量检验不严等原因引起质量事故。

（3）社会、经济原因：指引发的质量事故是由于社会上存在的不正之风及经济上的原因，滋长了建设中的违法违规行为，而导致出现质量事故。例如，违反基本建设程序，无立项、无报建、无开工许可、无招投标、无资质、无监理、无验收的“七无”工程，边勘察、边设计、边施工的“三边”工程屡见不鲜，几乎所有的重大施工质量事故都能从这个方面找到原因；某些施工企业盲目追求利润而不顾工程质量，在投标报价中随意压低标价，中标后则依靠违法的手段或修改方案追加工程款，甚至偷工减料等，这些因素都会导致发生重大工程质量事故。

（4）人为事故和自然灾害原因：指造成质量事故是由于人为的设备事故、安全事故，导致连带发生质量事故，以及严重的自然灾害等不可抗力造成质量事故。

因此，正确选项是B、C、D。

92. A、B、C、D

【考点】成本控制的依据和程序。

【解析】施工成本控制的依据包括：

（1）工程承包合同。施工成本控制要以工程承包合同为依据，围绕降低工程成本这个目标，从预算收入和实际成本两方面，研究节约成本、增加收益的有效途径，以求获得最大的经济效益。

（2）施工成本计划。施工成本计划是根据施工项目的具体情况制定的施工成本控制方案，既包括预定的具体成本控制目标，又包括实现控制目标的措施和规划，是施工成本控制的指导文件。

（3）进度报告。进度报告提供了对应时间节点的工程实际完成量，工程施工成本实际支付情况等重要信息。施工成本控制工作正是通过实际情况与施工成本计划相比较，找出两者之间的差别，分析偏差产生的原因，从而采取措施改进以后的工作。此外，进度报告还有助于管理者及时发现工程实施中存在的隐患，并在可能造成重大损失之前采取有效措施，尽量避免损失。

（4）工程变更。在项目的实施过程中，由于各方面的原因，工程变更是很难避免的。工程变更一般包括设计变更、进度计划变更、施工条件变更、技术规范与标准变更、施工次序变更、工程量变更等。一旦出现变更，工程量、工期、成本都有可能发生变化，从而使得施工成本控制工作变得更加复杂和困难。因此，施工成本管理人员应当通过对变更要求中各类数据的计算、分析，及时掌握变更情况，包括已发生工程量、将要发生工程量、工期是否拖延、支付情况等重要信息，判断变更以及变更可能带来的索赔额度等。

除了上述几种施工成本控制工作的主要依据以外，施工组织设计、分包合同等有关文件资料也都是施工成本控制的依据。

因此，正确选项是A、B、C、D。

93. A、B、E

【考点】施工企业质量管理体系的建立与认证。

【解析】有组织有计划开展内部质量审核活动，其主要目的是：

（1）评价质量管理程序的执行情况及适用性；

（2）揭露过程中存在的问题，为质量改进提供依据；

（3）检查质量体系运行的信息；

（4）向外部审核单位提供体系有效的证据。

因此，正确选项是A、B、E。

94. A、C、E

【考点】施工企业项目经理的职责。

【解析】根据《建设工程项目管理规范》GB/T 50326—2006，项目管理机构负责人的职责如下：

（1）项目管理目标责任书规定的职责；

（2）主持编制项目管理实施规划，并对项目目标进行系统管理；

（3）对资源进行动态管理；

（4）建立各种专业管理体系，并组织实施；

（5）进行授权范围内的利益分配；

（6）收集工程资料，准备结算资料，参与工程竣工验收；

（7）接受审计，处理项目经理部解体的善后工作；

（8）协助组织进行项目的检查、鉴定和评奖申报工作。

因此，正确选项是A、C、E。

95. A、B、D

【考点】施工组织设计的编制方法。

【解析】项目施工过程中，施工组织设计应及时进行修改或补充的情形有：

（1）工程设计有重大修改。当工程设计图纸发生重大修改时，如地基基础或主体结构的形式发生变化、装修材料或做法发生重大变化、机电设备系统发生大的调整等，需要对施工组织设计进行修改；对工程设计图纸的一般性修改，视变化情况对施工组织设计进行补充；对工程设计图纸的细微修改或更正，施工组织设计则不需调整。

（2）有关法律、法规、规范和标准实施、修订和废止。当有关法律、法规、规范和标准开始实施或发生变更，并涉及工程的实施、检查或验收时，施工组织设计需要进行修改或补充。

（3）主要施工方法有重大调整。由于主客观条件的变化，施工方法有重大变更，原来的施工组织设计已不能正确地指导施工，需要对施工组织设计进行修改或补充。

（4）主要施工资源配置有重大调整。当施工资源的配置有重大变更，并且影响到施工方法的变化或对施工进度、质量、安全，环境、造价 等造成潜在的重大影响，需对施工组织设计进行修改或补充。

（5）施工环境有重大改变。当施工环境发生重大改变，如施工延期造成季节性施工方法变化，施工场地变化造成现场布置和施工方式改变等，致使原来的施工组织设计已不能正确地指导施工。需对施工组织设计进行修改或补充。

因此，正确选项是A、B、D。

96. D、E

【考点】项目总承包的模式。

【解析】根据《建设项目工程总承包管理规范》GB/T 50358—2005，工程总承包项目管理的工作程序如下：

（1）项目启动：在工程总承包合同条件下，任命项目经理，组建项目部。

（2）项目初始阶段：进行项目策划，编制项目计划，召开开工会议；发表项目协调程序，发表设计基础数据；编制计划，包括采购计划、施工计划、试运行计划、财务计划和安全管理计划，确定项目控制基准等。

（3）设计阶段：编制初步设计或基础工程设计文件，进行设计审查，编制施工图设计或详细工程设计文件。

（4）采购阶段：采买、催交、检验、运输、与施工办理交接手续。

（5）施工阶段：施工开工前的准备工作，现场施工，竣工试验，移交工程资料，办理管理权移交，进行竣工决算。

（6）试运行阶段：对试运行进行指导和服务。

（7）合同收尾：取得合同目标考核证书，办理决算手续，清理各种债权债务；缺陷通知期限满后取得履约证书。

（8）项目管理收尾：办理项目资料归档，进行项目总结，对项目部人员进行考核评价，解散项目部。

因此，正确选项是D、E。

97. C、E

【考点】成本管理的措施。

【解析】成本管理的措施有：组织措施、技术措施、经济措施、合同措施。

其中：经济措施是最易为人们所接受和采用的措施。具体做法为管理人员应编制资金使用计划，确定、分解施工成本管理目标。对施工成本管理目标进行风险分析，并制定防范性对策。对各种支出，应认真做好资金的使用计划，并在施工中严格控制各项开支。及时准确地记录、收集、整理、核算实际支出的费用。对各种变更，及时做好增减账，及时落实业主签证，及时结算工程款。通过偏差分析和未完工工程预测，可发现一些潜在的可能引起未完工程施工成本增加的问题，对这些问题应以主动控制为出发点，及时采取预防措施。因此，经济措施的运用绝不仅仅是财务人员的事情。

因此，正确选项是C、E。

98. A、C、E

【考点】职业健康安全事故的分类和处理。

【解析】国家对发生事故后的“四不放过”处理原则，其具体内容如下：

（1）事故原因未查清不放过

要求在调查处理伤亡事故时，首先要把事故原因分析清楚，找出导致事故发生的真正原因，未找到真正原因决不轻易放过。直到找到真正原因并搞清各因素之间的因果关系才算达到事故原因分析的目的。

（2）事故责任人未受到处理不放过

这是安全事故责任追究制的具体体现，对事故责任者要严格按照安全事故责任追究的法律法规规定进行严肃处理；不仅要追究事故直接责任人的责任，同时要追究有关负责人的领导责任。当然，处理事故责任者必须谨慎，避免事故责任追究的扩大化。

（3）事故责任人和周围群众没有受到教育不放过

使事故责任者和广大群众了解事故发生的原因及所造成的危害，并深刻认识到搞好安全生产的重要性，从事故中吸取教训，提高安全意识，改进安全管理工作。

（4）事故没有制定切实可行的整改措施不放过

必须针对事故发生的原因，提出防止相同或类似事故发生的切实可行的预防措施，并督促事故发生单位加以实施。只有这样，才算达到了事故调查和处理的最终目的。

因此，正确选项是A、C、E。

99. B、C、E

【考点】索赔费用的计算。

【解析】施工机械使用费的索赔包括：由于完成额外工作增加的机械使用费；非承包人责任工效降低增加的机械使用费；由于业主或监理工程师原因导致机械停工的窝工费。窝工费的计算，如系租赁设备，一般按实际租金和调进调出费的分摊计算；如系承包人自有设备，一般按台班折旧费计算，而不能按台班费计算，因台班费中包括了设备使用费。

因此，正确选项是B、C、E。

100. A、B、C

【考点】施工任务委托的模式。

【解析】采用施工总承包管理模式，施工总承包管理单位的招标可以不依赖完整的施工图，当完成一部分施工图就可对其进行招标。因此，施工总承包管理模式可以在很大程度上缩短建设周期。

当采用施工总承包管理模式时，分包合同由业主与分包单位直接签订，但每一个分包人的选择和每一个分包合同的签订都要经过施工总承包管理单位的认可，因为施工总承包管理单位要承担施工总体管理和目标控制的任务和责任。如果施工总承包管理单位认为业主选定的某个分包人确实没有能力完成分包任务，而业主执意不肯更换分包人，施工总承包管理单位也可以拒绝认可该分包合同，并且不承担该分包人所负责工程的管理责任。而当采用施工总承包模式时，分包单位由施工总承包单位选择，由业主方认可。

施工总承包管理合同中一般只确定施工总承包管理费（通常是按工程建筑安装工程造价的一定百分比计取），而不需要确定建筑安装工程造价，这也是施工总承包管理模式的招标可以不依赖于施工图纸出齐的原因之一。分包合同一般采用单价合同或总价合同。施工总承包管理模式与施工总承包模式相比在合同价方面有以下优点：

（1）合同总价不是一次确定，某一部分施工图设计完成以后，再进行该部分施工招标，确定该部分合同价，因此整个建设项目的合同总额的确定较有依据；

（2）所有分包都通过招标获得有竞争力的投标报价，对业主方节约投资有利；

（3）在施工总承包管理模式下，分包合同价对业主是透明的。

因此，正确选项是A、B、C。

2016 年度一级建造师执业资格考试
《建设工程项目管理》真题

一、单项选择题（共 70 题，每题 1 分。每题的备选项中，只有 1 个最符合题意）

1. 根据国际设施管理协会的设施管理定义，下列管理事项中，属于物业运行管理的是（　　）。

A. 空间管理　　B. 用户管理
C. 财务管理　　D. 维修管理

2. 关于业主方项目管理目标和任务的说法，正确的是（　　）。

A. 业主方的进度目标指项目交付使用的时间目标
B. 业主方的投资目标指项目的施工成本目标
C. 投资控制是业主方项目管理任务中最重要的任务
D. 业主方项目管理任务不包括设计阶段的信息管理

3. 下列组织工具中，可以用来对项目的结构进行逐层分解，以反映组成该项目的所有工作任务的是（　　）。

A. 项目结构图　　B. 组织结构图
C. 工作任务分工表　　D. 管理职能分工表

4. 关于管理职能分工表的说法，错误的是（　　）。

A. 是用表的形式反映项目管理班子内部项目经理、各工作部门和各工作岗位对各项工作任务的项目管理职能分工
B. 可辅以管理职能分工描述书来明确每个工作部门的管理职能
C. 管理职能分工表无法暴露仅用岗位责任描述书时所掩盖的矛盾
D. 可以用管理职能分工表来区分业主方和代表业主利益的项目管理方和工程建设监理方等的管理职能

5. 下列建设工程项目策划工作中，属于实施阶段策划的是（　　）。

A. 编制项目实施期组织总体方案　　B. 编制项目实施期管理总体方案
C. 编制项目实施期合同结构总体方案　　D. 制订项目风险管理与工程保险方案

6. 根据《建设项目工程总承包管理规范》，下列项目总承包方的工作中，首先应进行的是（　　）。

A. 进行项目策划　　B. 任命项目经理
C. 召开开工会议　　D. 施工开工准备

7. 与施工总承包模式相比，施工总承包管理模式具有的优势是（　　）。

A. 业主方招标及合同管理工作量小　　B. 缩短建设周期

C. 工程款项支付便捷　　　　　　　　D. 简化管理流程

8. 关于设计阶段项目管理的说法，错误的是（　　）。

A. 由于设计费占建设总投资的比例小，业主方可以忽略对其进行管理

B. 设计阶段的项目管理是建设工程项目管理的一个非常重要的组成部分

C. 设计的质量直接影响项目实施的投资、进度和质量

D. 设计的进度直接影响工程的进展

9. 根据施工组织设计的管理要求，重点、难点分部（分项）工程施工方案的批准人是（　　）。

A. 项目技术负责人　　　　　　　　B. 项目负责人

C. 施工单位技术负责人　　　　　　D. 总监理工程师

10. 根据动态控制原理，项目目标动态控制的第一步工作是（　　）。

A. 调整项目目标　　　　　　　　　B. 分解项目目标

C. 制定纠偏措施　　　　　　　　　D. 收集项目目标实际值

11. 沟通的两个层面是指（　　）。

A. 信息发送者和接受者　　　　　　B. 沟通内容和沟通方法

C. 信息传递和交换　　　　　　　　D. 思维交流和语言交流

12. 根据《中华人民共和国劳动法》，施工企业应按规定向劳动者支付工资，但是当企业因暂时生产经营困难无法按规定支付工资时可以延期支付，但最长不得超过（　　）日。

A. 30　　　　　　　　　　　　　B. 60

C. 90　　　　　　　　　　　　　D. 120

13. 下列项目风险管理工作中，属于风险响应的是（　　）。

A. 收集与项目风险有关的信息　　　B. 监控可能发生的风险并提出预警

C. 向保险公司投保难以控制的风险　D. 确定各种风险的风险量和风险等级

14. 根据《建设工程监理规范》，工程建设监理实施细则必须经（　　）批准。

A. 监理单位技术负责人　　　　　　B. 总监理工程师

C. 专业监理工程师　　　　　　　　D. 监理单位法定代表人

15. 建设工程项目施工成本管理涉及的时间范围是（　　）。

A. 从施工图预算开始至项目动用为止

B. 从工程投标报价开始至项目竣工结算完成为止

C. 从工程投标报价开始至项目保证金返还为止

D. 从施工准备开始至项目竣工结算完成为止

16. 关于建设工程项目施工成本管理的说法，正确的是（　　）。

A. 施工成本计划是对未来的成本水平及发展趋势作出估计

B. 施工成本管理是通过采取措施，把成本控制在计划范围内，并最大程度地节约成本

C. 施工成本核算是通过实际成本与计划的对比，评定成本计划的完成情况

D. 施工成本考核是通过成本的归集和分配，计算施工项目的实际成本

17. 在编制施工成本计划时，通常需要进行“两算”对比分析，“两算”指的是（　　）。

A. 施工图预算、成本核算

B. 施工预算、成本核算

C. 施工图预算、施工预算

D. 施工预算、施工决算

18. 施工企业在工程投标及签订合同阶段编制的估算成本计划，属于（　　）成本计划。

A. 指导性

B. 实施性

C. 作业性

D. 竞争性

19. 某分项工程某月计划工程量为 3200m²，计划单价为 15 元 /m²；月底核定承包商实际完成工程量为 2800m²，实际单价为 20 元 /m²，则该工程的已完工作实际费用（*ACWP*）为（　　）元。

A. 42000

B. 48000

C. 56000

D. 64000

20. 应用曲线法进行施工成本偏差分析时，已完工作实际成本曲线与已完工作预算成本曲线的竖向距离表示项目进展的（　　）。

A. 进度累计偏差

B. 成本累计偏差

C. 进度局部偏差

D. 成本局部偏差

21. 关于施工成本控制程序的说法，正确的是（　　）。

A. 管理行为控制程序是成本全过程控制的重点

B. 指标控制程序是对成本进行过程控制的基础

C. 管理行为控制程序和指标控制程序在实施过程中相互制约

D. 管理行为控制程序是项目施工成本结果控制的主要内容

22. 在进行月（季）度成本分析时，如果存在"政策性"亏损，则应（　　）。

A. 控制支出，压缩超支额

B. 增加收入，弥补亏损

C. 降低标准，防止再超支

D. 暂停生产，等待政策调整

23. 下列建设工程项目施工成本分析方法中，属于分析各种因素对成本影响程度的是（　　）。

A. 相关比率法

B. 比重分析法

C. 连环置换法

D. 动态比率法

24. 下列施工成本分析依据中，属于既可对已发生的，又可对尚未发生或正在发生的经济活动进行核算的是（　　）。

A. 会计核算

B. 业务核算

C. 统计核算

D. 成本预测

25. 建设工程项目进度控制的过程包括：①收集资料和调查研究；②进度计划的跟踪检查；③编制进度计划；④根据进度偏差情况纠偏或调整进度计划。其正确的工作步骤是（　　）。

A. ①—②—③—④

B. ①—③—④—②

C. ③—①—②—④

D. ①—③—②—④

26. 在进行建设工程项目总进度目标控制前，首先应分析和论证（　　）。

A. 进度目标实现的可能性

B. 进度计划系统的完整性

C. 进度计划方法的适用性

D. 进度控制方法的合理性

27. 某双代号网络计划中，工作 A 有两项紧后工作 B 和 C，工作 B 和工作 C 的最早开始时间分别为第 13 天和第 15 天，最迟开始时间分别为第 19 天和第 21 天；工作 A 与工作 B 和工作 C 的间隔时间分别为 0 天和 2 天。如果工作 A 实际进度拖延 7 天，则（　　）。

A. 对工期没有影响　　B. 总工期延长 1 天

C. 总工期延长 2 天　　D. 总工期延长 3 天

28. 某双代号网络计划如下图所示（时间单位：天），其关键线路有（　　）条。

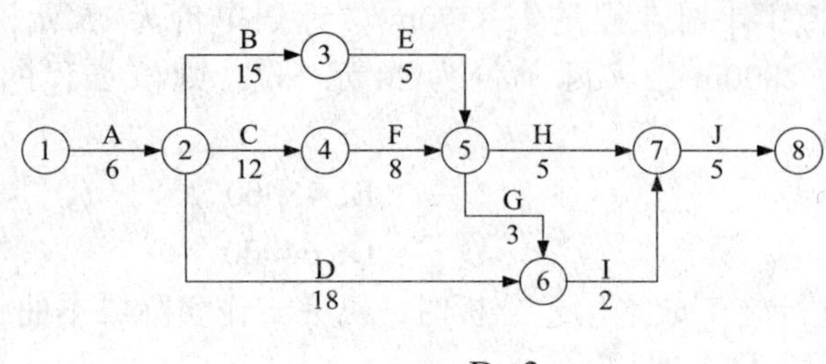

A. 2　　B. 3

C. 4　　D. 5

29. 某双代号网络计划中，工作 M 的最早开始时间和最迟开始时间分别为第 12 天和第 15 天，其持续时间为 5 天。工作 M 有 3 项紧后工作，它们的最早开始时间分别为第 21 天、第 24 天和第 28 天，则工作 M 的自由时差为（　　）天。

A. 1　　B. 3

C. 4　　D. 8

30. 某双代号网络计划中，假设计划工期等于计算工期，且工作 M 的开始节点和完成节点均为关键节点。关于工作 M 的说法，正确的是（　　）。

A. 工作 M 是关键工作　　B. 工作 M 的总时差等于自由时差

C. 工作 M 的自由时差为零　　D. 工作 M 的总时差大于自由时差

31. 某单代号网络计划如下图所示（时间单位：天），其计算工期为（　　）天。

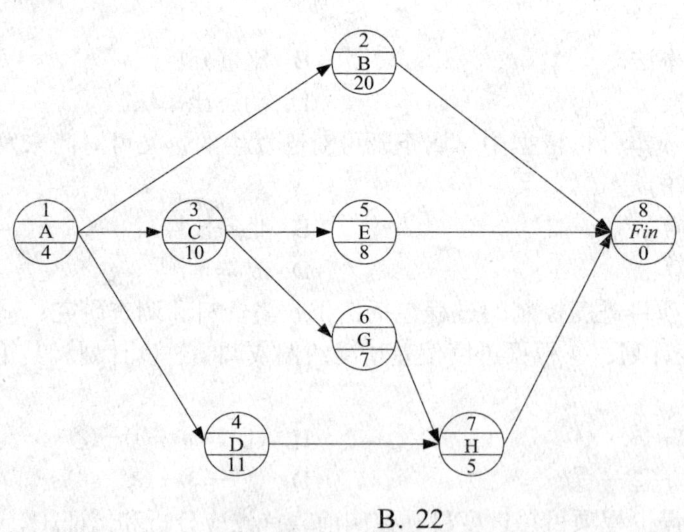

A. 20　　B. 22

C. 24　　D. 26

32. 某双代号网络计划中，工作 M 的自由时差为 3 天，总时差为 5 天。在进度计划实施检查中发现工作M的实际进度落后，且影响总工期2天。在其他工作均正常的前提下，工作M的实际进度落后（　　）天。

A. 5　　B. 6

C. 7　　D. 8

33. 下列建设工程项目进度控制的措施中，属于经济措施的是（　　）。

A. 选择发承包模式　　B. 落实资金供应条件

C. 进行工程进度的风险分析　　D. 优选工程项目的设计、施工方案

34. 某双代号网络计划如下图所示，如B、D、I工作共用一台施工机械且按B→D→I顺序施工，则对网络计划可能造成的影响是（　　）。

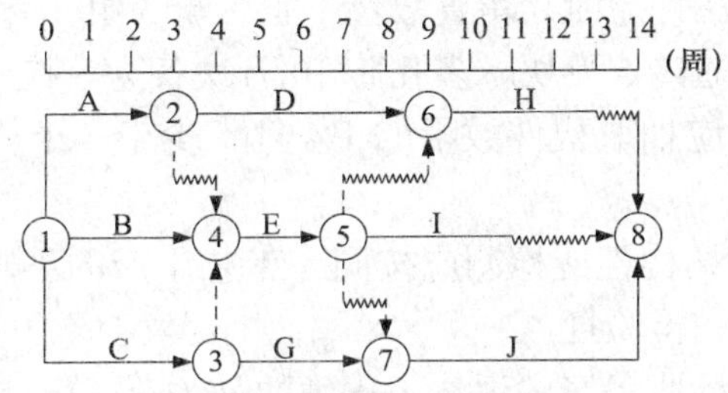

A. 总工期不会延长，且施工机械在现场不会闲置

B. 总工期不会延长，但施工机械会在现场闲置1周

C. 总工期会延长1周，但施工机械在现场不会闲置

D. 总工期会延长1周，且施工机械会在现场闲置1周

35. 关于工程项目质量风险识别的说法，正确的是（　　）。

A. 从风险产生的原因分析，质量风险分为自然风险、施工风险、设计风险

B. 因项目实施人员自身技术水平局限造成错误的质量风险属于管理风险

C. 风险识别的步骤是：分析每种风险的促发因素→画出质量风险结构层次图→将结果汇总成质量风险识别报告

D. 可按风险责任单位和项目实施阶段分别进行风险识别

36. 下列影响项目质量的环境因素中，属于管理环境因素的是（　　）。

A. 项目所在地建筑市场规范程度　　B. 项目所在地政府的工程质量监督

C. 项目现场施工组织系统　　D. 项目咨询公司的服务水平

37. 建立项目质量控制体系的过程包括：①分析质量控制界面；②确立系统质量控制网络；③制定质量控制制度；④编制质量控制计划。其正确的工作步骤是（　　）。

A. ①—②—③—④　　B. ②—③—①—④

C. ②—①—③—④　　D. ①—③—②—④

38. 下列项目质量控制体系中，属于质量控制体系第二层次的是（　　）。

A. 建设单位项目管理机构建立的项目质量控制体系

B. 交钥匙工程总承包企业项目管理机构建立的项目质量控制体系

C. 项目设计总负责单位建立的项目质量控制体系

D. 施工设备安装单位建立的现场质量控制体系

39. 下列施工生产要素的质量控制内容中，属于工艺方案质量控制的是（　　）。

A. 施工企业坚持执业资格注册制度和作业人员持证上岗制度

B. 施工企业在施工过程中优先采用节能低碳的新型建筑材料和设备

C. 施工企业合理布置施工总平面图和各阶段施工平面图

D. 施工企业对施工中使用的模具、脚手架等施工设备进行专项设计

40. 下列施工质量控制依据中，属于专用性依据的是（　　）。

A. 设计交底及图纸会审记录　　B. 工程建设项目质量检验评定标准

C. 建设工程质量管理条例　　D. 材料验收的技术标准

41. 关于主体结构工程现场质量检测的说法，正确的是（　　）。

A. 按照统计方法评定混凝土强度时，同一强度等级试件的留置数量不宜少于 10 组，按非统计方法评定时，留置数量不宜少于 3 组

B. 砌体工程中，普通砖 5 万块、多孔砖 10 万块各为一检验批，抽检数量为 1 组

C. 对梁板类构件，应抽取构件数量的 1% 且不少于 5 个构件进行钢筋保护层厚度检测

D. 混凝土预制构件结构性能检测应按同一工艺生产的不超过 100 件且不超过 3 个月的同类产品为一检验批

42. 关于建设工程竣工验收备案的说法，正确的是（　　）。

A. 建设单位应在建设工程竣工验收合格之日起 30 日内，向工程所在地的县级以上地方人民政府建设主管单位备案

B. 建设单位办理竣工验收备案时，应提交由监理单位编制的工程竣工验收报告

C. 建设单位办理竣工验收备案时，应提交由施工单位签署的工程质量保修书

D. 建设单位办理竣工验收备案时，对住宅工程应提交《住宅工程质量分户验收表》

43. 关于竣工质量验收程序和组织的说法，正确的是（　　）。

A. 单位工程的分包工程完工后，总包单位应组织进行自检，并按规定的程序进行验收

B. 单位工程完工后，总监理工程师应组织各专业监理工程师对工程质量进行竣工预验收

C. 工程竣工质量验收由建设单位委托监理单位负责组织实施

D. 工程竣工报告应由监理单位提交并须经总监理工程师签署意见

44. 根据事故造成损失的程度，下列工程质量事故中，属于重大事故的是（　　）。

A. 造成 1 亿元以上直接经济损失的事故

B. 造成 5000 万元以上 1 亿元以下直接经济损失的事故

C. 造成 1000 万元以上 5000 万元以下直接经济损失的事故

D. 造成 100 万元以上 1000 万元以下直接经济损失的事故

45. 下列工程质量问题中，可不做专门处理的是（　　）。

A. 某高层住宅施工中，底部二层的混凝土结构误用安定性不合格的水泥

B. 某防洪堤坝填筑压实后，压实土的干密度未达到规定值

C. 某检验批混凝土试块强度不满足规范要求，但混凝土实体强度检测后满足设计要求

D. 某工程主体结构混凝土表面裂缝大于 0.5mm

46. 某焊接作业由甲、乙、丙、丁四名工人操作，为评定各工人的焊接质量，共抽检100个焊点，抽检结果见下表。根据表中数据，各工人焊接质量由好至差的排序是（　　）。

作业工人	抽检点数	不合格点数
甲	10	2
乙	40	4
丙	20	10
丁	30	8

A. 甲→乙→丙→丁　　B. 乙→甲→丁→丙

C. 乙→甲→丙→丁　　D. 丁→乙→甲→丙

47. 关于政府主管部门质量监督程序的说法，正确的是（　　）。

A. 工程项目开工后，监督机构接受建设单位有关建设工程质量监督的申报手续，并对文件进行审查，合格后签发质量监督文件

B. 监督机构在工程基础和主体结构分部工程质量验收前，要对地基基础和主体结构混凝土分别进行监督检测

C. 监督机构的检查内容中不包含企业的工程经营资质证书和人员的资格证书检查

D. 监督机构要组织进行工程竣工验收并对发现的质量问题进行复查

48. 关于职业健康安全管理体系和环境管理体系标准比较的说法，正确的是（　　）。

A. 管理原理不同　　B. 管理对象相同

C. 管理目标不同　　D. 管理重点不同

49. 关于建设工程安全生产管理预警级别的说法，正确的是（　　）。

A. Ⅰ级预警表示生产活动处于正常状态

B. Ⅱ级预警表示处于事故的上升阶段

C. Ⅲ级预警表示受到事故的严重威胁

D. Ⅳ级预警一般用蓝色表示

50. 根据《建筑法》及相关规定，施工企业应交纳的强制性保险是（　　）。

A. 人身意外伤害险　　B. 工程一切险

C. 工伤保险　　D. 第三者责任险

51. 根据《建筑施工企业安全生产管理机构设置及专职安全生产管理人员配备办法》，某3万m^2的建筑工程项目部应配备专职安全管理人员的最少人数是（　　）名。

A. 1　　B. 2

C. 3　　D. 4

52. 根据《安全生产许可证条例》，施工企业安全生产许可证（　　）。

A. 有效期为2年

B. 要求企业获得职业健康安全管理体系认证

C. 有效期届满时经同意可以不再审查

D. 应在期满后3个月内办理延期手续

53. 关于建设工程安全事故报告的说法，正确的是（　　）。

A. 各行业专业工程可只向有关行业主管部门报告

B. 一般情况下，事故现场有关人员应立即向安全生产监督部门报告

C. 安全生产监督管理部门除按规定逐级上报外，还应同时报告本级人民政府

D. 事故现场有关人员应直接向事故发生地县级以上人民政府报告

54. 关于施工企业生产安全事故应急预案实施规定的说法，正确的是（　　）。

A. 每年至少组织两次专项应急预案演练

B. 每半年至少组织两次现场处置方案演练

C. 周围环境发生变化时，即使没有形成新的重大危险源也应及时进行修订

D. 法定代表人发生变化时，应当及时进行修订

55. 下列施工现场防止噪声污染的措施中，最根本的措施是（　　）。

A. 接收者防护　　B. 声源上降低噪声

C. 传播途径控制　　D. 严格控制作业时间

56. 关于施工现场职业健康安全卫生要求的说法，错误的是（　　）。

A. 生活区可以设置敞开式垃圾容器　　B. 施工现场宿舍严禁使用通铺

C. 施工现场水冲式厕所地面必须硬化　　D. 现场食堂必须设置独立制作间

57. 根据《中华人民共和国招标投标法》及相关法规，对必须招标的项目，招标人行为符合要求的是（　　）。

A. 委托两家招标代理机构，设置两处报名点接受投标人报名

B. 就同一招标项目向潜在投标人提供有差别的项目信息

C. 以特定行业的业绩、奖项作为加分条件

D. 限定或者指定特定的品牌

58. 根据《建设工程施工合同（示范文本）》，保修期的开始计算时间是指（　　）。

A. 合同基准日期　　B. 实际竣工日期

C. 竣工验收合格日　　D. 保证金扣留日

59. 根据《建设工程施工劳务分包合同（示范文本）》，应由劳务分包人完成的工作是（　　）。

A. 加强安全教育　　B. 收集技术资料

C. 搭建生活设施　　D. 编制施工计划

60. 某按变动单价计价的土方施工合同，投标时约定的工程量为 10000m^3，其中人工费占比 30%，工程量变化不调整单价，中标合同价为 30 万元；施工期间人工费平均上涨 15%，竣工结算工程量为 20000m^3，其他条件均无变化，则竣工结算价为（　　）万元。

A. 31.35　　B. 60

C. 62.7　　D. 69

61. 关于成本加酬金合同的说法，正确的是（　　）。

A. 成本加固定费用的合同，承包商的酬金不可调整

B. 成本加固定比例费用的合同，有利于缩短工期

C. 当设计深度达到可以报总价的深度时，适宜采用成本加奖金合同

D. 当实行风险型 CM 模式时，适宜采用最大成本加费用合同

62. 下列工程担保中，应由发包人出具的是（　　）。

A. 履约担保　　B. 支付担保

C. 预付款担保　　　　D. 保修担保

63. 在一份保险合同中，保险人承担或给付保险金责任的最高额度是该份保险合同的(　　)。

A. 标的价值　　　　B. 保险金额

C. 保险费　　　　D. 实际赔付额

64. 施工合同的实施中，应由(　　)对各工程小组进行建设工程施工合同交底。

A. 项目经理　　　　B. 施工员

C. 项目技术负责人　　　　D. 施工企业负责人

65. 下列建设工程施工合同跟踪的对象中，属于对业主跟踪的是(　　)。

A. 成本的增减　　　　B. 施工的质量

C. 分包人失误　　　　D. 图纸的提供

66. 某工程因发包人原因造成承包人自有施工机械窝工 10 天，该机械市场租赁费为 1200 元 / 天，进出场费 2000 元，台班费 400 元 / 台班，其中台班折旧费 160 元 / 台班；计划每天工作 1 台班，共使用 40 天，则承包人索赔成立的费用是(　　)元。

A. 1600　　　　B. 4000

C. 12000　　　　D. 12500

67. 某工程的时标网络计划如下图所示，下列工期延误事件中，属于共同延误的是(　　)。

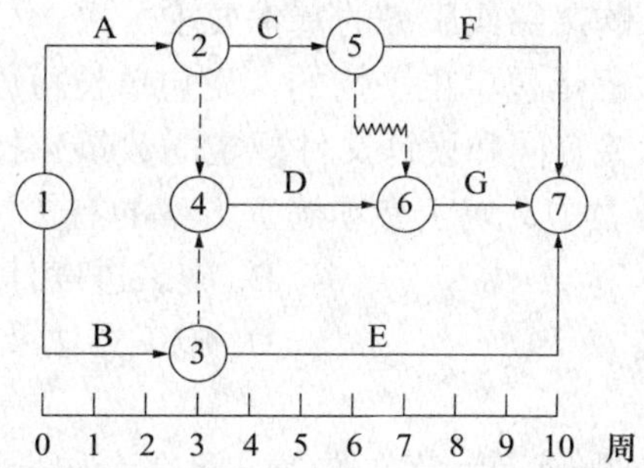

A. 工作 A 因发包人原因和工作 B 因承包人原因各延误 2 周

B. 工作 C 因发包人原因和工作 G 因承包人原因各延误 2 周

C. 工作 D 因发包人原因和工作 F 因承包人原因各延误 2 周

D. 工作 E 因发包人原因和工作 F 因承包人原因各延误 2 周

68. 关于 DAB (争端裁决委员会) 方式解决争议的说法，正确的是(　　)。

A. DAB 提出的裁决具有终局性

B. 特聘争端裁决委员会的任期与合同期限一致

C. DAB 的成员一般是工程技术和管理方面的专家

D. DAB 由合同一方当事人聘请

69. 美国的 AIA 合同条件在美洲地区具有较高的权威性，其主要用于(　　)工程。

A. 房屋建筑　　　　B. 市政公用

C. 石油化工　　　　D. 水利水电

70. 项目结构信息编码的依据是(　　)。

A. 项目管理结构图
B. 项目组织结构图
C. 系统组织结构图
D. 项目结构图

二、多项选择题（共30题，每题2分。每题的备选项中，有2个或2个以上符合题意，至少有1个错项。错选，本题不得分；少选，所选的每个选项得0.5分）

71. 关于建设工程项目管理的说法，正确的有（　　）。

A. 业主方是建设工程项目生产过程的总组织者
B. 建设工程项目管理的核心任务是项目的费用控制
C. 施工方的项目管理是项目管理的核心
D. 建设工程项目各参与方的工作性质和工作任务不尽相同
E. 实施建设工程项目管理需要有明确的投资、进度和质量目标

72. 下列组织论基本内容中，属于相对静态的组织关系的有（　　）。

A. 组织分工
B. 组织结构模式
C. 物质流程组织
D. 信息处理工作流程组织
E. 管理工作流程组织

73. 关于建设工程物资采购管理的说法，正确的有（　　）。

A. 物资采购结束后应将采购资料归档
B. 物资采购应符合工程进度、安全和成本管理等要求
C. 物资采购应明确采购产品或服务的基本要求、采购分工及有关责任
D. 工程建设物资由工程承包单位采购的，发包单位可以指定生产厂或供应商
E. 物资采购应符合有关合同和设计文件规定的数量、技术要求和质量标准

74. 下列施工组织设计内容中，属于专项施工方案的有（　　）。

A. 施工安排
B. 施工进度计划
C. 施工现场平面布置
D. 施工方法及工艺要求
E. 资源配置计划

75. 根据《建设工程施工合同（示范文本）》，除在专用合同条款中明确的事项外，承包人必须向发包人提交（　　），项目经理才能履行职责。

A. 项目经理工作履历
B. 项目经理与承包人之间的劳动合同
C. 承包人为项目经理缴纳社会保险的有效证明
D. 项目经理持有的建造师执业资格证书
E. 项目经理的专业技术职称证书

76. 下列建设工程项目风险中，属于经济与管理风险的有（　　）。

A. 工程施工方案
B. 事故防范措施和计划
C. 承包方管理人员的能力
D. 引起火灾和爆炸的因素
E. 现场与公用防火设施的可用性

77. 根据《建设工程监理规范》，工程建设监理规划应在（　　）后开始编制。

A. 签订委托监理合同
B. 收到设计文件
C. 第一次工地会议
D. 建设单位指定日期

E. 施工单位进场

78. 施工成本分析是在成本形成过程中，将施工项目的成本核算资料与（　　）进行比较，以了解成本变动情况。

A. 本施工项目的目标成本　　B. 类似施工项目的预算成本

C. 本施工项目的实际成本　　D. 本施工项目的预算成本

E. 类似施工项目的实际成本

79. 下列按费用构成要素划分的建筑安装工程费用中，应计入企业管理费用的有（　　）。

A. 固定资产使用费　　B. 材料采购及保管费

C. 管理人员工资　　D. 检验试验费

E. 工具用具使用费

80. 关于施工成本偏差分析方法的说法，正确的有（　　）。

A. 横道图法具有形象、直观等优点

B. 横道图法是进行偏差分析最常用的一种方法

C. 表格法反映的信息量大

D. 表格法具有灵活、适用性强的优点

E. 曲线法不能用于定量分析

81. 关于分部分项工程成本分析的说法，正确的有（　　）。

A. 必须对施工项目中的所有分部分项工程进行成本分析

B. 分部分项工程成本分析方法是进行实际成本与目标成本两者的对比

C. 分部分项工程成本分析的对象为已完分部分项工程

D. 分部分项工程成本分析是施工项目成本分析的基础

E. 主要分部分项工程要从开工到竣工进行系统的成本分析

82. 建设工程项目总进度目标论证时，在进行项目的工作编码前应完成的工作有（　　）。

A. 调查研究和收集资料　　B. 编制各层进度计划

C. 进度计划系统的结构分析　　D. 项目结构分析

E. 协调各层进度计划的关系

83. 关于判别网络计划关键线路的说法，正确的有（　　）。

A. 相邻两工作间的间隔时间均为零的线路

B. 总持续时间最长的线路

C. 时标网络计划中无波形线的线路

D. 双代号网络计划中无虚箭线的线路

E. 双代号网络计划中由关键节点组成的线路

84. 关于工作总时差、自由时差及相邻两工作间间隔时间关系的说法，正确的有（　　）。

A. 工作的自由时差一定不超过其相应的总时差

B. 工作的自由时差一定不超过其与紧后工作之间的间隔时间

C. 工作的自由时差一定不超过其紧后工作的总时差

D. 工作的总时差一定不超过其紧后工作的自由时差

E. 工作的总时差一定不超过其与紧后工作之间的间隔时间

85. 关于建设工程项目进度控制措施的说法，正确的有（　　）。

A. 各类进度计划的编制、审批程序属于组织措施

B. 进度控制的管理措施涉及管理的思想、方法和手段、承发包模式等

C. 对工程项目的进度开展风险管理属于经济措施

D. 进度控制会议的组织设计属于技术措施

E. 应用信息技术进行进度控制属于管理措施

86. 根据建设工程全过程质量管理的要求，质量控制的主要过程包括（　　）。

A. 项目策划与决策过程　　B. 设备材料采购过程

C. 施工组织与实施过程　　D. 工程质量的评定过程

E. 项目运行与维修过程

87. 施工质量计划的基本内容包括（　　）。

A. 质量总目标及分解目标　　B. 质量管理组织机构和职责

C. 施工质量控制点及跟踪控制的方式　　D. 工序质量偏差的纠正

E. 质量记录的要求

88. 关于施工项目分部工程质量验收的说法，正确的有（　　）。

A. 分部工程应由总监理工程师组织施工单位项目负责人和项目技术负责人等进行验收

B. 勘察、设计单位项目负责人和施工单位技术、质量部门负责人应参加地基与基础分部工程验收

C. 设计单位项目负责人和施工单位技术、质量部门负责人应参加设备安装分部工程的验收

D. 分部工程验收需对地基基础、主体结构、设备安装分部工程进行见证取样试验或抽样检测

E. 分部工程验收需要对观感质量进行验收，并综合给出质量评价

89. 关于施工质量事故调查处理的说法，正确的有（　　）。

A. 未造成人员伤亡的一般事故，县级人民政府可以委托事故发生单位组织调查

B. 在事故原因分析中，必要时要组织对事故项目进行检测鉴定和专家技术论证

C. 制定事故处理技术方案时，只需考虑使用功能，不需考虑成本

D. 事故处理应包括对事故相关责任者实施行政处罚

E. 事故处理报告应包括对事故相关责任者的处罚情况和事故处理的结论

90. 根据下列直方图的分布位置与质量控制标准的上下限范围的比较分析，正确的有（　　）。

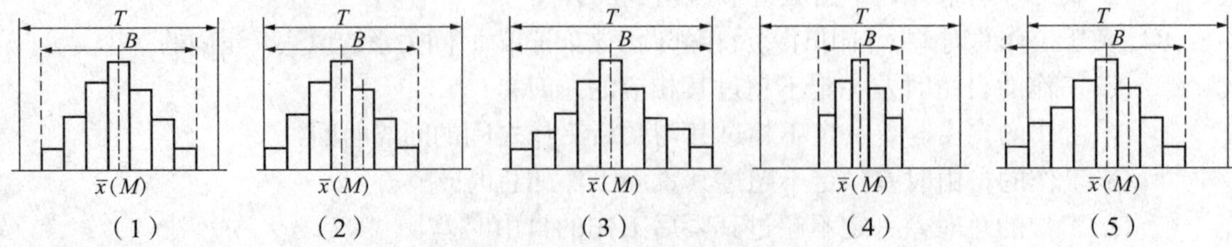

A. 图（1）显示生产过程的质量正常、稳定、受控

B. 图（2）显示质量特性数据分布偏上限，易出现不合格

C. 图（3）显示质量特性数据分布达到质量标准上下限，质量能力处于临界状态

D. 图（4）显示质量特性数据的分布居中，质量能力偏大，不经济

E. 图（5）显示质量特性数据超出质量标准的下限，存在质量不合格情况

91. 根据《特种作业人员安全技术培训考核管理规定》及有关制度，施工现场的压力焊作业人员应具备的条件有（　　）。

A. 年满 16 周岁，且不超过法定退休年龄

B. 具有初中及以上文化程度

C. 经社区或县级以上医疗机构体检健康合格

D. 取得特种作业操作证

E. 在从业所在地或户籍所在地参加培训

92. 地方各级安全生产监督管理部门制定的应急预案，应当报（　　）备案。

A. 同级人民政府

B. 上一级人民政府

C. 同级其他负有安全生产监督管理职责的部门

D. 上一级安全生产监督管理部门

E. 同级建设行政主管部门

93. 关于建设工程现场职业健康安全卫生措施的说法，正确的有（　　）。

A. 每间宿舍居住人员不得超过 16 人

B. 施工现场宿舍必须设置可开启式窗户

C. 现场食堂炊事人员必须持身体健康证上岗

D. 施工区必须配备开水炉

E. 厕所应设专人负责清扫、清毒

94. 下列合同条款中，与合同款支付方式有关的条款有（　　）。

A. 预付款比例　　B. 工程量清单错误的修正

C. 市场价格波动引起的调整　　D. 工程进度款支付审批程序

E. 质量保证金的扣留与退还

95. 根据《建设工程施工合同（示范文本）》通用合同条款，关于工程施工交通运输的说法，正确的有（　　）。

A. 发包人负责取得出入施工现场所需的批准手续和全部权利

B. 承包人未合理预见进出施工现场路径所增加的费用由发包人承担

C. 场外交通设施无法满足工程施工需要的，由发包人负责完善

D. 因承包人原因造成的场内基本交通设施损坏的，由发包人承担修复费用

E. 运输超重件所需的道路临时加固费用由承包人承担

96. 关于固定总价合同的说法，正确的有（　　）。

A. 合同总价一次包死，业主不承担投资风险

B. 在国际上很少采用固定总价合同

C. 图纸和工程内容明确是使用这种合同的前提之一

D. 固定总价合同也有调整合同总价的可能

E. 合同双方结算比较简单

97. 下列建设工程施工合同的风险中，属于管理风险的有（　　）。

A. 环境调查不深入　　B. 政府工作人员干预

C. 投标策略错误　　D. 汇率调整

E. 合同条款不严密

98. 根据《全国建筑市场各方主体不良行为记录认定标准》，下列不良行为中，属于承揽业务方面的有（　　）。

A. 允许其他单位或个人以本单位名义承揽工程

B. 按照国家规定需要持证上岗的技术工种的作业人员未取得证书上岗

C. 不按照与招标人订立的合同履行义务，情节严重

D. 以向招标人或者评标委员会成员行贿的手段谋取中标

E. 将承包的工程转包或者违法分包

99. 下列工程索赔证据中，属于书证的有（　　）。

A. 合同协议书　　B. 往来信件

C. 工程现场照片　　D. 质量责任鉴定

E. 司法判决书

100. 下列工程项目管理信息系统的功能中，属于成本控制子系统的有（　　）。

A. 投标估算的数据计算和分析　　B. 编制资源需求量计划

C. 计划施工成本　　D. 计算实际成本

E. 计划成本与实际成本的比较分析

2016年度真题参考答案及考点解析

一、单项选择题

1. D

【考点】建设工程管理的内涵。

【解析】国际设施管理协会（IFMA）所确定的设施管理的含义，如下图所示，它包括物业资产管理和物业运行管理，这与我国物业管理的概念尚有差异。

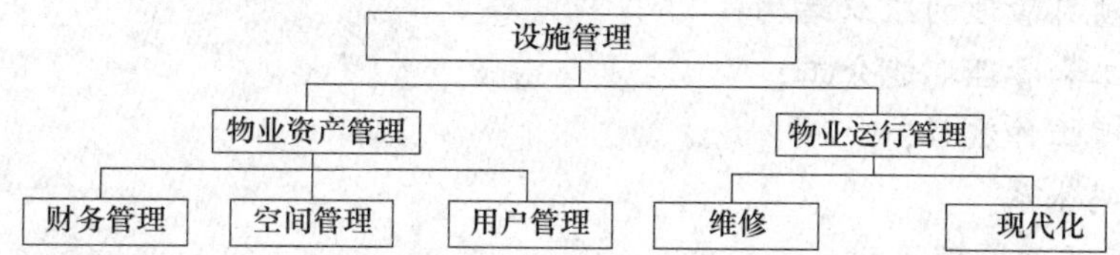

因此，正确选项是D。

2. A

【考点】业主方、设计方和供货方项目管理的目标和任务。

【解析】业主方项目管理服务于业主的利益，其项目管理的目标包括项目的投资目标、进度目标和质量目标。其中投资目标指的是项目的总投资目标。进度目标指的是项目动用的时间目标，也即项目交付使用的时间目标。

业主方的项目管理工作涉及项目实施阶段的全过程，即在设计前的准备阶段、设计阶段、施工阶段、动用前准备阶段和保修期。

项目管理的任务，其中安全管理是项目管理中的最重要的任务。

因此，正确选项是A。

3. A

【考点】项目结构分析在项目管理中的应用。

【解析】项目结构图（Project Diagram，或称WBS-Work Breakdown Structure）是一个组织工具，它通过树状图的方式对一个项目的结构进行逐层分解，以反映组成该项目的所有工作任务。

因此，正确选项是A。

4. C

【考点】管理职能分工在项目管理中的应用。

【解析】管理职能分工表是用表的形式反映项目管理班子内部项目经理、各工作部门和各工作岗位对各项工作任务的项目管理职能分工。管理职能分工表也可用于企业管理。

工业发达国家在建设项目管理中广泛应用管理职能分工表，以使管理职能的分工更清晰、更严谨，并会暴露仅用岗位责任描述书时所掩盖的矛盾。如使用管理职能分工表还不足以明确每个工作部门的管理职能，则可辅以使用管理职能分工描述书。

为了区分业主方和代表业主利益的项目管理方和工程建设监理方等的管理职能，也可以用管理职能分工表表示

因此，正确选项是C。

5. D

【考点】项目实施阶段策划的工作内容。

【解析】建设工程项目实施阶段策划的主要任务是确定如何组织该项目的开发或建设。建设工程项目实施阶段策划的基本内容如下：

（1）项目实施的环境和条件的调查与分析。

（2）项目目标的分析和再论证。

（3）项目实施的组织策划，其主要工作内容包括：

① 业主方项目管理的组织结构；

② 任务分工和管理职能分工；

③ 项目管理工作流程；

④ 建立编码体系。

（4）项目实施的管理策划

① 项目实施各阶段项目管理的工作内容；

② 项目风险管理与工程保险方案。

（5）项目实施的合同策划，其主要工作内容包括：

① 方案设计竞赛的组织；

② 项目管理委托、设计、施工、物资采购的合同结构方案；

③ 合同文本。

（6）项目实施的经济策划。

（7）项目实施的技术策划。

（8）项目实施的风险策划等。

因此，正确选项是D。

6. B

【考点】项目总承包方项目管理的目标和任务。

【解析】在《建设项目工程总承包管理规范》GB/T 50358—2005中对项目总承包管理的内容作了如下的规定：

（1）“工程总承包管理应包括项目部的项目管理活动和工程总承包企业职能部门参与的项目管理活动。”

（2）“工程总承包项目管理的范围应由合同约定。根据合同变更程序提出并经批准的变更范围，也应列入项目管理范围。”

（3）“工程总承包项目管理的主要内容应包括：

① 任命项目经理，组建项目部，进行项目策划并编制项目计划；

② 实施设计管理，采购管理，施工管理，试运行管理；

③ 进行项目范围管理，进度管理，费用管理，设备材料管理，资金管理，质量管理，

安全、职业健康和环境管理，人力资源管理，风险管理，沟通与信息管理，合同管理，现场管理，项目收尾等。”

因此，正确选项是B。

7. B

【考点】施工管理的工作任务分工。

【解析】施工总承包模式的工作程序是：先进行建设项目的设计，待施工图设计结束后再进行施工总承包招标投标，然后再进行施工，如图1所示。而如果采用施工总承包管理模式，施工总承包管理单位的招标可以不依赖完整的施工图，当完成一部分施工图就可对其进行招标，如图2所示。由图可以看出，施工总承包管理模式可以在很大程度上缩短建设周期。

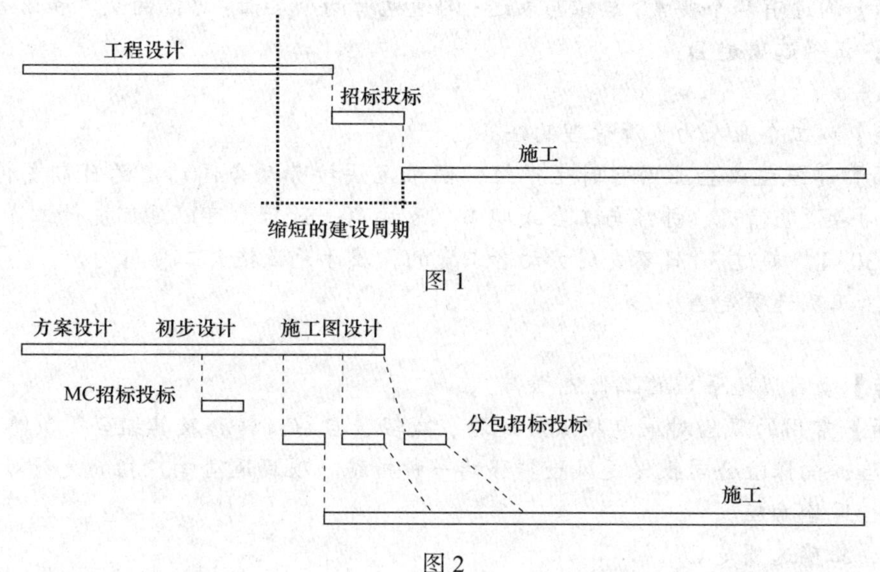

图1

图2

因此，正确选项是B。

8. A

【考点】业主方、设计方和供货方项目管理的目标和任务。

【解析】设计阶段项目管理的任务包括：

（1）设计阶段的投资控制；

（2）设计阶段的进度控制；

（3）设计阶段的质量控制；

（4）设计阶段的合同管理；

（5）设计阶段的信息管理；

（6）设计阶段组织与协调的任务。

因此，正确选项是A。

9. C

【考点】施工组织设计的编制方法。

【解析】施工组织总设计应由总承包单位技术负责人审批；单位工程施工组织设计应由施工单位技术负责人或技术负责人授权的技术人员审批，施工方案应由项目技术负责人审批；重点、难点分部（分项）工程和专项工程施工方案应由施工单位技术部门组织相关专家评审，施工单位技术负责人批准。

因此，正确选项是 C。

10. B

【考点】项目目标动态控制的方法及其应用。

【解析】项目目标动态控制的工作程序第一步，项目目标动态控制的准备工作：将项目的目标进行分解，以确定用于目标控制的计划值。

因此，正确选项是 B。

11. D

【考点】项目各参与方之间的沟通方法。

【解析】沟通有两个要素：思维与表达；沟通也有两个层面：思维的交流和语言的交流。

因此，正确选项是 D。

12. A

【考点】施工企业人力资源管理的任务。

【解析】建筑施工企业因暂时生产经营困难无法按劳动合同约定的日期支付工资的，应当向劳动者说明情况，并经与工会或职工代表协商一致后，可以延期支付工资，但最长不得超过 30 日。超过 30 日不支付劳动者工资的，属于无故拖欠工资行为。

因此，正确选项是 A。

13. C

【考点】项目风险管理的工作流程。

【解析】常用的风险对策包括风险规避、减轻、自留、转移及其组合等策略。对难以控制的风险，向保险公司投保是风险转移的一种措施。项目风险响应指的是针对项目风险的对策进行风险响应。

因此，正确选项是 C。

14. B

【考点】监理的工作方法。

【解析】工程建设监理实施细则的编制程序和依据应符合下列规定：

（1）工程建设监理实施细则应在工程施工开始前编制完成，并必须经总监理工程师批准；

（2）工程建设监理实施细则应由各有关专业的专业工程师参与编制。

因此，正确选项是 B。

15. C

【考点】建设工程项目施工成本控制。

【解析】建设工程项目施工成本管理应从工程投标报价开始，直至项目保证金返还为止，贯穿于项目实施的全过程。

因此，正确选项是 C。

16. B

【考点】施工成本管理的任务。

【解析】施工成本计划是以货币形式编制施工项目在计划期内的生产费用、成本水平、成本降低率以及为降低成本所采取的主要措施和规划的书面方案。

施工成本管理就是要在保证工期和质量满足要求的情况下，采取相应管理措施，把成本控制在计划范围内，并进一步寻求最大程度的成本节约。

施工成本核算包括两个基本环节：一是按照规定的成本开支范围对施工费用进行归集和分配，计算出施工费用的实际发生额；二是根据成本核算对象，采用适当的方法，计算出该施工项目的总成本和单位成本。

施工成本考核是指在施工项目完成后，对施工项目成本形成中的各责任者，按施工项目成本目标责任制的有关规定，将成本的实际指标与计划、定额、预算进行对比和考核，评定施工项目成本计划的完成情况和各责任者的业绩。

因此，正确选项是B。

17. C

【考点】施工成本计划的类型。

【解析】“两算”对比指同一工程内容的施工预算与施工图预算的对比分析。

因此，正确选项是C。

18. D

【考点】施工成本计划的类型。

【解析】竞争性成本计划是施工项目投标及签订合同阶段的估算成本计划。

因此，正确选项是D。

19. C

【考点】施工成本控制的方法。

【解析】已完工作实际费用（$ACWP$）＝已完成工作量 × 实际单价

$$= 2800 \times 20 = 56000 \text{元}$$

因此，正确选项是C。

20. B

【考点】施工成本控制的方法。

【解析】已完工作预算费用（$BCWP$）、已完工作实际费用（$ACWP$），$CV = BCWP - ACWP$，由于两项参数均以已完工作为计算基准，所以两项参数之差，反映项目进展的费用偏差。

因此，正确选项是B。

21. C

【考点】施工成本控制的程序步骤。

【解析】成本的过程控制中，有两类控制程序，一是管理行为控制程序，二是指标控制程序。管理行为控制程序是对成本全过程控制的基础，指标控制程序则是成本进行过程控制的重点。两个程序既相对独立又相互联系，既相互补充又相互制约。

因此，正确选项是C。

22. A

【考点】施工成本分析的方法。

【解析】月（季）度成本分析的依据是当月（季）的成本报表，分析各成本项目的成本，可以了解成本总量的构成比例和成本管理的薄弱环节。例如：在成本分析中，若发现人工费、机械费等项目大幅度超支，如果是属于规定的“政策性”亏损，则应从控制支出着手，把超支额压缩到最低限度。

因此，正确选项是A。

23. C

【考点】施工成本分析的方法。

【解析】因素分析法又称连环置换法，可用来分析各种因素对成本的影响程度。在进行分析时，假定众多因素中的一个因素发生了变化，而其他因素则不变，然后逐个替换，分别比较其计算结果，以确定各个因素的变化对成本的影响程度。

因此，正确选项是C。

24. B

【考点】施工成本分析的依据。

【解析】业务核算的范围比会计、统计核算要广。会计和统计核算一般是对已经发生的经济活动进行核算，而业务核算不但可以核算已经完成的项目是否达到原定的目的、取得预期的效果，而且可以对尚未发生或正在发生的经济活动进行核算，以确定该项经济活动是否有经济效果，是否有执行的必要。

因此，正确选项是B。

25. D

【考点】建设工程项目进度控制。

【解析】建设工程项目是在动态条件下实施的，因此进度控制也就必须是一个动态的管理过程。它包括：

（1）进度目标的分析和论证；

（2）在收集资料和调查研究的基础上编制进度计划；

（3）进度计划的跟踪检查与调整；它包括定期跟踪检查所编制进度计划的执行情况，若其执行有偏差，则采取纠偏措施，并视必要调整进度计划。

因此，正确选项是D。

26. A

【考点】建设工程项目进度控制。

【解析】进度目标的分析和论证，其目的是论证进度目标是否合理，进度目标有否可能实现。如果经过科学的论证，目标不可能实现，则必须调整目标。

因此，正确选项是A。

27. B

【考点】工程网络计划有关时间参数的计算。

【解析】总时差（TF_{i-j}），是指在不影响总工期的前提下，工作 $i-j$ 可以利用的机动时间。总时差等于其最迟开始时间减去最早开始时间，或等于最迟完成时间减去最早完成时间。题中 $TF_B = 18 - 12 = 6$，$TF_C = 20 - 14 = 6$，工作A的总时差为6天，总工期延迟天数 $= 7 - 6 = 1$。

因此，正确选项是B。

28. C

【考点】工程网络计划有关时间参数的计算。

【解析】如下图所示，有4条关键线路，分别为①-②-③-⑤-⑦-⑧、①-②-④-⑤-⑦-⑧、①-②-④-⑤-⑥-⑦-⑧、①-②-③-⑤-⑥-⑦-⑧。

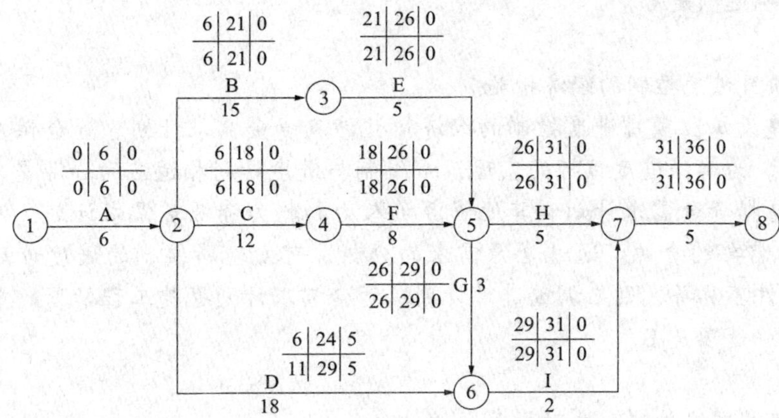

因此，正确选项是C。

29. C

【考点】工程网络计划有关事件参数的计算。

【解析】题中 $ES_M = 11$，$LS_M = 14$，工作M持续时间为5天，则 $EF_M = 16$。工作M自由时差 $FF_M = \min\{ES_{M的紧后工作}\} - EF_M = \min\{20, 23, 27\} - 16 = 4$ 天。

因此，正确选项是C。

30. B

【考点】工程网络计划有关事件参数的计算。

【解析】因为工作M的开始节点 i 和完成节点 j 均为关键节点，则该工作的紧前工作和紧后工作必有一项是关键工作。

$$FF_{i-j} = \min\{ES_{j-k}\} - EF_{i-j} \tag{1}$$

$$TF_{i-j} = LF_{i-j} - EF_{i-j} = LS_{i-j} - ES_{i-j} \tag{2}$$

$$LF_{i-j} = \min\{LS_{j-k}\} \tag{3}$$

（1）如果 j 是终点节点，则其工作M总时差就等于该工作的自由时差；

（2）如果 i 是开始节点，则工作M为关键工作，其工作M总时差等于自由时差；

（3）如果该工作开始节点和完成节点均非开始节点和非终点节点，那么 $LF_{i-j} = LS_{j-k} = ES_{j-k}$，则根据公式（1）、（2）、（3）得出，工作M总时差等于自由时差。

因此，正确选项是B。

31. D

【考点】工程网络计划有关事件参数的计算。

【解析】此单代号网络图中关键路径为A-C-G-H-F_{in}，其总路线长 $= 4 + 10 + 7 + 5 = 26$。

因此正确选项是D。

32. C

【考点】工程网络计划有关事件参数的计算。

【解析】根据总时差的定义得出，工作M在不影响其总工期的前提下，可以利用的机动时间为5天，则超出5天就会影响总工期。根据题意知，在其他工作正常前提下，总工期落后2天，因此工作M的实际进度落后7天。

因此，正确选项是C。

33. B

【考点】项目进度控制的经济措施。

【解析】建设工程项目进度控制的经济措施涉及资金需求计划、资金供应的条件和经济激励措施等。为确保进度目标的实现，应编制与进度计划相适应的资源需求计划（资源进度计划），包括资金需求计划和其他资源（人力和物力资源）需求计划，以反映工程实施的各时段所需要的资源。通过资源需求的分析，可发现所编制的进度计划实现的可能性，若资源条件不具备，则应调整进度计划。资金需求计划也是工程融资的重要依据。

因此，正确选项是B。

34. A

【考点】工程网络计划有关时间参数的计算。

【解析】根据题中的双代号网络图求的，原计划总工期为14天。先因B、D、I共用一台施工机械，且顺序按B→D→I施工，则原网络计划中2→4、5→6方向则改成4→2、6→5。经计算得出总工期是14天，且B工作时间为0-4周,D工作时间为4-10周，I工作时间为10-14周。

因此，正确选项是A。

35. D

【考点】项目质量风险分析和控制。

【解析】从风险产生的原因分析，常见的质量风险有如下几类：

（1）自然风险；

（2）技术风险；

（3）管理风险；

（4）环境风险。

从风险损失责任承担的角度，项目质量风险可以分为：

（1）业主方的风险；

（2）勘察设计方的风险；

（3）施工方的风险；

（4）监理方的风险。

因此，正确选项是D。

36. C

【考点】项目质量的形成过程和影响因素分析。

【解析】影响项目质量的环境因素，又包括项目的自然环境因素、社会环境因素、管理环境因素和作业环境因素。管理环境因素：主要是指项目参建单位的质量管理体系、质量管理制度和各参建单位之间的协调等因素。比如，参建单位的质量管理体系是否健全，运行是否有效，决定了该单位的质量管理能力；在项目施工中根据承发包的合同结构，理顺管理关系，建立统一的现场施工组织系统和质量管理的综合运行机制，确保工程项目质量保证体系处于良好的状态，创造良好的质量管理环境和氛围，则是施工顺利进行，提高施工质量的保证。

因此，正确选项是C。

37. B

【考点】项目质量控制体系的建立和运行。

【解析】项目质量控制体系的建立过程，一般可按以下环节依次展开工作：

（1）确立系统质量控制网络；

（2）制定质量控制制度；

（3）分析质量控制界面；

（4）编制质量控制计划。

因此，正确选项是B。

38. C

【考点】项目质量控制体系的建立和运行。

【解析】建设工程项目质量控制体系，一般形成多层次、多单元的结构形态，这是由其实施任务的委托方式和合同结构所决定的。

多层次结构是对应于项目工程系统纵向垂直分解的单项、单位工程项目的质量控制体系。在大中型工程项目尤其是群体工程项目中，第一层次的质量控制体系应由建设单位的工程项目管理机构负责建立；在委托代建、委托项目管理或实行交钥匙式工程总承包的情况下，应由相应的代建方项目管理机构、受托项目管理机构或工程总承包企业项目管理机构负责建立。第二层次的质量控制体系，通常是指分别由项目的设计总负责单位、施工总承包单位等建立的相应管理范围内的质量控制体系。第三层次及其以下，是承担工程设计、施工安装、材料设备供应等各承包单位的现场质量自控体系，或称各自的施工质量保证体系。系统纵向层次机构的合理性是项目质量目标、控制责任和措施分解落实的重要保证。

因此，正确选项是C。

39. C

【考点】施工生产要素的质量控制。

【解析】对施工工艺方案的质量控制主要包括以下内容（摘要）：

（3）合理选用施工机械设备和设置施工临时设施，合理布置施工总平面图和各阶段施工平面图；

（4）选用和设计保证质量和安全的模具、脚手架等施工设备。

因此，正确选项是C。

40. A

【考点】施工质量控制的依据与基本环节。

【解析】项目专用性依据指本项目的工程建设合同、勘察设计文件、设计交底及图纸会审记录、设计修改和技术变更通知，以及相关会议记录和工程联系单等。

因此，正确选项是A。

41. A

【考点】施工过程的作业质量控制。

【解析】（1）混凝土、砂浆、砌体强度现场检测混凝土：按统计方法评定混凝土强度的基本条件是，同一强度等级的同条件养护试件的留置数量不宜少于10组，按非统计方法评定混凝土强度时，留置数量不应少于3组。

砌体：普通砖15万块、多孔砖5万块、灰砂砖及粉灰砖10万块各为一检验批，抽检数量为一组。

（2）钢筋保护层厚度检测

对梁类、板类构件，应各抽取构件数量的2%且不少于5个构件进行检验。

（3）混凝土预制构件结构性能检测

对成批生产的构件，应按同一工艺正常生产的不超过1000件且不超过3个月的同类型产品为一批。在每批中应随机抽取一个构件作为试件进行检验。

因此，正确选项是A。

42. C

【考点】竣工质量验收。

【解析】建设单位应当自建设工程竣工验收合格之日起15日内，向工程所在地的县级及以上地方人民政府建设主管部门备案。

建设单位办理工程竣工验收备案应当提交下列资料：

（1）工程竣工验收备案表；

（2）工程竣工验收报告；

（3）法律、行政法规规定应当由规划、环保等部门出具的认可文件或准许使用文件；

（4）法律规定应当由公安消防部门出具的对大型的人员密集场所和其他特殊建设工程验收合格的证明材料；

（5）施工单位签署的工程质量保修书；

（6）法规、规章规定必须提供的其他文件。

因此，正确选项是C。

43. B

【考点】建设工程项目施工质量验收。

【解析】施工单位按照合同规定的施工范围和质量标准完成施工任务后，应自行组织有关人员进行质量检查评定；建设单位收到工程竣工验收报告后，应由建设单位（项目）负责人组织施工（含分包单位）、设计、勘察、监理等单位（项目）负责人进行单位工程验收；竣工验收合格，建设单位应及时提出工程竣工验收报告。

因此，正确选项是B。

44. B

【考点】工程质量问题和质量事故的分类。

【解析】重大事故，是指造成10人以上30人以下死亡，或者50人以上100人以下重伤，或者5000万元以上1亿元以下直接经济损失的事故。

因此，正确选项是B。

45. C

【考点】施工质量问题和质量事故的处理。

【解析】混凝土结构误用了安定性不合格的水泥，无法采用其他补救办法，需爆破拆除重新浇筑；防洪堤坝填筑压实后，其压实土的干密度未达到规定值，经核算将影响土体的稳定且不满足抗渗能力的要求，须挖除不合格土，重新填筑，重新施工；当裂缝宽度不大于 0.2mm 时，可采用表面密封法；当裂缝宽度大于 0.3mm 时，采用嵌缝密闭法；当裂缝较深时，则应采取灌浆修补的方法。

因此，正确选项是 C。

46. B

【考点】分层法的应用。

【解析】

作业工人	抽检点数	不合格点数	个体不合格率	占不合格点总数百分率
甲	10	2	20%	8.33%
乙	40	4	10%	16.67%
丙	20	10	50%	41.67%
丁	30	8	26.67%	33.33%
合计	100	24	—	100%

由计算结果知：各工人焊接质量由好至差的排序是乙→甲→丁→丙。

因此，正确选项是 B。

47. B

【考点】政府对项目质量监督的内容。

【解析】在工程项目开工前，监督机构接受建设单位有关建设工程质量监督的申报手续，并对建设单位提供的有关文件进行审查，审查合格签发有关质量监督文件。

对工程质量责任主体和质量检测等单位的质量行为进行检查。检查内容包括：参与工程项目建设各方的质量保证体系建立和运行情况；企业的工程经营资质证书和相关人员的资格证书；按建设程序规定的开工前必须办理的各项建设行政手续是否齐全完备；施工组织设计、监理规划等文件及其审批手续和实际执行情况；执行相关法律法规和工程建设强制性标准的情况；工程质量检查记录等。

监督工程竣工验收时重点对竣工验收的组织形式、程序等是否符合有关规定进行监督；同时对质量监督检查中提出质量问题的整改情况进行复查，检查其整改情况。

因此，正确选项是 B。

48. D

【考点】职业健康安全管理体系与环境管理体系标准。

【解析】根据《职业健康安全管理体系 要求》GB/T 28001—2011 和《环境管理体系 要求及使用指南》GB/T 24001—2004，职业健康安全管理和环境管理都是组织管理体系的一部分，其管理的主体是组织，管理的对象是一个组织的活动、产品或服务中能与职业健康安全发生相互作用的不健康、不安全的条件和因素，以及能与环境发生相互作用的要素。两个管理体系所需要满足的对象和管理侧重点有所不同，但管理原理基本相同。

因此，正确选项是 D。

49. D

【考点】安全生产管理的预警体系的建立和运行。

【解析】预警评价包括确定评价的对象、内容和方法，建立相应的预测系统，确定预警级别和预警信号标准等工作。评价对象是导致事故发生的人、机、环、管等方面的因素，预测系统建立的目的是实现必要的未来预测和预警。预警信号一般采用国际通用的颜色表示不同的安全状况，如：

Ⅰ级预警，表示安全状况特别严重，用红色表示。

Ⅱ级预警，表示受到事故的严重威胁，用橙色表示。

Ⅲ级预警，表示处于事故的上升阶段，用黄色表示。

Ⅳ级预警，表示生产活动处于正常状态，用蓝色表示。

因此，正确选项是D。

50. C

【考点】安全生产管理制度。

【解析】根据《建筑法》第四十八条规定，建筑职工意外伤害保险是法定的强制性保险。

因此，正确选项是C。

51. B

【考点】安全生产管理制度。

【解析】工程项目部专职安全人员的配备应按住建部的规定，1万m^2以下工程1人；1万～5万m^2的工程不少于2人；5万m^2以上的工程不少于3人。

因此，正确选项是B。

52. C

【考点】安全生产管理制度。

【解析】企业进行生产前，应当依照该条例的规定向安全生产许可证颁发管理机关申请领取安全生产许可证，并提供该条例第六条规定的相关文件、资料。安全生产许可证颁发管理机关应当自收到申请之日起4～5日内审查完毕，经审查符合该条例规定的安全生产条件的，颁发安全生产许可证；不符合该条例规定的安全生产条件的，不予颁发安全生产许可证，书面通知企业并说明理由。

安全生产许可证的有效期为3年。安全生产许可证有效期满需要延期的，企业应当于期满前3个月向原安全生产许可证颁发管理机关办理延期手续。

因此，正确选项是C。

53. C

【考点】安全生产管理制度。

【解析】工程质量事故发生后，事故现场有关人员应当立即向工程建设单位负责人报告；工程建设单位负责人接到报告后，应于1小时内向事故发生地县级以上人民政府住房和城乡建设主管部门及有关部门报告；同时应按照应急预案采取相应措施。情况紧急时，事故现场有关人员可直接向事故发生地县级以上人民政府住房和城乡建设主管部门报告。

《安全生产法》第七十条规定："生产经营单位发生生产安全事故后，事故现场有关人员应当立即报告本单位负责人”；“单位负责人接到事故报告后，应当迅速采取有效措施，组织抢救，防止事故扩大，减少人员伤亡和财产损失，并按照国家有关规定立即如实报告当地负有安全生产监督管理职责的部门，不得隐瞒不报、谎报或者拖延不报，不得故意破坏事故现场、毁灭有关证据。”

《建设工程安全生产管理条例》第五十条对建设工程生产安全事故报告制度的规定为：“施工单位发生生产安全事故，应当按照国家有关伤亡事故报告和调查处理的规定，及时、如实地向负责安全生产监督管理的部门、建设行政主管部门或者其他有关部门报告；特种设备发生事故的，还应当同时向特种设备安全监督管理部门报告。接到报告的部门应当按照国家有关规定，如实上报。”

因此，正确选项是C。

54. D

【考点】生产安全事故应急预案的管理。

【解析】生产经营单位应当制定本单位的应急预案演练计划，根据本单位的事故预防重点，每年至少组织一次综合应急预案演练或者专项应急预案演练，每半年至少组织一次现场处置方案演练。

有下列情形之一的，应急预案应当及时修订：

（1）生产经营单位因兼并、重组、转制等导致隶属关系、经营方式、法定代表人发生变化的；

（2）生产经营单位生产工艺和技术发生变化的；

（3）周围环境发生变化，形成新的重大危险源的；

（4）应急组织指挥体系或者职责已经调整的；

（5）依据的法律、法规、规章和标准发生变化的；

（6）应急预案演练评估报告要求修订的；

（7）应急预案管理部门要求修订的。

生产经营单位应当及时向有关部门或者单位报告应急预案的修订情况，并按照有关应急预案报备程序重新备案。

因此，正确选项是D。

55. B

【考点】施工现场环境保护的要求。

【解析】噪声控制技术可从声源、传播途径、接收者防护等方面来考虑。

（1）声源控制

① 声源上降低噪声，这是防止噪声污染的最根本的措施。

② 尽量采用低噪声设备和加工工艺代替高噪声设备与加工工艺，如低噪声振捣器、风机、电动空压机、电锯等。

③ 在声源处安装消声器消声，即在通风机、鼓风机、压缩机、燃气机、内燃机及各类排气放空装置等进出风管的适当位置设置消声器。

（2）传播途径的控制。

（3）接收者的防护。

（4）严格控制人为噪声。

因此，正确选项是B。

56. A

【考点】施工现场职业健康安全卫生的要求。

【解析】根据我国相关标准，施工现场职业健康安全卫生主要包括现场宿舍、现场食堂、现场厕所、其他卫生管理等内容。基本要符合以下要求：

（1）施工现场应设置办公室、宿舍、食堂、厕所、淋浴间、开水房、文体活动室、密闭式垃圾站（或容器）及盥洗设施等临时设施。临时设施所用建筑材料应符合环保、消防要求。

（2）办公区和生活区应设密闭式垃圾容器。

（3）办公室内布局合理，文件资料宜归类存放，并应保持室内清洁卫生。

（4）施工企业应根据法律、法规的规定，制定施工现场的公共卫生突发事件应急预案。

（5）施工现场应配备常用药品及绷带、止血带、颈托、担架等急救器材。

（6）施工现场应设专职或兼职保洁员，负责卫生清扫和保洁。

（7）办公区和生活区应采取灭鼠、蚊、蝇、蟑螂等措施，并应定期投放和喷洒药物。

（8）施工企业应结合季节特点，做好作业人员的饮食卫生和防暑降温、防寒保暖、防煤气中毒、防疫等工作。

（9）施工现场必须建立环境卫生管理和检查制度，并应做好检查记录。

因此，正确选项是A。

57. A

【考点】施工招标的内容。

【解析】根据《中华人民共和国招标投标法实施条例》第三十二条，招标人不得以不合理的条件限制、排斥潜在投标人或者投标人。招标人有下列行为之一的，属于以不合理条件限制、排斥潜在投标人或者投标人：

（1）就同一招标项目向潜在投标人或者投标人提供有差别的项目信息；

（2）设定的资格、技术、商务条件与招标项目的具体特点和实际需要不相适应或者与合同履行无关；

（3）依法必须进行招标的项目以特定行政区域或者特定行业的业绩、奖项作为加分条件或者中标条件；

（4）对潜在投标人或者投标人采取不同的资格审查或者评标标准；

（5）限定或者指定特定的专利、商标、品牌、原产地或者供应商；

（6）依法必须进行招标的项目非法限定潜在投标人或者投标人的所有制形式或者组织形式；

（7）以其他不合理条件限制、排斥潜在投标人或者投标人。

因此，正确选项是A。

58. C

【考点】施工承包合同的内容。

【解析】保修期是指承包人按照合同约定对工程承担保修责任的期限，从工程竣工验收合格之日起计算。

因此，正确选项是 C。

59. A

【考点】施工劳务分包合同的内容。

【解析】对劳务分包合同条款中规定的劳务分包人的主要义务第 2 点为：严格按照设计图纸、施工验收规范、有关技术要求及施工组织设计精心组织施工，确保工程质量达到约定的标准。

（1）科学安排作业计划，投入足够的人力、物力，保证工期；

（2）加强安全教育，认真执行安全技术规范，严格遵守安全制度，落实安全措施，确保施工安全；

（3）加强现场管理，严格执行建设主管部门及环保、消防、环卫等有关部门对施工现场的管理规定，做到文明施工；

（4）承担由于自身责任造成的质量修改、返工、工期拖延、安全事故、现场脏乱造成的损失及各种罚款。

因此，正确选项是 A。

60. C

【考点】单价合同的运用。

【解析】当采用变动单价合同时，合同双方可以约定一个估计的工程量，当实际工程量发生较大变化时可以对单价进行调整，同时还应该约定如何对单价进行调整；当然也可以约定，当通货膨胀达到一定水平或者国家政策发生变化时，可以对哪些工程内容的单价进行调整以及如何调整等。本题中工程量变为投标约定的 2 倍，人工费平均上涨 15%，故竣工结算价为（$30 \times 0.3 \times 0.15 + 30$）$\times 2 = 62.7$ 万元。

因此，正确选项是 C。

61. D

【考点】成本加酬金合同的运用。

【解析】采用成本加固定费用合同时，如果设计变更或增加新项目，当直接费超过原估算成本的一定比例（如 10%）时，固定的报酬也要增加。这种方式虽然不能鼓励承包商降低成本，但为了尽快得到酬金，承包商会尽力缩短工期。采用成本加固定比例费用合同时，报酬费用总额随成本加大而增加，不利于缩短工期和降低成本，因此 A、B 选项错误。最大成本加费用合同是指在工程成本总价合同基础上加固定酬金费用的方式，即当设计深度达到可以报总价的深度，投标人报一个工程成本总价和一个固定的酬金（包括各项管理费、风险费和利润），因此 C 选项错误。在非代理型（风险型）CM 模式的合同中采用最大成本加费用合同。

因此，正确选项是 D。

62. B

【考点】工程担保的内容。

【解析】支付担保是中标人要求招标人提供的保证履行合同中约定的工程款支付义务的担保。履约担保，是指招标人在招标文件中规定的要求中标的投标人提交的保证履行合同义务和责任的担保；由于合同履行期限应该包括保修期，履约担保的时间范围也应该覆盖保修期，如果确定履约担保的终止日期为工程竣工交付之日，则需要另外提供工程保修担保；预付款担保是指承包人与发包人签订合同后领取预付款之前，为保证正确、合理使用发包人支付的预付款而提供的担保，如果发包人有要求，承包人应该向发包人提供预付款担保。

因此，正确选项是B。

63. B

【考点】工程保险的内容。

【解析】保险金额是保险利益的货币价值表现，简称保额，是保险人承担赔偿或给付保险金责任的最高限额。当保险金额接近于或等于财产的实际价值时，就称为足额保险或等额保险。当保险财产的保险金额小于其实际价值时称为不足额保险。当保险金额高于保险财产的实际价值，则称为超额保险。对超额部分，保险公司不负补偿责任，即不允许被保险人通过投保获得额外利益。

因此，正确选项是B。

64. A

【考点】施工合同交底的任务。

【解析】合同分析后，应向各层次管理者作“合同交底”，即由合同管理人员在对合同的主要内容进行分析、解释和说明的基础上，通过组织项目管理人员和各个工程小组学习合同条文和合同总体分析结果。项目经理或合同管理人员应将各种任务或事件的责任分解，落实到具体的工作小组、人员或分包单位。

因此，正确选项是A。

65. D

【考点】施工合同实施的控制。

【解析】对业主和其委托的工程师的工作进行跟踪的内容包括：

（1）业主是否及时、完整地提供了工程施工的实施条件，如场地、图纸、资料等；

（2）业主和工程师是否及时给予了指令、答复和确认等；

（3）业主是否及时并足额地支付了应付的工程款项。

因此，正确选项是D。

66. A

【考点】索赔费用的计算。

【解析】施工机械使用费的索赔包括：由于完成额外工作增加的机械使用费；非承包人责任工效降低增加的机械使用费；由于业主或监理工程师原因导致机械停工的窝工费。窝工费的计算，如系租赁设备，一般按实际租金和调进调出费的分摊计算；如是承包人自有设备，一般按台班折旧费计算，而不能按台班费计算，因台班费中包括了设备使用费。因此，承包人索赔成立的费用为160×10＝1600元。

因此，正确选项是A。

67. A

【考点】工期索赔的计算。

【解析】当两个或两个以上的延误事件从发生到终止的时间完全相同时，这些事件引起的延误称为共同延误。结合题中的时标网络图，可知A选项符合共同延误的定义。

因此，正确选项是A。

68. C

【考点】施工承包合同争议的解决方式。

【解析】DAB提出的裁决不是强制性的，不具有终局性，合同双方或一方对裁决不满意，仍然可以提请仲裁或诉讼；特聘争端裁决委员会，由只在发生争端时任命的一名或三名成员组成，他们的任期通常在DAB对该争端发出其最终决定时期满；DAB的成员一般为工程技术和管理方面的专家，他不应是合同任何一方的代表，与业主、承包商没有任何经济利益及业务联系，与本工程所裁决的争端没有任何联系。

因此，正确选项是C。

69. A

【考点】国际常用的施工承包合同条件。

【解析】AIA合同条件主要用于私营的房屋建筑工程，在美洲地区具有较高的权威性，应用广泛。

因此，正确选项是A。

70. D

【考点】项目信息编码的方法。

【解析】项目的结构编码依据项目结构图对项目结构的每一层的每一个组成部分进行编码。

因此，正确选项是D。

二、多项选择题

71. A、D、E

【考点】业主方、设计方和供货方项目管理的目标和任务。

【解析】（1）对一个建设工程而言，业主方往往是建设工程的总组织者和总集成者。

（2）项目管理的任务，其中安全管理是项目管理中的最重要的任务，因为安全管理关系到人身的健康与安全，而投资控制、进度控制、质量控制和合同管理等则主要涉及物质的利益。

（3）由于项目管理的核心任务是项目的目标控制，因此按项目管理学的基本理论，没有明确目标的建设工程不是项目管理的对象。在工程实践意义上，如果一个建设项目没有明确的投资目标、没有明确的进度目标和没有明确的质量目标，就没有必要进行管理，也无法进行定量的目标控制。

因此，正确选项是A、D、E。

72. A、B

【考点】组织结构在项目管理中的应用。

【解析】组织结构模式反映了一个组织系统中各子系统之间或各组织元素（如各工作部门）之间的指令关系。组织分工反映了一个组织系统中各子系统或各组织元素的工作任务分工和管理职能分工。组织结构模式和组织分工都是一种相对静态的组织关系。

因此，正确选项是A、B。

73. A、B、C、E

【考点】物资采购的模式。

【解析】 工程建设物资指的是建筑材料、建筑构配件和设备。在国际上业主方工程建设物资采购有多种模式，如：

（1）业主方自行采购；

（2）与承包商约定某些物资为指定供货商；

（3）承包商采购等。

我国《建筑法》对物资采购有这样的规定："按照合同约定，建筑材料、建筑构配件和设备由工程承包单位采购的，发包单位不得指定承包单位购入用于工程的建筑材料、建筑构配件和设备或者指定生产厂、供应商。"

物资采购工作应符合有关合同和设计文件所规定的数量、技术要求和质量标准，并符合工程进度、安全、环境和成本管理等要求。采购管理应遵循下列程序：

（1）明确采购产品或服务的基本要求、采购分工及有关责任；

（2）进行采购策划，编制采购计划；

（3）进行市场调查，选择合格的产品供应或服务单位，建立名录；

（4）采用招标或协商等方式实施评审工作，确定供应或服务单位；

（5）签订采购合同；

（6）运输、验证、移交采购产品或服务；

（7）处置不合格产品或不符合要求的服务；

（8）采购资料归档。

因此，正确选项是 A、B、C、E。

74. A、B、D、E

【考点】 施工组织设计的内容。

【解析】 施工方案即以分部（分项）工程或专项工程为主要对象编制的施工技术与组织方案，用以具体指导其施工过程。施工方案在某些时候也被称为分部（分项）工程或专项工程施工组织设计，但考虑到通常情况下施工方案是施工组织设计的进一步细化，是施工组织设计的补充，施工组织设计的某些内容在施工方案中不需赘述，因而《建筑施工组织设计规范》GB/T 50502—2009 将其定义为施工方案。在该规范中规定施工方案的主要内容如下：

（1）工程概况；

（2）施工安排；

（3）施工进度计划；

（4）施工准备与资源配置计划；

（5）施工方法及工艺要求。

因此，正确选项是 A、B、D、E。

75. B、C

【考点】 施工企业项目经理的工作性质。

【解析】 项目经理应为合同当事人所确认的人选，并在专用合同条款中明确项目经理的姓名、职称、注册执业证书编号、联系方式及授权范围等事项，项目经理经承包人授权后代表承包人负责履行合同。项目经理应是承包人正式聘用的员工，承包人应向发包人提交项目经理与承包人之间的劳动合同，以及承包人为项目经理缴纳社会保险的有效证明。

承包人不提交上述文件的，项目经理无权履行职责，发包人有权要求更换项目经理，由此增加的费用和（或）延误的工期由承包人承担项目经理应常驻施工现场，且每月在施工现场时间不得少于专用合同条款约定的天数。

因此，正确选项是B、C。

76. B、E

【考点】项目的风险类型。

【解析】经济与管理风险包括：

（1）宏观和微观经济情况；

（2）工程资金供应的条件；

（3）合同风险；

（4）现场与公用防火设施的可用性及其数量；

（5）事故防范措施和计划；

（6）人身安全控制计划；

（7）信息安全控制计划等。

因此，正确选项是B、E。

77. A、B

【考点】监理的工作方法。

【解析】工程建设监理规划应在签订委托监理合同及收到设计文件后开始编制，完成后必须经监理单位技术负责人审核批准，并应在召开第一次工地会议前报送业主。

因此，正确选项是A、B。

78. A、D、E

【考点】施工成本管理的任务。

【解析】施工成本分析贯穿于施工成本管理的全过程，它是在成本的形成过程中，主要利用施工项目的成本核算资料（成本信息），与目标成本、预算成本以及类似的施工项目的实际成本等进行比较，了解成本的变动情况。

因此，正确选项是A、D、E。

79. A、C、D、E

【考点】按施工成本组成编制施工成本计划的方法。

【解析】企业管理费包括管理人员工资、办公费、差旅交通费、固定资产使用费、工具用具使用费、劳动保险和职工福利费、劳动保护费、检验试验费、工会经费、职工教育经费、财产保险费、财务费、税金和其他。

因此，正确选项是A、C、D、E。

80. A、C、D

【考点】施工成本控制的方法。

【解析】横道图法具有形象、直观、一目了然等优点，它能够准确表达出费用的绝对偏差，而且能直观地表明偏差的严重性。但这种方法反映的信息量少，一般在项目的较高管理层应用。表格法灵活、适用性强、信息量大。曲线法能用于定量分析。

因此，正确选项是A、C、D。

81. C、D、E

【考点】施工成本分析的方法。

【解析】由于施工项目包括很多分部分项工程，无法也没有必要对每一个分部分项工程都进行成本分析。特别是一些工程量小、成本费用少的零星工程。

分部分项工程成本分析的方法是：进行预算成本、目标成本和实际成本的“三算”对比，分别计算实际偏差和目标偏差，分析偏差产生的原因。

分部分项工程成本分析是施工项目成本分析的基础。分部分项工程成本分析的对象为已完成分部分项工程。

对于那些主要分部分项工程必须进行成本分析，而且要做到从开工到竣工进行系统的成本分析。

因此，正确选项是C、D、E。

82. A、C、D

【考点】项目总进度目标论证的工作步骤。

【解析】建设工程项目总进度目标论证的工作步骤如下：

（1）调查研究和收集资料；

（2）项目结构分析；

（3）进度计划系统的结构分析；

（4）项目的工作编码；

（5）编制各层进度计划；

（6）协调各层进度计划的关系，编制总进度计划；

（7）若所编制的总进度计划不符合项目的进度目标，则设法调整；

（8）若经过多次调整，进度目标无法实现，则报告项目决策者。

因此，正确选项是A、C、D。

83. A、B、C

【考点】关键工作和关键路线和时差的确定。

【解析】在双代号网络计划和单代号网络计划中，关键路线是总的工作持续时间最长的线路。该线路在网络图上应用粗线、双线或彩色线标注。

在搭接网络计划中，关键线路是自始至终全部由关键工作组成的线路或线路上总的工作持续时间最长的线路；从起点节点开始到终点节点均为关键工作，且所有工作的时间间隔均为零的线路应为关键线路。

一个网络计划可能有一条或几条关键路线，在网络计划执行过程中，关键路线有可能转移。

因此，正确选项是A、B、C。

84. A、B

【考点】工程网络计划有关事件参数的计算。

【解析】总时差公式：$TF_i = \min\{TF_j + LAG_{i,j}\}$

自由时差公式：$FF_i = \min\{LAG_{i,j}\}$

则得出工作的自由时差一定小于等于总时差，且自由时差一定不会超过其紧后工作之间的间隔时间。

因此，正确选项是A、B。

85. A、B、E

【考点】建设工程项目进度控制的措施。

【解析】（1）项目进度控制的组织措施

进度控制的主要工作环节包括进度目标的分析和论证、编制进度计划、定期跟踪进度计划的执行情况、采取纠偏措施以及调整进度计划。

进度控制工作包含了大量的组织和协调工作，而会议是组织和协调的重要手段，应进行有关进度控制会议的组织设计。

（2）项目进度控制的管理措施

建设工程项目进度控制的管理措施涉及管理的思想、管理的方法、管理的手段、承发包模式、合同管理和风险管理等。

重视信息技术（包括相应的软件、局域网、互联网以及数据处理设备）在进度控制中的应用。

因此，正确选项是A、B、E。

86. A、B、C、D

【考点】全面质量管理思想和方法的应用。

【解析】全过程质量管理，是指根据工程质量的形成规律，从源头抓起，全过程推进。GB/T 19000—2008质量管理体系标准强调质量管理的“过程方法”管理原则，要求应用“过程方法”进行全过程质量控制。要控制的主要过程有：项目策划与决策过程；勘察设计过程；设备材料采购过程；施工组织与实施过程；检测设施控制与计量过程；施工生产的检验试验过程；工程质量的评定过程；工程竣工验收与交付过程；工程回访维修服务过程等。

因此，正确选项是A、B、C、D。

87. A、B、C、E

【考点】施工质量计划的内容与编制方法。

【解析】施工质量计划的基本内容一般应包括：

（1）工程特点及施工条件（合同条件、法规条件和现场条件等）分析；

（2）质量总目标及其分解目标；

（3）质量管理组织机构和职责，人员及资源配置计划；

（4）确定施工工艺与操作方法的技术方案和施工组织方案；

（5）施工材料、设备等物资的质量管理及控制措施；

（6）施工质量检验、检测、试验工作的计划安排及其实施方法与检测标准；

（7）施工质量控制点及其跟踪控制的方式与要求；

（8）质量记录的要求等。

因此，正确选项是A、B、C、E。

88. A、B、D、E

【考点】施工过程质量验收。

【解析】分部工程的验收在其所含各分项工程验收的基础上进行。

分部工程应由总监理工程师（建设单位项目负责人）组织施工单位项目负责人和技术、质量负责人等进行验收；地基与基础、主体结构分部工程的勘察、设计单位工程项目负责人和施工单位技术、质量部门负责人也应参加相关分部工程验收。

必须注意的是，由于分部工程所含的各分项工程性质不同，因此它并不是在所含分项验收基础上的简单相加，即所含分项验收合格且质量控制资料完整，只是分部工程质量验收的基本条件，还必须在此基础上对涉及安全和使用功能的地基基础、主体结构、有关安全及重要使用功能的安装分部工程进行见证取样试验或抽样检测；而且还需要对其观感质量进行验收，并综合给出质量评价，对于评价为“差”的检查点应通过返修处理等进行补救。

因此，正确选项是A、B、D、E。

89. A、B、D、E

【考点】施工质量问题和质量事故的处理。

【解析】事故调查要按规定区分事故的大小分别由相应级别的人民政府直接或授权委托有关部门组织事故调查组进行调查。未造成人员伤亡的一般事故，县级人民政府也可以委托事故发生单位组织事故调查组进行调查。

原因分析要建立在事故情况调查的基础上，避免情况不明就主观推断事故的原因。特别是对涉及勘察、设计、施工、材料和管理等方面的质量事故，事故的原因往往错综复杂，因此，必须对调查所得到的数据、资料进行仔细的分析，依据国家有关法律法规和工程建设标准分析事故的直接原因和间接原因，必要时组织对事故项目进行检测鉴定和专家技术论证，去伪存真，找出造成事故的主要原因。

事故的处理要建立在原因分析的基础上，要广泛地听取专家及有关方面的意见，经科学论证，决定事故是否要进行技术处理和怎样处理。在制定事故处理的技术方案时，应做到安全可靠、技术可行、不留隐患、经济合理、具有可操作性、满足项目的安全和使用功能要求。

事故处理后，必须尽快提交完整的事故处理报告，其内容包括：事故调查的原始资料、测试的数据；事故原因分析和论证结果；事故处理的依据；事故处理的技术方案及措施；实施技术处理过程中有关的数据、记录、资料；检查验收记录；对事故相关责任者的处罚情况和事故处理的结论等。

因此，正确选项是A、B、D、E。

90. A、C、D、E

【考点】直方图法的应用。

【解析】生产过程的质量正常、稳定和受控，还必须在公差标准上、下界限范围内达到质量合格的要求。只有这样的正常、稳定和受控才是经济合理的受控状态，如图3所示。

图4质量特性数据分布偏下限，易出现不合格，在管理上必须提高总体能力。

图5质量特性数据的分布宽度边界达到质量标准的上下界限，其质量能力处于临界状态，易出现不合格，必须分析原因，采取措施。

图6质量特性数据的分布居中且边界与质量标准的上下界限有较大的距离，说明其质量能力偏大，不经济。

图7和图8的数据分布均已出现超出质量标准的上下界限，这些数据说明生产过程存在质量不合格，需要分析原因，采取措施进行纠偏。

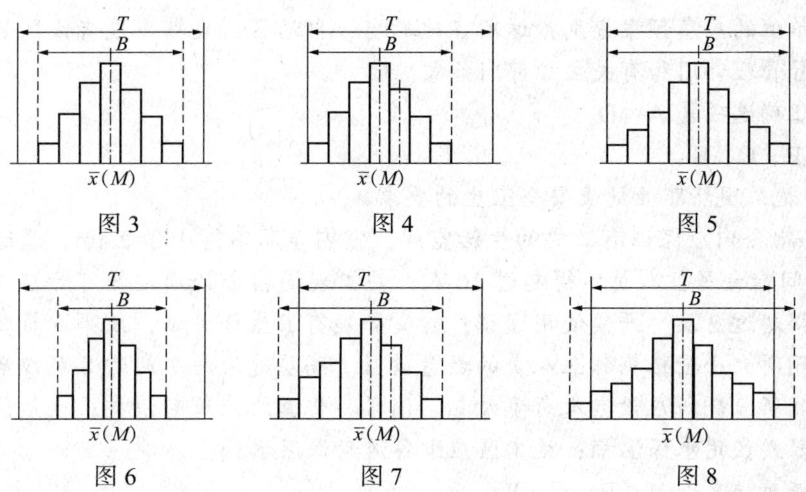

图3 图4 图5

图6 图7 图8

因此，正确选项是A、C、D、E。

91. B、C、D、E

【考点】安全生产管理制度。

【解析】特种作业人员应具备的条件是：

（1）年满18周岁，且不超过国家法定退休年龄；

（2）经社区或者县级以上医疗机构体检健康合格，并无妨碍从事相应特种作业的器质性心脏病、癫痫病、美尼尔氏症、眩晕症、癔症、震颤麻痹症、精神病、痴呆症以及其他疾病和生理缺陷；

（3）具有初中及以上文化程度；

（4）具备必要的安全技术知识与技能；

（5）相应特种作业规定的其他条件。

特种作业人员必须经专门的安全技术培训并考核合格，取得《中华人民共和国特种作业操作证》后，方可上岗作业。

特种作业人员应当接受与其所从事的特种作业相应的安全技术理论培训和实际操作培训。已经取得职业高中、技工学校及中专以上学历的毕业生从事与其所学专业相应的特种作业，持学历证明经考核发证机关同意，可以免予相关专业的培训。

跨省、自治区、直辖市从业的特种作业人员，可以在户籍所在地或者从业所在地参加培训。

因此，正确选项是B、C、D、E。

92. A、D

【考点】生产安全事故应急预案的管理。

【解析】地方各级安全生产监督管理部门的应急预案，应当报同级人民政府和上一级安全生产监督管理部门备案。

其他负有安全生产监督管理职责的部门的应急预案，应当抄送同级安全生产监督管理部门。

中央管理的总公司（总厂、集团公司、上市公司）的综合应急预案和专项应急预案，报国务院国有资产监督管理部门、国务院安全生产监督管理部门和国务院有关主管部门备案；其所属单位的应急预案分别抄送所在地的省、自治区、直辖市或者设区的市人民政府安全生产监督管理部门和有关主管部门备案。

因此，正确选项是A、D。

93. A、B、C、E

【考点】施工现场职业健康安全卫生的要求。

【解析】宿舍内应保证有必要的生活空间，室内净高不得小于2.4m，通道宽度不得小于0.9m，每间宿舍居住人员不得超过16人；施工现场宿舍必须设置可开启式窗户，宿舍内的床铺不得超过2层，严禁使用通铺；食堂必须有卫生许可证，炊事人员必须持身体健康证上岗；厕所大小应根据作业人员的数量设置。高层建筑施工超过8层以后，每隔四层宜设置临时厕所，厕所应设专人负责清扫、消毒、化粪池应及时清掏；生活区应设置开水炉、电热水器或饮用水保温桶；施工区应配备流动保温水桶。

因此，正确选项是A、B、C、E。

94. A、D、E

【考点】合同的谈判与签约。

【解析】关于合同款支付方式的条款：建设工程施工合同的付款分四个阶段进行，即预付款、工程进度款、最终付款和退还保留金。关于支付时间、支付方式、支付条件和支付审批程序等有很多种可能的选择，并且可能对承包人的成本、进度等产生比较大的影响。

因此，正确选项是A、D、E。

95. A、C、E

【考点】施工承包合同的内容。

【解析】出入现场的权利：除专用合同条款另有约定外，发包人应根据施工需要，负责取得出入施工现场所需的批准手续和全部权利，以及取得因施工所需修建道路、桥梁以及其他基础设施的权利，并承担相关手续费用和建设费用，因此A选项正确。承包人未合理预见进出施工现场路径所增加的费用由承包人承担，因此B选项错误。场外交通设施无法满足工程施工需要的，由发包人负责完善并承担相关费用，因此C选项正确。因承包人原因造成道路或交通设施损坏的，承包人负责修复并承担由此增加的费用，因此D选项错误。运输超重件所需的道路临时加固费用由承包人承担，因此E选项正确。

因此，正确选项是A、C、E。

96. C、D、E

【考点】总价合同的运用。

【解析】固定总价合同的价格计算是以图纸及规定、规范为基础，工程任务和内容明确，业主的要求和条件清楚，合同总价一次包死，固定不变，即不再因为环境的变化和工程量的增减而变化。在这类合同中，承包商承担了全部的工作量和价格的风险。在国际上，这种合同被广泛接受和采用，因为有比较成熟的法规和先例的经验；在固定总价合同中还可以约定，在发生重大工程变更、累计工程变更超过一定幅度或者其他特殊条件下可以对合同价格进行调整；采用固定总价合同，双方结算比较简单，但是由于承包商承担了较大的风险，因此报价中不可避免地要增加一笔较高的不可预见风险费。

因此，正确选项是C、D、E。

97. A、C、E

【考点】施工合同风险管理。

【解析】建设工程施工合同的风险中，属于管理风险的有：

（1）对环境调查和预测的风险；

（2）合同条款不严密、错误、二义性，工程范围和标准存在不确定性；

（3）承包商投标策略错误，错误地理解业主意图和招标文件，导致实施方案错误、报价失误等；

（4）承包商的技术设计、施工方案、施工计划和组织措施存在缺陷和漏洞，计划不周；

（5）实施控制过程中的风险。

因此，正确选项是A、C、E。

98. C、D、E

【考点】施工合同履行过程中的诚信自律。

【解析】根据《全国建筑市场各方主体不良行为记录认定标准》，属于承揽业务方面的不良行为如下：

（1）利用向发包单位及其工作人员行贿、提供回扣或者给予其他好处等不正当手段承揽的；

（2）相互串通投标或者与招标人串通投标的；以向招标人或者评标委员会成员行贿的手段谋取中标的；

（3）以他人名义投标或者以其他方式弄虚作假，骗取中标的；

（4）不按照与招标人订立的合同履行义务，情节严重的；

（5）将承包的工程转包或者违法分包的。

因此，正确选项是C、D、E。

99. A、B、E

【考点】索赔的依据。

【解析】书证是指以其文字或数字记载的内容起证明作用的书面文书和其他载体。如合同文本、财务账册、欠据、收据、往来信函以及确定有关权利的判决书、法律文件等。

因此，正确选项是A、B、E。

100. A、C、D、E

【考点】工程项目管理信息系统的功能。

【解析】工程项目管理信息系统的功能中，属于成本控制子系统的有：

（1）投标估算的数据计算和分析；

（2）计划施工成本；

（3）计算实际成本；

（4）计划成本与实际成本的比较分析；

（5）根据工程的进展进行施工成本预测等。

因此，正确选项是A、C、D、E。

第二部分

模拟试题及解析

一级建造师《建设工程项目管理》模拟试题（一）

一、单项选择题

1. 建设工程项目决策阶段，其管理工作的主要任务是（　　）。

A. 报批项目建议书　　B. 调查项目的实施环境

C. 确定项目的定义　　D. 分析项目的实施条件

2. 建设工程项目管理的时间范畴是指建设工程项目的（　　）。

A. 实施阶段　　B. 施工阶段

C. 决策阶段　　D. 运行阶段

3. 编制项目可行性研究报告是项目（　　）阶段的工作。

A. 设计　　B. 决策

C. 设计准备　　D. 施工

4. 反映一个组织系统中各子系统之间或各元素（各工作部门或各管理人员）之间指令关系的是（　　）。

A. 组织结构模式　　B. 组织分工

C. 工作流程组织　　D. 项目结构图

5. 关于建设工程项目系统特征的说法，错误的是（　　）。

A. 建设项目都是一次性，没有两个完全相同的项目

B. 建设项目全寿命周期一般由决策阶段、实施阶段和运营阶段组成，各阶段的工作任务和工作目标不同，其参与或涉及的单位也不相同，它的全寿命周期持续时间长

C. 一个建设项目的任务往往由多个，甚至很多个单位共同完成，它们的合作多数不是固定的合作关系，并且一些参与单位的利益不尽相同，甚至相对立

D. 建设项目中的各单项工程是相互独立的

6. 工程项目策划是一个（　　）的工作过程。

A. 封闭性　　B. 循环性

C. 开放性　　D. 动态性

7. 下列项目决策阶段策划的工作内容中，不属于管理策划的是（　　）。

A. 项目实施期管理总体方案　　B. 生产运营期设施管理总体方案

C. 生产运营期经营管理总体方案　　D. 建设周期规划和论证

8. 项目管理咨询公司所提供的项目管理服务，其工作性质属于（　　）。

A. 工程顾问　　B. 工程技术

C. 工程监督　　D. 工程采购

9. 业主方委托一个施工单位或由多个施工单位组成的施工联合体或施工合作体进行

项目建设的方式，称为（　　）。

A. 施工总承包模式
B. 分包模式
C. 施工总承包管理模式
D. EPC 模式

10. 关于施工总承包管理模式中投资控制的说法，错误的是（　　）。

A. 一部分施工图完成后，业主就可单独或与施工总承包管理单位共同进行该部分工程的招标，分包合同的投标报价和合同价以施工图为依据

B. 在进行对施工总承包管理单位的招标时，只确定施工总承包管理费，而不确定工程总造价，这可能成为业主控制总投资的风险

C. 业主只需要进行一次招标，与施工总承包商签约，因此招标及合同管理工作量将会减小

D. 多数情况下，由业主方与分包人直接签约，这样有可能增加业主方的风险

11. 项目管理规划包括项目管理规划大纲和（　　）。

A. 项目管理实施规划
B. 项目管理规划方案
C. 项目管理实施计划
D. 项目管理实施细则

12. 根据《建筑施工组织设计规范》GB/T 50502—2009，施工组织设计应由（　　）主持编制。

A. 项目负责人
B. 项目技术负责人
C. 项目总监理工程师
D. 施工单位技术负责人

13. 控制项目目标最重要的措施是（　　）。

A. 组织措施
B. 管理措施
C. 经济措施
D. 技术措施

14. 施工项目经理发现由于项目部采购材料不及时而影响了施工进度，采取了下列纠偏措施，属于组织措施的是（　　）。

A. 调整采购部门管理人员
B. 调整材料采购价格
C. 增加材料采购的资金投入
D. 变更材料采购合同

15. 关于施工项目经理的说法，正确的是（　　）。

A. 项目经理是施工企业法定代表人

B. 项目经理是施工企业法定代表人在工程项目上的代表人

C. 项目经理是一个技术岗位，而不是管理岗位

D. 项目经理须在企业管理领导下主持项目管理工作

16. 沟通过程包括（　　）要素。

A. 沟通主体、沟通客体、沟通介体、沟通内容和沟通渠道

B. 沟通主体、沟通客体、沟通介体、沟通环境和沟通方法

C. 沟通主体、沟通客体、沟通介体、沟通内容和沟通方法

D. 沟通主体、沟通客体、沟通介体、沟通环境和沟通渠道

17. 将项目难以控制的风险向保险公司投保，是风险对策中的（　　）措施。

A. 风险转移
B. 风险减轻
C. 风险规避
D. 风险自留

18. 工程项目实施过程中，监理人发现工程设计不符合国家颁布的建设工程质量标

准，则应当（　　）。

A. 自行对设计进行修改
B. 直接要求设计人更正
C. 要求承包人提出变更建议
D. 书面报告委托人并要求设计人更正

19. 分析施工成本偏差的原因时，应采取（　　）的方法。

A. 定性
B. 定量
C. 定性或定量
D. 定性和定量相结合

20. 施工预算编制的深度要能够满足（　　）的要求，以便加强管理、实行班组经济核算。

A. 项目部与公司签订成本责任合同
B. 签发施工任务单和限额领料单
C. 制定项目部内部成本责任计划
D. 制定项目部内部成本责任计划及进度计划

21. 编制施工预算时，若定额中仅给出砌筑砂浆、混凝土标号，而没有给出砂、石子、水泥用量时，应根据砂浆或混凝土的标号，按（　　）进行二次分析。

A. 定额附录的基本定额
B. 定额附录的《砂浆配合比表》和《混凝土配合比表》
C. 定额附录的调整明细表
D. 设计文件中的砂浆和混凝土配合比

22. 关于成本控制程序的说法，正确的是（　　）。

A. 管理行为控制程序是成本全过程控制的重点
B. 指标控制程序是成本进行过程控制的基础
C. 能否达到预期的成本控制目标是成本控制是否成功的关键
D. 成本控制程序是对项目成本进行结果控制的主要内容

23. 施工成本的过程控制中，人工费的控制宜采用（　　）方法。

A. 量化管理
B. 弹性控制
C. 量价分离
D. 指标包干

24. 施工成本偏差分析可采用不同的表达方法，通常采用（　　）。

A. 网络图法、表格法和曲线法
B. 网络图法、横道图法和表格法
C. 比较法、因素分析法和差额计算法
D. 横道图法、表格法和曲线法

25. 分部分项工程成本分析中，“三算”对比指的是（　　）的对比。

A. 预算成本、目标成本和实际成本
B. 概算成本、目标成本和计划成本
C. 预算成本、目标成本和计划成本
D. 概算成本、目标成本和实际成本

26. 对建设工程项目整个实施阶段的进度进行控制是（　　）的任务。

A. 投资方
B. DB 总承包方
C. 施工总承包管理方
D. 项目使用方

27. 建设工程项目的业主和参与方都有进度控制的任务，各方（　　）。

A. 控制的目标相同，但控制的时间范畴不同

B. 控制的目标不同，但控制的时间范畴相同

C. 控制的目标和时间范畴均相同

D. 控制的目标和时间范畴均不同

28. 某工程采用工程总承包的模式，则（　　）也是工程总承包方项目管理的任务。

A. 协助业主进行项目总进度目标的控制

B. 协助业主进行项目前期报批进度的控制

C. 协助业主进行项目设计进度的检查

D. 协助业主进行供应商供货进度的检查

29. 在进行建设工程项目总进度目标控制前，首先应（　　）。

A. 分析和论证进度目标实现的可能性

B. 分析和论证进度计划系统结构的合理性

C. 分析和论证进度计划系统目标的合理性

D. 分析和论证进度计划方法采用的适用性

30. 关于横道图进度计划特点的说法，正确的是（　　）。

A. 工序之间的逻辑关系表达清楚

B. 适用于手工编制进度计划

C. 可以适应大的进度计划系统

D. 能够直观确定计划的关键工作、关键线路与时差

31. 已知在某双代号网络计划中，计算工期等于计划工期为 52 天，所有经过工作 P 的线路的持续时间分别为 46 天、45 天、39 天，则工作 P 的总时差为（　　）天。

A. 4　　　　B. 6

C. 12　　　　D. 8

32. 已知某网络计划中，工作 M 的自由时差为 3 天，总时差为 5 天。通过检查分析，发现该工作的实际进度拖后，且影响总工期 2 天。在其他工作均正常的前提下，工作 M 的实际进度拖后（　　）天。

A. 5　　　　B. 7

C. 6　　　　D. 9

33. 关于关键工作和关键线路的说法，正确的是（　　）。

A. 关键工作不能在非关键线路上

B. 关键线路上的工作全部是关键工作

C. 关键线路上不允许出现虚工作

D. 关键线路上工作的总时差均为零

34. 在某工程网络计划中，工作 J 的最迟完成时间为第 28 天，其持续时间为 6 天。该工作有两项紧前工作，它们的最早完成时间分别为第 15 天和第 18 天，则工作 J 的总时差为（　　）天。

A. 12　　　　B. 10

C. 4　　　　D. 6

35. 选用对实现进度目标有利的设计技术和施工技术。这属于进度控制的（　　）。

A. 组织措施　　B. 管理措施

C. 经济措施　　D. 技术措施

36. 关于质量控制的说法，正确的是（　　）。

A. 质量控制就是质量管理

B. 质量控制是质量管理的一部分，是为达到质量要求所进行的一系列相关活动

C. 只要具备相关作业技术能力，就能产生合格的质量

D. 要具备相关的作业技术能力和科学的管理活动才能实现预期的质量目标

37. 工程项目质量控制中，项目参与各方的质量控制应围绕着致力于满足（　　）的质量总目标而展开。

A. 规范规定　　B. 质量监督机构提出

C. 业主要求　　D. 参建方各自确定

38. 建立质量管理体系和进行质量管理的基本方法是（　　）。

A. PDCA 循环　　B. 全过程质量控制

C. 全面质量管理　　D. 建立和实施质量管理体系

39. 控制工程项目施工过程的质量，必须控制全部作业过程，即从最基本的（　　）入手。

A. 各道工序施工质量　　B. 分项工程质量

C. 分部工程质量　　D. 单位工程质量

40. 施工质量计划的编制主体是（　　）。

A. 业主　　B. 设计单位

C. 施工承包企业　　D. 监理单位

41. 施工企业在属于“见证点”的重要部位施工作业时，应当在该项作业开始前（　　）书面通知现场监理机构到位旁站，见证施工作业过程。

A. 24h　　B. 48h

C. 72h　　D. 5d

42. 检验批的质量验收，应由（　　）组织。

A. 项目经理　　B. 项目专业质量检验员

C. 监理工程师　　D. 项目专业技术负责人

43. 建设工程项目竣工验收过程中的组织协调，须以（　　）为核心进行。

A. 建设单位　　B. 监理工程师

C. 施工方技术主管　　D. 质量监督机构

44. 根据住房和城乡建设部《关于做好房屋建筑和市政基础设施工程质量事故报告和调查处理工作的通知》（建质［2010］111 号），造成 4000 万元直接经济损失的事故是（　　）。

A. 特别重大事故　　B. 重大事故

C. 较大事故　　D. 一般事故

45. 施工质量事故报告和调查处理的工作，包括：①事故调查；②事故报告；③事故的原因分析；④提交事故处理报告；⑤事故处理的鉴定验收。其正确的工作顺序是（　　）。

A. ①—②—③—④—⑤ B. ①—②—③—⑤—④

C. ②—①—③—④—⑤ D. ②—①—③—⑤—④

46. 应用分层法的关键是调查分析的类别和层次划分，如按合同结构分通常分为(　　)。

A. 总承包合同、分包合同、设计合同

B. 总承包合同、分包合同、监理合同

C. 总承包合同、专业分包、劳务分包

D. 总成包合同、施工合同、材料供应合同

47. 政府质量监督机构对建设工程质量的监督包括监督工程建设各方主体的质量行为和(　　)。

A. 监督检查施工项目进度及投资

B. 监督检查工程实体的施工质量

C. 监督检查施工现场的安全状况

D. 验收工程项目施工质量

48. 关于职业健康安全与环境管理体系内部审核的说法，正确的是(　　)。

A. 内部审核是最高管理者对管理体系的系统评价

B. 内部审核是管理体系接受政府监督的一种机制

C. 内部审核是管理体系自我保证和自我监督的一种机制

D. 内部审核是对相关的法律的执行情况进行评价

49. 下列各项安全制度中，最基本且是所有安全生产管理制度核心的制度是(　　)。

A. 安全生产责任制 B. 安全教育制度

C. 安全检查制度 D. 安全措施计划制度

50. 建设工程施工安全生产管理的安全生产责任制是指(　　)。

A. 各级隶属关系的企业和企业主管单位要按当地安全生产行政主管部门规定的时间报送安全事故报告的制度

B. 是通过对生产过程中涉及的计划、组织、监控、调节和改进等一系列管理活动，保证安全生产的制度

C. 按照安全生产管理方针和“管生产的同时必须管安全”的原则，将各级负责人员、各职能部门及其工作人员和各岗位生产工人在安全生产方面应做的事情加以明确规定的一种制度

D. 是使生产过程处于避免人身伤害、设备损坏及其他不可接受的损害风险的管理制度

51. 关于生产安全事故应急预案管理的说法，正确的是(　　)。

A. 生产经营单位应每半年组织 1 次现场处置方案演练

B. 生产经营单位应每年至少组织 2 次综合应急预案演练

C. 应急预案应报同级人民政府和上一级应急管理部门备案

D. 参建单位的安全生产及应急管理方面的专家，均可受邀参加应急预案评审

52. 应急预案体系应针对各级各类(　　)，制订专项应急预案和现场应急处置方案。

A. 可能发生的事故 B. 部分危险源

C. 所有危险源　　　　　　　　　　D. 可能发生的事故和所有危险源

53. 清理高层建筑施工垃圾，正确的做法是（　　）。

A. 将各楼层施工垃圾焚烧后装入密封容器吊走

B. 将施工垃圾洒水后沿临边窗口倾倒至地面后集中处理

C. 将施工垃圾从电梯井倾倒至地面后集中处理

D. 将各楼层施工垃圾装入密封容器吊走

54. 噪声的分类中，按（　　）可分为交通噪声、工业噪声、建筑施工的噪声。

A. 噪声的大小　　　　　　　　　　B. 噪声的来源

C. 振动性质　　　　　　　　　　　D. 噪声的特点

55. 下列建设工程项目招标投标活动中，属于合同要约行为的是（　　）。

A. 订立承包合同　　　　　　　　　B. 提交投标文件

C. 发布招标公告　　　　　　　　　D. 发出中标通知书

56. 根据《建设工程施工合同（示范文本）》GF—2017—0201，以书面形式提供有关水文地质勘探和地下管线资料，提供现场测量基准点，基准线和水准点有关资料，并进行现场交验，是（　　）的责任和义务。

A. 发包人　　　　　　　　　　　　B. 承包人

C. 设计人　　　　　　　　　　　　D. 监理人

57. 建设工程施工劳务分包合同中，劳务分包人的义务包括（　　）。

A. 负责与发包人、监理、设计及有关部门联系，协调现场工作关系

B. 对工程的工期和质量向发包人负责

C. 严格按照设计图纸、施工验收规范、有关技术要求及施工组织设计精心组织施工，确保工程质量达到约定的标准

D. 完成水、电、热、电信等施工管线和施工道路，并满足完成本合同劳务作业所需的能源供应和质量要求

58. 根据《建设工程施工合同（示范文本）》GF—2017—0201，图纸会审和设计交底应由（　　）组织。

A. 总监理工程师　　　　　　　　　B. 设计单位

C. 承包人　　　　　　　　　　　　D. 发包人

59. 某土石方工程实行混合计价。其中土方工程实行总价包干，包干价 14 万元；石方工程实行单价合同。该工程有关工程量和价格资料见下表。则该工程结算价款为（　　）万元。

	估计工程量（m^3）	实际工程量（m^3）	承包单价（元 /m^3）
土方工程	4000	4200	
石方工程	2800	3000	120

A. 47.6　　　　　　　　　　　　　B. 48.3

C. 50.0　　　　　　　　　　　　　D. 50.7

60. 固定单价合同适用于（　　）的项目。

A. 工期短、工程量变化幅度不大　　B. 工期长、工程量变化幅度不大

C. 工期短、工程量变化幅度很大　　D. 工期长、工程量变化幅度很大

61. 下列施工合同风险中，不属于管理风险的是（　　）。

A. 合同条款不严密、错误、二义性，工程范围和标准存在不确定性

B. 承包商的技术设计、施工方案、施工计划和组织措施存在缺陷和漏洞，计划不周

C. 对环境调查和预测的风险。对现场和周围环境条件缺乏足够全面和深入的调查，对影响投标报价的风险、意外事件和其他情况的资料缺乏足够的了解和预测

D. 承包商的技术能力、施工力量、装备水平和管理能力不足，没有合适的技术专家和项目管理人员，不能积极履行合同

62. 预付款担保的主要形式是（　　）。

A. 现金　　B. 采取抵押

C. 保证担保　　D. 银行保函

63. 合同价格分析时，对于“违约责任”的分析，并不分析（　　）。

A. 由于不可抗力造成对方人员和财产损失的赔偿条款

B. 由于预谋或故意行为造成对方损失的处罚和赔偿条款

C. 承包人不能按合同规定工期完成工程的违约金或承担发包人损失的条款

D. 由于承包人不履行或不能正确地履行合同责任，或出现严重违约时的处理规定

64. 合同实施偏差调整措施中，属于经济措施的是（　　）。

A. 增加投入　　B. 增加人员投入

C. 采取索赔手段　　D. 采用新的高效率的施工方案

65. 下列干扰事件中，承包商不能提出工期索赔的是（　　）。

A. 异常恶劣的气候条件

B. 开工前业主未能及时交付施工图纸

C. 工程师指示承包商加快施工进度

D. 业主未能及时支付工程款造成工期延误

66. 反索赔的工作内容是（　　）。

A. 防止对方提出索赔，而向对方索赔

B. 反对对方提出索赔，而向对方索赔

C. 防止对方提出索赔，反击或反驳对方的索赔要求

D. 反对对方提出索赔，反击或反驳对方的索赔要求

67. 国际工程施工承包合同争议解决的方式中，最常用、最有效，也是应该首选的解决方式是（　　）。

A. 协商　　B. 调解

C. 诉讼　　D. 仲裁

68. 根据 FIDIC 条件，关于 DAB（争端裁决委员会）方式解决争议的说法，正确的是（　　）。

A. 业主应按支付条件支付 DAB 报酬的 70%

B. DAB 提出的裁决具有终局性

C. 特聘争端裁决委员的任期与合同期限一致

D. DAB 的成员一般是工程技术和管理方面的专家

69. 项目信息管理的目的旨在通过有效的项目信息传输的组织和控制，为项目建设的（　　）服务。

A. 质量　　B. 增值

C. 安全　　D. 进度

70. 对建设工程项目信息进行综合分类（即按多维进行分类），第三维是指（　　）。

A. 按项目管理工作的任务　　B. 按项目的分解结构

C. 按项目信息的内容　　D. 按项目实施的工作过程

二、多项选择题

71. 设计方的项目管理目标包括（　　）。

A. 成本目标　　B. 进度目标

C. 安全目标　　D. 项目的投资目标

E. 项目的运营目标

72. 组织论是一门学科，是与项目管理学相关的一门非常重要的基础理论学科，它主要研究系统的（　　）。

A. 技术流程主旨　　B. 合同关系

C. 组织结构模式　　D. 组织目标

E. 组织分工

73. 国际上，项目管理的方式主要有（　　）。

A. 业主方自行项目管理

B. 业主方委托项目管理咨询公司承担全部业主方项目管理的任务

C. 业主方委托项目管理咨询公司与业主方人员共同进行项目管理，业主方从事项目管理的人员在项目管理咨询公司委派的项目经理的领导下工作

D. 业主委托施工单位进行管理

E. 业主委托监理单位进行管理

74. 施工组织总设计的主要内容包括（　　）。

A. 工程概况　　B. 主要施工方法

C. 总体施工准备与主要资源配置计划　　D. 施工管理计划

E. 施工总进度计划

75. 项目目标控制的主要措施有（　　）。

A. 组织措施　　B. 管理措施

C. 经济措施　　D. 技术措施

E. 生产措施

76. 一般来说，沟通能力包括（　　）。

A. 表达能力　　B. 争辩能力

C. 倾听能力　　D. 说服能力

E. 设计能力

77. 企业进行风险管理时，其采取的方法应符合（　　）的要求。

A. 公众利益　　B. 有关法规

C. 社会发展　　　　D. 人身安全

E. 环境保护

78. 监理工程师应当按照工程监理规范的要求，采取（　　）等形式对建设工程实施监理。

A. 旁站　　　　B. 抽查

C. 巡视　　　　D. 平行检验

E. 见证取样

79. 下列成本计划中，属于按其发挥作用编制的成本计划有（　　）。

A. 竞争性成本计划　　　　B. 指导性成本计划

C. 实施性成本计划　　　　D. 控制性成本计划

E. 分析性成本计划

80. 施工成本控制的依据有（　　）。

A. 工程承包合同　　　　B. 进度报告

C. 施工组织设计　　　　D. 监理合同

E. 工程变更

81. 施工成本分析的依据包括（　　）。

A. 资产负债表　　　　B. 利润表

C. 物资消耗定额记录　　　　D. 统计核算资料

E. 施工预算

82. 在项目的实施阶段，项目总进度应包括（　　）。

A. 设计前准备阶段的工作进度　　　　B. 设计工作进度

C. 工程物资采购工作进度　　　　D. 分包商进场进度

E. 机械设备进场进度

83. 关于双代号网络计划绘图规则的说法，正确的有（　　）。

A. 网络图中必须要有虚工作

B. 网络图必须正确表达各工作间的逻辑关系

C. 网络图中一个节点只有一条箭线引入和一条箭线引出

D. 网络图中严禁出现没有箭头节点或没有箭尾节点的箭线

E. 单目标网络计划只有一个起点节点和一个终点节点

84. 某单代号搭接网络计划如下图所示，正确的有（　　）。

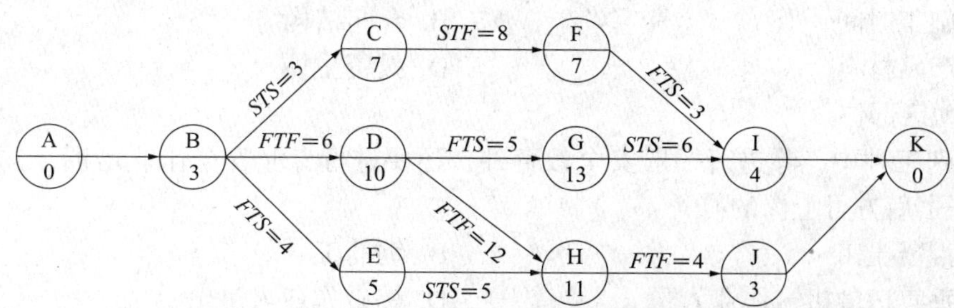

某工程单代号搭接网络计划图

A. 该网络计划的关键线路有 2 条　　　　B. D 工作的最早完成时间为 9

C. 关键线路长度为 28　　　　　　　　D. E 工作的总时差为 0

E. F 工作的最迟开始时间为 14

85. 下列进度控制的措施中，属于组织措施的有（　　）。

A. 进行工程进度的风险分析

B. 落实资金供应的条件

C. 编制项目进度控制的工作流程

D. 确定各类进度计划的审批程序

E. 进行有关进度控制会议的组织设计

86. 建设工程项目质量控制体系的质量控制制度包括（　　）。

A. 报告审批制度　　　　　　　　B. 例会制度

C. 协调制度　　　　　　　　　　D. 质量验收制度

E. 质量责任制度

87. 施工生产要素的质量控制，包括（　　）质量控制。

A. 施工人员　　　　　　　　　　B. 材料设备

C. 工艺方案　　　　　　　　　　D. 施工机械

E. 设计文件

88. 单位（子单位）工程质量验收合格，应符合（　　）的规定。

A. 单位（子单位）工程所含分部（子分部）工程的质量均应验收合格

B. 质量控制资料基本完整

C. 单位（子单位）工程所含分部工程有关安全和功能的检验资料应完整

D. 主要功能项目的抽查结果应符合相关专业质量验收规范的规定

E. 观感质量验收应符合要求

89. 施工质量事故处理的基本要求有（　　）。

A. 质量事故的处理应达到安全可靠、不留隐患

B. 施工中必须按照图纸和施工验收规范、操作规程进行

C. 重视消除造成事故的原因，注意综合治理

D. 要严格按照制度进行质量检查和验收

E. 正确确定技术处理的范围和正确选择处理的时间和方法

90. 在运用分层法对工程项目质量进行统计分析时，通常可以按照（　　）等分层方法取得原始数据。

A. 施工时间　　　　　　　　　　B. 合同结构

C. 产品材料　　　　　　　　　　D. 投资主体

E. 地区部位

91. 下列工种中，除进行一般安全教育外，还要进行专业安全作业培训，并取得特种作业操作证书后方可上岗的有（　　）。

A. 混凝土工　　　　　　　　　　B. 钢筋工

C. 垂直运输机械作业人员　　　　D. 爆破作业人员

E. 起重机械安装工

92. 关于生产安全事故应急预案编制的说法，正确的有（　　）。

A. 符合有关法律、法规、规章和标准的规定

B. 应急组织和人员的职责分工明确，并有具体的落实措施

C. 必须且仅结合本单位的安全生产实际情况

D. 必须且仅结合本单位的危险性分析情况

E. 预案基本要素齐全、完整，预案附件提供的信息准确

93.《环境保护法》和《环境影响评价法》对建设工程项目环境保护的基本要求有（　　）。

A. 建设工程项目选址、选线、布局应当符合区域、流域规划和城市总体规划

B. 应满足项目所在区域环境质量、相应环境功能区划和生态功能区划标准或要求

C. 对可能严重影响项目所在地居民生活环境质量的项目，环保总局必须举行听证会

D. 尽量减少建设工程施工中所产生的干扰周围生活环境的噪声

E. 防治污染的设施必须经原审批环境影响报告书的环境保护行政主管部门验收合格后，该建设工程项目方可投入生产或者使用

94. 根据我国有关法规规定，建设工程施工招标应具备的条件包括（　　）。

A. 招标人已经委托招标代理单位

B. 有招标所需的设计图纸及技术资料

C. 有相应资金或资金来源已经落实

D. 应当履行审批手续的初步设计及概算已获批准

E. 应当履行核准手续的招标范围和招标方式等已获核准

95. 根据《建设工程施工合同（示范文本）》GF—2017—0201，应由承包人自行承担责任的情况有（　　）。

A. 经工程师确认的施工组织设计和工程进度计划本身存在的缺陷

B. 因工程师不及时作出答复，导致承包人无法复工

C. 影响施工正常进行的检查检验，检查检验结果不合格

D. 工程师要求的对隐蔽工程的重新检验，检验结果合格

E. 由于承包人原因造成的工程停工

96. 对于固定总价合同，为了合理分摊风险，承包商可以在合同中约定重大变更或其他特殊条件下对合同价格进行调整，但需要在合同中明确（　　）。

A. 定义重大变更的含义　　B. 允许变更的内容

C. 特殊条件的含义　　D. 调整合同价格的方式

E. 调整合同价款的支付方式

97. 下列施工合同风险中，属于业主资信和能力风险的有（　　）。

A. 业主企业的经营状况恶化、濒于倒闭，支付能力差，资信不好，撤走资金，恶意拖欠工程款

B. 业主在工程中苛刻刁难承包商，滥用权力，施行罚款和扣款，对承包商的合理索赔要求不答复或拒不支付

C. 业主改变设计方案、施工方案，打乱工程施工秩序，发布错误指令，非正常地

干预工程但又不愿意给予承包商以合理补偿

D. 业主不能及时供应设备、材料，不及时交付场地，不及时支付工程款

E. 承包商的工作人员不积极履行合同，罢工、抗议等

98. 建设工程施工合同分析的作用有（　　）。

A. 合同任务分解、落实

B. 合同实施情况对比

C. 为合同索赔提供理由和依据

D. 分析合同风险，制定风险对策

E. 分析合同条款的漏洞，解释有争议的内容

99. 索赔意向通知，应包括的内容有（　　）。

A. 索赔事件发生的时间、地点

B. 索赔事件的发展动态

C. 要求费用或工期补偿的数量

D. 承包人为该索赔事件付出的努力和附加开支计算

E. 索赔依据和理由

100. 项目信息门户的核心功能有（　　）。

A. 项目文档管理

B. 项目合同管理

C. 项目各参与方的信息交流

D. 项目各参与方的共同工作

E. 项目风险管理

模拟试题（一）答案及解析

一、单项选择题

1. C

【考点】建设工程管理的内涵。

【解析】建设工程项目的全寿命周期包括项目的决策阶段、实施阶段和使用阶段（或称运营阶段，或称运行阶段）。其中，决策阶段管理工作的主要任务是确定项目的定义。

因此，正确选项是C。

2. A

【考点】建设工程项目管理的目标和任务。

【解析】项目的实施阶段包括设计前的准备阶段、设计阶段、施工阶段、动用前准备阶段和保修期。项目实施阶段管理的主要任务是通过管理使项目的目标得以实现。建设工程项目管理的时间范畴是建设工程项目的实施阶段。

因此，正确选项是A。

3. B

【考点】建设工程项目管理的目标和任务。

【解析】项目决策阶段的主要工作内容是编写和报批项目建议书，编制和报批可行性研究报告，如下图所示。

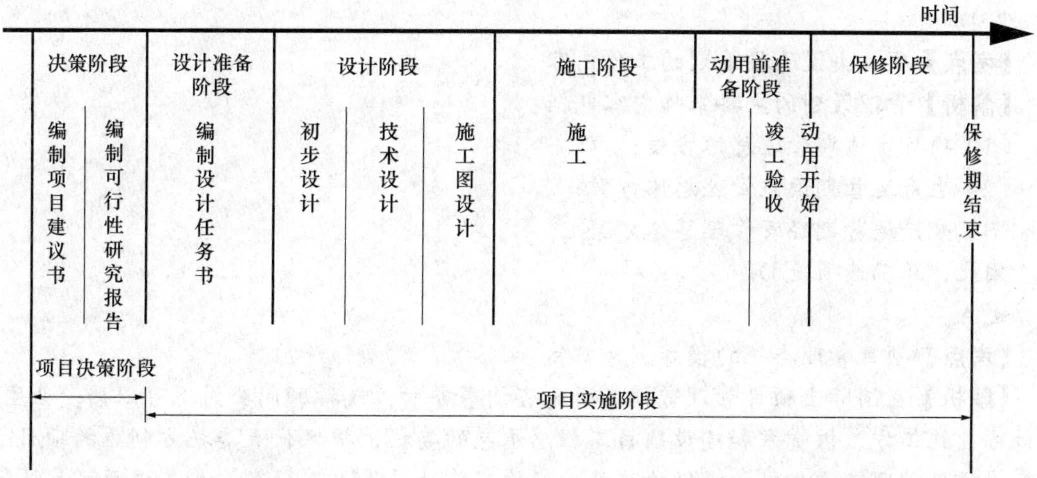

时间

决策阶段		设计准备阶段	设计阶段			施工阶段	动用前准备阶段		保修阶段
编制项目建议书	编制可行性研究报告	编制设计任务书	初步设计	技术设计	施工图设计	施工	竣工验收	动用开始	保修期结束

项目决策阶段

项目实施阶段

因此，正确选项是B。

4. A

【考点】组织论和组织工具。

【解析】组织论是一门学科，它主要研究系统的组织结构模式、组织分工和工作流程组织。它是与项目管理学相关的一门非常重要的基础理论学科。组织结构模式反映了一个组织系统中各子系统之间或各元素（各工作部门或各管理人员）之间的指令关系。组织分工反映了一个组织系统中各子系统或各元素的工作任务分工和管理职能分工。组织结构模式和组织分工都是一种相对静态的组织关系。工作流程组织则可反映一个组织系统中各项工作之间的逻辑关系，是一种动态关系。

因此，正确选项是A。

5. D

【考点】系统的概念。

【解析】系统取决于人们对客观事物的观察方式，系统可大可小，最大的系统是宇宙，最小的系统是粒子。一个企业、一个学校、一个科研项目或一个建设项目都可以被视作为一个系统，但这些不同系统的目标不同，从而形成的组织观念、组织方法和组织手段也就会不相同，各种系统的运行方式也不同。

建设工程项目作为一个系统，它与一般的系统相比，有其明显的特征，如：

（1）建设项目都是一次性，没有两个完全相同的项目；

（2）建设项目全寿命周期一般由决策阶段、实施阶段和运营阶段组成，各阶段的工作任务和工作目标不同，其参与或涉及的单位也不相同，它的全寿命周期持续时间长；

（3）一个建设项目的任务往往由多个，甚至很多个单位共同完成，它们的合作多数不是固定的合作关系，并且一些参与单位的利益不尽相同，甚至相对立。

因此，正确选项是D。

6. C

【考点】建设工程项目策划。

【解析】工程项目策划是一个开放性的工作过程，它需整合多方面专家的知识。

因此，正确选项是C。

7. D

【考点】项目决策阶段策划的工作内容。

【解析】管理策划的主要工作内容包括：

（1）项目实施期管理总体方案；

（2）生产运营期设施管理总体方案；

（3）生产运营期经营管理总体方案。

因此，正确选项是D。

8. A

【考点】项目管理委托的模式。

【解析】在国际上项目管理咨询公司（咨询事务所，或称顾问公司）可以接受业主方、设计方、施工方、供货方和建设项目工程总承包的委托，提供代表委托方利益的项目管理服务。项目管理咨询公司所提供的这类服务的工作性质属于工程咨询（工程顾问）服务。

因此，正确选项是A。

9. A

【考点】施工任务委托的模式。

【解析】业主方委托一个施工单位或由多个施工单位组成的施工联合体或施工合作体作为施工总包单位，经业主同意，施工总承包单位可以根据需要将施工任务的一部分分包给其他符合资质的分包人。施工总承包的合同结构图如下图所示。

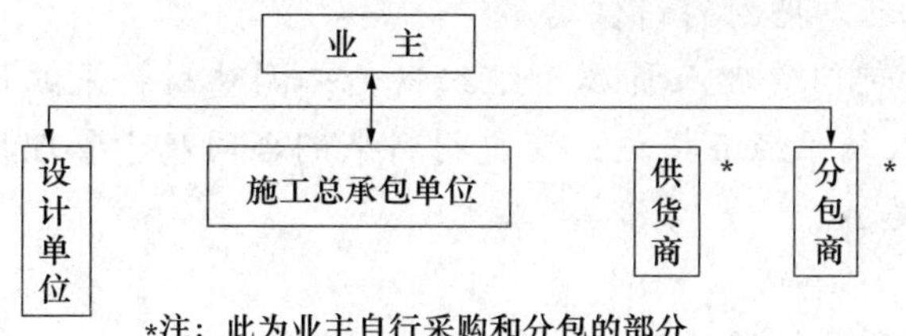

*注：此为业主自行采购和分包的部分

因此，正确选项是A。

10. C

【考点】施工任务委托的模式。

【解析】选项C是施工总承包模式的特点。一般情况下，在施工总承包管理模式下，所有分包合同的招标投标、合同谈判以及签约工作均由业主负责，业主方的招标及合同管理工作量较大。

因此，正确选项是C。

11. A

【考点】建设工程项目管理规划的内容和编制方法。

【解析】《建设工程项目管理规范》GB/T 50326—2017把项目管理规划分成两个类型："项目管理规划应包括项目管理规划大纲和项目管理实施规划两类文件"。

因此，正确选项是A。

12. A

【考点】施工组织设计的编制方法。

【解析】《建筑施工组织设计规范》GB/T 50502—2009第3.0.5条，施工组织设计的编制和审批应符合下列规定：

（1）施工组织设计应由项目负责人主持编制，可根据需要分阶段编制和审批。

（2）施工组织总设计应由总承包单位技术负责人审批；单位工程施工组织设计应由施工单位技术负责人或技术负责人授权的技术人员审批；施工方案应由项目技术负责人审批；重点、难点分部（分项）工程和专项工程施工方案应由施工单位技术部门组织相关专家评审，施工单位技术负责人批准。

（3）由专业承包单位施工的分部（分项）工程或专项工程的施工方案，应由专业承包单位技术负责人或技术负责人授权的技术人员审批；有总承包单位时，应由总承包单位项目技术负责人核准备案。

（4）规模较大的分部（分项）工程和专项工程的施工方案应按单位工程施工组织设计进行编制和审批。

因此，正确选项是A。

13. A

【考点】项目目标动态控制的纠偏措施。

【解析】组织是目标能否实现的决定性因素。应充分重视组织措施对项目目标控制的作用。

因此，正确选项是 A。

14. A

【考点】项目目标动态控制的纠偏措施。

【解析】调整采购部门管理人员属于组织措施；调整材料采购价格属于经济措施；增加材料采购的资金投入属于经济措施；变更材料采购合同属于管理措施。

因此，正确选项是 A。

15. B

【考点】施工企业项目经理的工作性质。

【解析】建筑施工企业项目经理，是指受企业法定代表人委托，对工程项目施工过程全面负责的项目管理者，是建筑施工企业法定代表人在工程项目上的代表人。

因此，正确选项是 B。

16. D

【考点】沟通过程的要素。

【解析】沟通过程包括五个要素，即：沟通主体、沟通客体、沟通介体、沟通环境和沟通渠道。

因此，正确选项是 D。

17. A

【考点】项目风险响应。

【解析】对难以控制的风险，向保险公司投保是风险转移的一种措施。

因此，正确选项是 A。

18. D

【考点】监理的工作方法。

【解析】工程监理人员认为工程施工不符合工程设计要求、施工技术标准和合同约定的，有权要求建筑施工企业改正。工程监理人员发现工程设计不符合建筑工程质量标准或者合同约定的质量要求的，应当报告建设单位要求设计单位改正。

因此，正确选项是 D。

19. D

【考点】施工成本分析。

【解析】分析成本偏差的原因，应采取定性和定量相结合的方法。

因此，正确选项是 D。

20. B

【考点】施工预算编制要求。

【解析】施工预算的项目要能满足签发施工任务单和限额领料单的要求，以便加强管理、实行班组经济核算。

因此，正确选项是 B。

21. B

【考点】施工预算编制时应注意的问题。

【解析】当定额中仅给出砌筑砂浆、混凝土标号（强度等级），而没有给出砂、石子、水泥用量时，必须根据砂浆或混凝土的标号（强度等级），按定额附录《砂浆配合比表》及《混凝土配合比表》的使用说明进行二次分析，计算出各原材料的用量。

因此，正确选项是B。

22. C

【考点】成本控制的依据和程序。

【解析】要做好施工成本的过程控制，必须制定规范化的过程控制程序。成本的过程控制中，有两类控制程序，一是管理行为控制程序，二是指标控制程序。管理行为控制程序是对成本全过程控制的基础，指标控制程序则是成本进行过程控制的重点。两个程序既相对独立又相互联系，既相互补充又相互制约。

管理行为控制的目的是确保每个岗位人员在成本管理过程中的管理行为符合事先确定的程序和方法的要求。从这个意义上讲，首先要清楚企业建立的成本管理体系是否能对成本形成的过程进行有效的控制，其次要考查体系是否处在有效的运行状态。管理行为控制程序就是为规范项目施工成本的管理行为而制定的约束和激励机制。

因此，正确选项是C。

23. C

【考点】成本控制的方法。

【解析】人工费的控制实行"量价分离"的方法，即将作业用工及零星用工按定额工日的一定比例综合确定用工数量与单价，通过劳务合同进行控制。

因此，正确选项是C。

24. C

【考点】成本分析的方法。

【解析】成本分析的基本方法包括：比较法、因素分析法、差额计算法、比率法等。

因此，正确选项是C。

25. A

【考点】施工成本的分析方法。

【解析】分部分项工程成本分析是施工项目成本分析的基础。分部分项工程成本分析的对象为已完成分部分项工程，分析的方法是：进行预算成本、目标成本和实际成本的"三算"对比，分别计算实际偏差和目标偏差，分析偏差产生的原因，为今后的分部分项工程成本寻求节约途径。

因此，正确选项是A。

26. A

【考点】项目进度控制的任务。

【解析】业主方进度控制的任务是控制整个项目实施阶段的进度，包括控制设计准备阶段的工作进度、设计工作进度、施工进度、物资采购工作进度，以及项目动用前准备阶段的工作进度。

因此，正确选项是A。

27. D

【考点】建设工程项目进度控制的概念。

【解析】建设工程项目管理有多种类型，代表不同利益方的项目管理（业主方和项目参与各方）都有进度控制的任务，但是，其控制的目标和时间范畴并不相同。

因此，正确选项是D。

28. A

【考点】项目总进度目标论证的工作内容。

【解析】建设工程项目总进度目标的控制是业主方项目管理的任务（若采用建设项目工程总承包的模式，协助业主进行项目总进度目标的控制也是建设项目工程总承包方项目管理的任务）。

因此，正确选项是A。

29. A

【考点】项目总进度目标论证的工作内容。

【解析】在进行建设工程项目总进度目标控制前，首先应分析和论证进度目标实现的可能性。若项目总进度目标不可能实现，则项目管理者应提出调整项目总进度目标的建议，并提请项目决策者审议。

因此，正确选项是A。

30. B

【考点】横道图进度计划的特点。

【解析】横道图计划表中的进度线与时间坐标相对应，这种表达方式较直观，易看懂计划编制的意图。横道图进度计划法也存在一些问题，如：

（1）工序之间的逻辑关系可以设法表达，但不易表达清楚；

（2）适用于手工编制计划；

（3）没有通过严谨的进度计划时间参数计算，不能确定计划的关键工作、关键路线与时差；

（4）计划调整只能用手工方式进行，其工作量较大；

（5）难以适应大的进度计划系统。

因此，正确选项是B。

31. B

【考点】双代号网络计划时间参数的计算。

【解析】总时差指不影响总工期的前提下，工作可利用的机动时间，由于工期为52天，所以工作P最多只能延迟52－max{46，45，39}＝6天。

因此，正确选项是B。

32. B

【考点】进度计划调整的方法。

【解析】由于总工期延长了两天，由此分析M工作的进度拖延必然超过了其总时差，超出总时差的部分就是工期延长的部分，因此M工作拖延了5＋2＝7天。

因此，正确选项是B。

33. B

【考点】关键工作、关键线路和时差的确定。

【解析】关键工作是指网络计划中总时差最小的工作。当计划工期对于计算工期时，总时差为零的工作就是关键工作；计划工期不等于计算工期时，关键线路上的工作，其总时差不为零。在双代号网络计划和单代号网络计划中，关键线路是总的工作持续时间最长的线路。关键线路上的工作全部是关键工作，关键工作可以出现在非关键线路上，关键线路上允许出现虚工作。

因此，正确选项是 B。

34. C

【考点】网络计划总时差的计算。

【解析】工作 J 的最早开始时间为紧前工作最早完成时间的最大值，即第 18 天，则其最早完成时间 $EF_J = 18 + 6 = 24$。故工作 J 的总时差 $TF_J = 28 - 24 = 4$。

因此，正确选项是 C。

35. D

【考点】建设工程项目进度控制的措施。

【解析】建设工程项目进度控制的技术措施涉及对实现进度目标有利的设计技术和施工技术的选用。不同的设计理念、设计技术路线、设计方案会对工程进度产生不同的影响。本题中，选用对实现进度目标有利的设计技术和施工技术属于进度控制的技术措施。

因此，正确选项是 D。

36. D

【考点】项目质量控制的目标、任务与责任。

【解析】根据国家标准《质量管理体系 基础和术语》GB/T 19000—2016 的定义，质量控制是质量管理的一部分，是致力于满足质量要求的一系列相关活动。要具备相关的作业技术能力和科学的管理活动才能实现预期的质量目标。

因此，正确选项是 D。

37. C

【考点】质量控制的理解。

【解析】工程项目质量控制，就是在项目实施整个过程中，包括项目的勘察设计、招标采购、施工安装、竣工验收等各个阶段，项目参与各方致力于实现业主要求的项目质量总目标的一系列活动。

因此，正确选项是 C。

38. A

【考点】质量管理的 PDCA 循环。

【解析】在长期的生产实践和理论研究中形成的 PDCA 循环，是建立质量管理体系和进行质量管理的基本方法。

因此，正确选项是 A。

39. A

【考点】工序施工质量控制。

【解析】工序是人、材料、机械设备、施工方法和环境因素对工程质量综合起作用的过程，所以对施工过程的质量控制，必须以工序作业质量控制为基础和核心。

因此，正确选项是 A。

40. C

【考点】施工质量计划的编制主体。

【解析】施工质量计划应由自控主体即施工承包企业进行编制。

因此，正确选项是C。

41. A

【考点】质量控制点的管理。

【解析】凡属“见证点”的施工作业，如重要部位、特种作业、专门工艺等，施工方必须在该项作业开始前24h，书面通知现场监理机构到位旁站，见证施工作业过程。

因此，正确选项是A。

42. C

【考点】检验批质量验收。

【解析】所谓检验批是指“按同一的生产条件或按规定的方式汇总起来供检验用的，由一定数量样本组成的检验体”，检验批应由监理工程师（建设单位项目技术负责人）组织施工单位项目专业质量（技术）负责人等进行验收。

因此，正确选项是C。

43. B

【考点】竣工质量验收的程序。

【解析】建设工程项目竣工验收，可分为验收准备、竣工预验收和正式验收三个环节进行。整个验收过程涉及建设单位、设计单位、监理单位及施工总分包各方的工作，必须按照工程项目质量控制系统的职能分工，以监理工程师为核心进行竣工验收的组织协调。

因此，正确选项是B。

44. C

【考点】工程质量问题和质量事故的分类。

【解析】建质［2010］111号文规定，根据工程质量事故造成的人员伤亡或者直接经济损失，工程质量事故分为4个等级：

（1）特别重大事故，是指造成30人以上死亡，或者100人以上重伤，或者1亿元以上直接经济损失的事故；

（2）重大事故，是指造成10人以上30人以下死亡，或者50人以上100人以下重伤，或者5000万元以上1亿元以下直接经济损失的事故；

（3）较大事故，是指造成3人以上10人以下死亡，或者10人以上50人以下重伤，或者1000万元以上5000万元以下直接经济损失的事故；

（4）一般事故，是指造成3人以下死亡，或者10人以下重伤，或者100万元以上1000万元以下直接经济损失的事故。

因此，正确选项是C。

45. D

【考点】施工质量问题和质量事故的处理。

【解析】施工质量事故报告和调查处理的程序是事故报告、事故调查、事故的原因分析、制定事故处理的技术方案、事故处理、事故处理的鉴定验收、提交事故处理报告。

因此，正确选项是D。

46. C

【考点】分层法的应用。

【解析】应用分层法的关键是调查分析的类别和层次划分，根据管理需要和统计目的，存在不同的分层方法，其中按合同结构分为总承包、专业分包、劳务分包。

因此，正确选项是C。

47. B

【考点】政府质量监督的性质。

【解析】政府质量监督的性质属于行政执法行为，是主管部门依据有关法律法规和工程建设强制性标准，对工程实体质量和工程建设、勘察、设计、施工、监理单位（以下简称工程质量责任主体）和质量检测等单位的工程质量行为实施监督。

因此，正确选项是B。

48. C

【考点】职业健康安全管理体系与环境管理体系的运行。

【解析】内部审核是组织对其自身的管理体系进行的审核，是对体系是否正常运行以及是否达到了规定的目标所作的独立的检查和评价，是管理体系自我保证和自我监督的一种机制。

内部审核前要明确审核的方式方法和步骤，形成审核计划，并发至相关部门。

因此，正确选项是C。

49. A

【考点】安全生产管理制度。

【解析】安全生产责任制是最基本的安全管理制度，是所有安全生产管理制度的核心。

因此，正确选项是A。

50. C

【考点】安全生产管理制度。

【解析】安全生产责任制是最基本的安全管理制度，是所有安全生产管理制度的核心。安全生产责任制是按照安全生产管理方针和“管生产的同时必须管安全”的原则，将各级负责人员、各职能部门及其工作人员和各岗位生产工人在安全生产方面应做的事情及应负的责任加以明确规定的一种制度。具体来说，就是将安全生产责任分解到相关单位的主要负责人、项目负责人、班组长以及每个岗位的作业人员身上。

因此，正确选项是C。

51. A

【考点】生产安全事故应急预案的管理。

【解析】生产经营单位应当制定本单位的应急预案演练计划，根据本单位的事故预防重点，每年至少组织一次综合应急预案演练或者专项应急预案演练，每半年至少组织一次现场处置方案演练；地方各级应急管理部门的应急预案，应当报同级人民政府和上一级应急管理部门备案。其他负有应急管理职责的部门的应急预案，应当抄送同级应急管理部门；参加应急预案评审的人员应当包括应急预案涉及的政府部门工作人员和有关安全生产及应急管理方面的专家，但评审人员与所评审预案的生产经营单位有利害关系的，应当回避。

因此，正确选项是A。

52. D

【考点】生产安全事故应急预案的内容。

【解析】应急预案应形成体系，针对各级各类可能发生的事故和所有危险源制订专项应急预案和现场应急处置方案，并明确事前、事发、事中、事后的各个过程中相关部门和有关人员的职责。生产规模小、危险因素少的生产经营单位，其综合应急预案和专项应急预案可以合并编写。

因此，正确选项是D。

53. D

【考点】施工现场环境保护的要求。

【解析】施工现场垃圾渣土要及时清理出现场。高大建筑物清理施工垃圾时，要使用封闭式的容器或者采取其他措施处理高空废弃物，严禁凌空随意抛撒。

因此，正确选项是D。

54. B

【考点】建设工程施工现场环境保护的措施。

【解析】建设工程施工现场环境保护的措施噪声污染的防治中，噪声的分类，按噪声来源可分为交通噪声（如汽车、火车、飞机等）、工业噪声（如鼓风机、汽轮机、冲压设备等）、建筑施工的噪声（如打桩机、推土机、混凝土搅拌机等发出的声音）、社会生活噪声（如高音喇叭、收音机等）。噪声妨碍人们正常休息、学习和工作，为防止噪声扰民，应控制人为强噪声。

因此，正确选项是B。

55. B

【考点】合同订立的程序。

【解析】根据《招标投标法》，招标、投标、中标的过程实质就是要约、承诺的一种具体方式。招标人通过媒体发布招标公告，或向符合条件的投标人发出招标文件，为要约邀请；投标人根据招标文件内容在约定的期限内向招标人提交投标文件，为要约；招标人通过评标确定中标人，发出中标通知书，为承诺；招标人和中标人按照中标通知书、招标文件和中标人的投标文件等订立书面合同时，合同成立并生效。

因此，正确选项是B。

56. A

【考点】发包方的责任与义务。

【解析】发包人应当在移交施工现场前向承包人提供施工现场及工程施工所必需的毗邻区域内供水、排水、供电、供气、供热、通信、广播电视等地下管线资料，气象和水文观测资料，地质勘察资料，相邻建筑物、构筑物和地下工程等有关基础资料，并对所提供资料的真实性、准确性和完整性负责。按照法律规定确需在开工后方能提供的基础资料，发包人应尽其努力及时地在相应工程施工前的合理期限内提供，合理期限应以不影响承包人的正常施工为限。

因此，正确选项是A。

57. C

【考点】劳务分包人的主要义务。

【解析】劳务分包合同条款中规定的劳务分包人的主要义务规定，应严格按照设计图纸、施工验收规范、有关技术要求及施工组织设计精心组织施工，确保工程质量达到约定的标准。

因此，正确选项是C。

58. D

【考点】发包方的责任与义务。

【解析】发包人应按照专用合同条款约定的期限、数量和内容向承包人免费提供图纸，并组织承包人、监理人和设计人进行图纸会审和设计交底。

因此，正确选项是D。

59. C

【考点】合同的计价方式。

【解析】土方工程实行总价包干，石方工程实行单价合同，可知工程计算价款为 $14+3000\times0.012=50$ 万元。

因此，正确选项是C。

60. A

【考点】单价合同的运用。

【解析】固定单价合同适用于工期较短、工程量变化幅度不会太大的项目。

因此，正确选项是A。

61. D

【考点】施工合同风险的内容。

【解析】管理风险包括：

（1）对环境调查和预测的风险。对现场和周围环境条件缺乏足够全面和深入的调查，对影响投标报价的风险、意外事件和其他情况的资料缺乏足够的了解和预测。

（2）合同条款不严密、错误、二义性，工程范围和标准存在不确定性。

（3）承包商投标策略错误，错误地理解业主意图和招标文件，导致实施方案错误、报价失误等。

（4）承包商的技术设计、施工方案、施工计划和组织措施存在缺陷和漏洞，计划不周。

（5）实施控制过程中的风险。例如：合作伙伴争执、责任不明；缺乏有效措施保证进度、安全和质量要求；由于分包层次太多，造成计划执行和调整、实施的困难等。

选项D属于项目组织成员资信和能力风险。

因此，正确选项是D。

62. D

【考点】预付款担保的形式。

【解析】预付款担保的形式：

（1）银行保函预付款担保的主要形式是银行保函。预付款担保的担保金额通常与发包人的预付款是等值的。预付款一般逐月从工程付款中扣除，预付款担保的担保金额也相应逐月减少。承包人在施工期间，应当定期从发包人处取得同意此保函减值的文件，并送交银行确认。承包人还清全部预付款后，发包人应退还预付款担保，承包人将其退回银行注销，解除担保责任。

（2）发包人与承包人约定的其他形式。预付款担保也可由担保公司提供保证担保，或采取抵押等担保形式。

因此，正确选项是 D。

63. A

【考点】建设工程施工合同违约责任的分析。

【解析】如果合同一方未遵守合同规定，造成对方损失，应受到相应的合同处罚。通常分析：

（1）承包人不能按合同规定工期完成工程的违约金或承担业主损失的条款；

（2）由于管理上的疏忽造成对方人员和财产损失的赔偿条款；

（3）由于预谋或故意行为造成对方损失的处罚和赔偿条款等；

（4）由于承包人不履行或不能正确地履行合同责任，或出现严重违约时的处理规定；

（5）由于业主不履行或不能正确地履行合同责任，或出现严重违约时的处理规定，特别是对业主不及时支付工程款的处理规定。

因此，正确选项是 A。

64. A

【考点】合同实施偏差的处理。

【解析】根据合同实施偏差分析的结果，承包商应该采取相应的调整措施，调整措施可以分为：

（1）组织措施，如增加人员投入，调整人员安排，调整工作流程和工作计划等；

（2）技术措施，如变更技术方案，采用新的高效率的施工方案等；

（3）经济措施，如增加投入，采取经济激励措施等；

（4）合同措施，如进行合同变更，签订附加协议，采取索赔手段等。

因此，正确选项是 A。

65. C

【考点】索赔依据。

【解析】工程师指令承包人加快施工进度，缩短工期，引起承包人的人力、物力、财力的额外开支，承包人可以提出索赔，不能提出工期索赔，因为加快施工进度并没有拖延工期。

因此，正确选项是 C。

66. C

【考点】反索赔的概念。

【解析】反索赔的工作内容可以包括两个方面：一是防止对方提出索赔，二是反击或反驳对方的索赔要求。

因此，正确选项是 C。

67. A

【考点】施工承包合同争议的解决方式。

【解析】协商解决争议是最常见也是最有效的方式，也是应该首选的最基本的方式。双方依据合同，通过友好磋商和谈判，互相让步，折中解决合同争议。

因此，正确选项是 A。

68. D

【考点】DAB 方式。

【解析】常任争端裁决委员会，在施工前任命一个委员会，通常在施工过程中定期视察现场。在视察期间，DAB也可以协助双方避免发生争端。特聘争端裁决委员会，由只在发生争端时任命的一名或三名成员组成，他们的任期通常在DAB对该争端发出其最终决定时期满。由工程师兼任，其前提是，工程师是具有必要经验和资源的独立专业咨询工程师。DAB的成员一般为工程技术和管理方面的专家，他不应是合同任何一方的代表，与业主、承包商没有任何经济利益及业务联系，与本工程所裁决的争端没有任何联系。DAB成员必须公正行事，遵守合同。由于DAB提出的裁决不是强制性的，不具有终局性，合同双方或一方对裁决不满意，仍然可以提请仲裁或诉讼。业主和承包商应该按照支付条件各自支付其中的一半。

因此，正确选项是D。

69. B

【考点】项目的信息管理的目的。

【解析】项目的信息管理的目的旨在通过有效的项目信息传输的组织和控制为项目建设的增值服务。

因此，正确选项是B。

70. A

【考点】项目信息的分类。

【解析】为满足项目管理工作的要求，往往需要对建设工程项目信息进行综合分类，即按多维进行分类，如：第一维：按项目的分解结构；第二维：按项目实施的工作过程；第三维：按项目管理工作的任务。

因此，正确选项是A。

二、多项选择题

71. A、B、D

【考点】设计方项目管理的目标和任务。

【解析】设计方作为项目建设的一个参与方，其项目管理主要服务于项目的整体利益和设计方本身的利益。由于项目的投资目标能否得以实现与设计工作密切相关，因此，设计方项目管理的目标包括设计的成本目标、设计的进度目标和设计的质量目标，以及项目的投资目标。选项A、B、D都属于设计方的项目管理目标。

因此，正确选项是A、B、D。

72. C、E

【考点】组织论和组织工具。

【解析】组织论是一门学科，它主要研究系统的组织结构模式、组织分工和工作流程组织，它是与项目管理学相关的一门非常重要的基础理论学科。

因此，正确选项是C、E。

73. A、B、C

【考点】项目管理委托的模式。

【解析】在国际上项目管理咨询公司（咨询事务所，或称顾问公司）可以接受业主方、设计方、施工方、供货方和建设项目工程总承包的委托，提供代表委托方利益的项目管理服务。项目管理咨询公司所提供的这类服务的工作性质属于工程咨询（工程顾问）服务。

在国际上业主方项目管理的方式主要有三种：

（1）业主方自行项目管理；

（2）业主方委托项目管理咨询公司承担全部业主方项目管理的任务；

（3）业主方委托项目管理咨询公司与业主方人员共同进行项目管理，业主方从事项目管理的人员在项目管理咨询公司委派的项目经理的领导下工作。

因此，正确选项是A、B、C。

74. A、B、C、E

【考点】施工组织总设计内容。

【解析】施工组织总设计的主要内容如下（参考《建筑施工组织设计规范》GB/T 50502—2009）：

（1）工程概况；

（2）总体施工部署；

（3）施工总进度计划；

（4）总体施工准备与主要资源配置计划；

（5）主要施工方法；

（6）施工总平面布置。

因此，正确选项是A、B、C、E。

75. A、B、C、D

【考点】项目目标动态控制的纠偏措施。

【解析】项目目标动态控制的纠偏措施主要包括：（1）组织措施；（2）管理措施（包括合同措施）；（3）经济措施（4）技术措施。

因此，正确选项是A、B、C、D。

76. A、B、C、E

【考点】沟通能力。

【解析】沟通能力包含着表达能力、争辩能力、倾听能力和设计能力。

因此，正确选项是A、B、C、E。

77. A、B、D、E

【考点】风险管理。

【解析】风险管理是为了达到一个组织的既定目标，而对组织所承担的各种风险进行管理的系统过程，其采取的方法应符合公众利益、人身安全、环境保护以及有关法规的要求。

因此，正确选项是A、B、D、E。

78. A、C、D

【考点】监理的工作任务。

【解析】监理工程师应当按照工程监理规范的要求，采取旁站、巡视和平行检验等形式，对建设工程实施监理。

因此，正确选项是A、C、D。

79. A、B、C

【考点】施工成本计划的类型。

【解析】对于施工项目而言，其成本计划的编制是一个不断深化的过程。在这一过程的不同阶段形成深度和作用不同的成本计划，若按照其发挥的作用可以分为以下三类：竞争性成本计划、指导性成本计划和实施性成本计划。

因此，正确选项是A、B、C。

80. A、B、C、E

【考点】施工成本控制的依据。

【解析】施工成本控制的依据包括以下内容：

（1）工程承包合同

施工成本控制要以工程承包合同为依据，围绕降低工程成本这个目标，从预算收入和实际成本两方面，研究节约成本、增加收益的有效途径，以求获得最大的经济效益。

（2）施工成本计划

施工成本计划是根据施工项目的具体情况制定的施工成本控制方案，既包括预定的具体成本控制目标，又包括实现控制目标的措施和规划，是施工成本控制的指导文件。

（3）进度报告

进度报告提供了对应时间节点的工程实际完成量，工程施工成本实际支付情况等重要信息。施工成本控制工作正是通过实际情况与施工成本计划相比较，找出二者之间的差别，分析偏差产生的原因，从而采取措施改进以后的工作。此外，进度报告还有助于管理者及时发现工程实施中存在的隐患，并在可能造成重大损失之前采取有效措施，尽量避免损失。

（4）工程变更

在项目的实施过程中，由于各方面的原因，工程变更是很难避免的。工程变更一般包括设计变更、进度计划变更、施工条件变更、技术规范与标准变更、施工次序变更、工程量变更等。一旦出现变更，工程量、工期、成本都有可能发生变化，从而使得施工成本控制工作变得更加复杂和困难。因此，施工成本管理人员应当通过对变更要求中各类数据的计算、分析，及时掌握变更情况，包括已发生工程量、将要发生工程量、工期是否拖延、支付情况等重要信息，判断变更以及变更可能带来的索赔额度等。

除了上述几种施工成本控制工作的主要依据以外，施工组织设计、分包合同等有关文件资料也都是施工成本控制的依据。

因此，正确选项是A、B、C、E。

81. A、B、C、D

【考点】施工成本分析的依据。

【解析】通过施工成本分析，可从账簿、报表反映的成本现象中看清成本的实质，从而增强项目成本的透明度和可控性，为加强成本控制、实现项目成本目标创造条件。施工成本分析的主要依据是会计核算、业务核算和统计核算所提供的资料。

会计核算主要是价值核算。会计是对一定单位的经济业务进行计量、记录、分析和检查，作出预测，参与决策，实行监督，旨在实现最优经济效益的一种管理活动。它通过设置账户、复式记账、填制和审核凭证、登记账簿、成本计算、财产清查和编制会计报表等一系列有组织有系统的方法，来记录企业的一切生产经营活动，然后据此提出一些用货币来反映的有关各种综合性经济指标的数据，如资产、负债、所有者权益、收入、费用和利润等。

业务核算是各业务部门根据业务工作的需要建立的核算制度，它包括原始记录和计算登记表，如单位工程及分部分项工程进度登记，质量登记，工效、定额计算登记，物资消耗定额记录，测试记录等。

因此，正确选项是A、B、C、D。

82. A、B、C

【考点】项目总进度目标论证的工作内容。

【解析】在项目的实施阶段，项目总进度应包括：

（1）设计前准备阶段的工作进度；

（2）设计工作进度；

（3）招标工作进度；

（4）施工前准备工作进度；

（5）工程施工和设备安装进度；

（6）工程物资采购工作进度；

（7）项目动用前的准备工作进度等。

因此，正确选项是A、B、C。

83. B、D、E

【考点】双代号网络计划绘图规则。

【解析】双代号网络计划的绘图规则包括：

（1）双代号网络图必须正确表达已定的逻辑关系；

（2）双代号网络图中，严禁出现循环回路；

（3）双代号网络图中，在节点之间严禁出现带双向箭头或无箭头的连线；

（4）双代号网络图中，严禁出现没有箭头节点或没有箭尾节点的箭线；

（5）当双代号网络图的某些节点有多条外向箭线或多条内向箭线时，为使图形简洁，可使用母线法绘制（但应满足一项工作用一条箭线和相应的一对节点表示）；

（6）绘制网络图时，箭线不宜交叉。当交叉不可避免时，可用过桥法或指法；

（7）双代号网络图中应只有一个起点节点和一个终点节点（多目标网络计划除外），而其他所有节点均应是中间节点；

（8）双代号网络图应条理清楚，布局合理。

因此，正确选项是B、D、E。

84. C、E

【考点】单代号搭接网络计划的时间参数计算。

【解析】该单代号搭接网络计划共有四条线路，分别为A—B—C—F—I—K，A—B—D—G—I—K，A—B—E—H—J—K，A—B—D—H—J—K，其长度分别为25，28，27，26，其中由于D工作的$EF_D = EF_B + 6 = 9$，$ES_D = 9 - 10 = -1$，出现负值，应将其与起点节点相连，$LSG = 18$，$LFG = 31$，超过计算工期，将其与重点节点相连，重新计算，所以增加一条线路A—D—G—K，为关键线路，长度为28。$ES_D = 0$，$EF_D = 10$，即D工作的最早完成时间为10，这样$LF_H = LF_J - 4 = 28 - 4 = 24$，$LS_E = LS_H - 5 = 24 - 11 - 5 = 8$，$ES_E = EF_B + 4 = 3 + 4 = 7$，$TF_E = LS_E - ES_E = 8 - 7 = 1$，即E

工作的总时差为 1，$LF_F = LS_I - 3 = 28 - 4 - 3 = 21$，$LS_F = LF_F - 7 = 21 - 7 = 14$，即 F 工作的最迟开始时间为 14。

因此，正确选项是 C、E。

85. C、D、E

【考点】建设工程项目进度控制的措施。

【解析】进行工程进度的风险分析属于进度控制的管理措施；落实资金供应的条件属于进度控制的经济措施；编制项目进度控制的工作流程、确定各类进度计划的审批程序与进行有关进度控制会议的组织设计属于进度控制的组织措施。

因此，正确选项是 C、D、E。

86. A、B、C、D

【考点】项目质量控制体系的建立。

【解析】制定质量控制制度，包括质量控制例会制度、协调制度、报告审批制度、质量验收制度和质量信息管理制度等。

因此，正确选项是 A、B、C、D。

87. A、B、C、D

【考点】施工生产要素的质量控制。

【解析】施工生产要素是施工质量形成的物质基础，其质量的含义包括：作为劳动主体的施工人员，就是直接参与施工的管理者、作业者的素质及其组织效果，即施工人员的质量控制；作为劳动对象的建筑材料、半成品、工程用品、设备等的质量，即材料设备的质量控制；作为劳动方法的施工工艺及技术措施的水平，即工艺方案的质量控制；作为劳动手段的施工机械、设备、工具、模具等的技术性能，即施工机械的质量控制；以及施工环境——现场水文、地质、气象等自然环境，通风、照明、安全等作业环境以及协调配合的管理环境，即施工环境因素的控制。

因此，正确选项是 A、B、C、D。

88. A、C、D、E

【考点】竣工质量验收的标准。

【解析】竣工质量验收的标准：单位工程是工程项目竣工质量验收的基本对象。单位（子单位）工程质量验收合格应符合下列规定：

（1）单位（子单位）工程所含分部（子分部）工程的质量均应验收合格；

（2）质量控制资料应完整；

（3）单位（子单位）工程所含分部工程有关安全和功能的检验资料应完整；

（4）主要功能项目的抽查结果应符合相关专业质量验收规范的规定；

（5）观感质量验收应符合要求。

因此，正确选项是 A、C、D、E。

89. A、C、E

【考点】施工质量问题和质量事故的处理。

【解析】施工质量事故处理的基本要求有：质量事故的处理应达到安全可靠、不留隐患、满足生产和使用要求、施工方便、经济合理的目的；消除造成事故的原因，注意综合治理，防止事故再次发生；正确确定技术处理的范围和正确选择处理的时间和方法；切实做好事故处理的检查验收工作，认真落实防范措施；确保事故处理期间的安全。

因此，正确选项是A、C、E。

90. A、B、C、E

【考点】分层法的应用。

【解析】应用分层法的关键是调查分析的类别和层次划分，根据管理需要和统计目的，存在的分层方法有：按施工时间、按地区部位、按产品材料、按检测方法、按作业组织、按工程类型、按合同结构。

因此，正确选项是A、B、C、E。

91. C、D、E

【考点】安全生产管理制度。

【解析】《建设工程安全生产管理条例》第二十五条规定：垂直运输机械作业人员、起重机械安装拆卸工、爆破作业人员、起重信号工、登高架设作业人员等特种作业人员，必须按照国家有关规定经过专门的安全作业培训，并取得特种作业操作资格证书后，方可上岗作业。

因此，正确选项是C、D、E。

92. A、B、E

【考点】生产安全事故应急预案编制的要求。

【解析】生产安全事故应急预案编制的要求如下：

（1）符合有关法律、法规、规章和标准的规定；

（2）结合本地区、本部门、本单位的安全生产实际情况；

（3）结合本地区、本部门、本单位的危险性分析情况；

（4）应急组织和人员的职责分工明确，并有具体的落实措施；

（5）有明确、具体的事故预防措施和应急程序，并与其应急能力相适应；

（6）有明确的应急保障措施，并能满足本地区、本部门、本单位的应急工作要求；

（7）预案基本要素齐全、完整，预案附件提供的信息准确；

（8）预案内容与相关应急预案相互衔接。

因此，正确选项是A、B、E。

93. A、B、D、E

【考点】建设工程施工现场环境保护的要求。

【解析】根据《中华人民共和国环境保护法》和《中华人民共和国环境影响评价法》，建设工程项目对环境保护的基本要求有：开发利用自然资源的项目，必须采取措施保护生态环境。建设工程现场环境应满足项目所在区域环境质量、相应环境功能区划和生态功能区划标准或要求。对环境可能造成重大影响、应当编制环境影响报告书的建设工程项目，可能严重影响项目所在地居民生活环境质量的建设工程项目，以及存在重大意见分歧的建设工程项目，环保部门可以举行听证会，听取有关单位、专家和公众的意见，并公开听证结果，说明对有关意见采纳或不采纳的理由，因此C选项错误。建设工程在施工过程中应尽量减少建设工程施工中所产生的干扰周围生活环境的噪声。建设工程项目中防治污染的设施，必须与主体工程同时设计、同时施工、同时投产使用。防治污染的设施必须经原审批环境影响报告书的环境保护行政主管部门验收合格后，该建设工程项目方可投入生产或者使用。防治污染的设施不得擅自拆除或者闲置，确有必要拆除或者闲置的，必须征得所在地的环境保护行政主管部门同意。

因此，正确选项是A、B、D、E。

94. B、C、D、E

【考点】施工招标的内容。

【解析】建设工程施工招标应该具备的条件包括以下几项：招标人已经依法成立；初步设计及概算应当履行审批手续的，已经批准；招标范围、招标方式和招标组织形式等应当履行核准手续的，已经核准；有相应资金或资金来源已经落实；有招标所需的设计图纸及技术资料。这些条件和要求，一方面是从法律上保证了项目和项目法人的合法化，另一方面，也从技术和经济上为项目的顺利实施提供了支持和保障。

因此，正确选项是B、C、D、E。

95. A、C、E

【考点】承包人的一般义务。

【解析】承包人在履行合同过程中应遵守法律和工程建设标准规范，并履行以下义务：按法律规定和合同约定完成工程，并在保修期内承担保修义务；按合同约定的工作内容和施工进度要求，编制施工组织设计和施工措施计划，并对所有施工作业和施工方法的完备性和安全可靠性负责。因承包人原因引起的暂停施工，承包人应承担由此增加的费用和（或）延误的工期。监理人的检查和检验影响施工正常进行的，且经检查检验不合格的，影响正常施工的费用由承包人承担，工期不予顺延。

因此，正确选项是A、C、E。

96. A、C、D

【考点】固定总价合同。

【解析】在固定总价合同中还可以约定，在发生重大工程变更、累计工程变更超过一定幅度或者其他特殊条件下可以对合同价格进行调整。因此，需要定义重大工程变更的含义、累计工程变更的幅度以及什么样的特殊条件才能调整合同价格，以及如何调整合同价格等。

因此，正确选项是A、C、D。

97. A、B、C、D

【考点】业主资信和能力风险的内容。

【解析】业主资信和能力风险。例如，业主企业的经营状况恶化、濒于倒闭，支付能力差，资信不好，撤走资金，恶意拖欠工程款等；业主为了达到不支付或少支付工程款的目的，在工程中苛刻刁难承包商，滥用权力，施行罚款和扣款，对承包商的合理索赔要求不答复或拒不支付；业主经常改变主意，如改变设计方案、施工方案，打乱工程施工秩序，发布错误指令，非正常地干预工程但又不愿意给予承包商以合理补偿等；业主不能完成合同责任，如不能及时供应设备、材料，不及时交付场地，不及时支付工程款；业主的工作人员存在私心和其他不正作风等。

因此，正确选项是A、B、C、D。

98. A、C、D、E

【考点】合同分析的作用。

【解析】合同分析的目的和作用体现在以下几个方面：

（1）分析合同中的漏洞，解释有争议的内容；

（2）分析合同风险，制定风险对策；

（3）合同任务分解、落实。

因此，正确选项是A、C、D、E。

99. A、B、E

【考点】索赔意向通知的内容。

【解析】索赔意向通知要简明扼要地说明索赔事由发生的时间、地点、简单事实情况描述和发展动态、索赔依据和理由、索赔事件的不利影响等。

因此，正确选项是A、B、E。

100. A、C、D

【考点】项目信息门户的核心功能。

【解析】国际上有许多不同的项目信息门户产品（品牌），其功能不尽一致，但其主要的核心功能是类似的，即：项目各参与方的信息交流、项目文档管理、项目各参与方的共同工作。

因此，正确选项是A、C、D。

一级建造师《建设工程项目管理》模拟试题（二）

一、单项选择题

1. 建设工程管理工作的核心任务是为工程的建设和使用增值。下列工作中，属于工程使用（运行）增值的是（　　）。

A. 确保工程建设安全　　B. 提高工程质量

C. 有利于工程维护　　D. 有利于进度控制

2. 项目的投资目标、进度目标和质量目标之间的关系是（　　）。

A. 矛盾关系　　B. 对立关系

C. 统一关系　　D. 对立的统一关系

3. 关于施工方项目管理目标和任务的说法，正确的是（　　）。

A. 施工方项目管理不涉及动用前准备阶段

B. 施工方项目管理仅服务于施工方本身的利益

C. 施工方不对业主指定分包承担目标和任务负责

D. 施工方成本目标由施工企业根据其所处经营情况自行确定

4. 常用的组织结构模式包括职能组织结构、线性组织结构和矩阵组织结构等，其中有两个指令源的是（　　）。

A. 职能组织结构　　B. 线性组织结构

C. 矩阵组织结构　　D. 直线职能组织结构

5. 我国多数的企业、事业单位目前还沿用（　　）模式。

A. 职能组织结构　　B. 线性组织结构

C. 矩阵组织结构　　D. 流水组织结构

6. 下列各项工作中，属于项目实施阶段的工作的是（　　）。

A. 项目目标的分析和再论证　　B. 项目环境和条件的调查与分析

C. 项目定义和项目目标论证　　D. 组织策划

7. 下列各项工作中，不属于项目决策阶段中技术策划的工作的是（　　）。

A. 技术方案分析和论证　　B. 项目效益分析

C. 技术标准、规范的应用和制定　　D. 关键技术分析和论证

8. 按照合同约定，承担工程项目的设计、采购、施工、试运行服务等工作，并对承包工程的质量、安全、工期、造价全面负责。这种工程项目的承发包模式是（　　）。

A. DB　　B. DBB

C. EPC　　D. BT

9. 根据《建设项目工程总承包管理规范》GB/T 50538—2017，工程总承包单位可以受业主委托，按合同约定对工程建设项目的（　　）等实行全过程或若干阶段的承包。

A. 决策、设计、施工

B. 决策、设计、施工、采购

C. 勘察、设计、施工、采购、试运行

D. 设计、施工、采购、试运行、运行管理

10. 采用施工总承包管理模式时，对各分包单位的质量控制由（　　）进行。

A. 建设单位　　B. 监理机构

C. 施工总承包单位　　D. 施工总承包管理单位

11. 建设工程项目管理规划必须随着情况的变化而进行（　　）调整。

A. 随机　　B. 动态

C. 循环　　D. 静态

12. 施工组织总设计编制时，首先（　　），然后编制资源需求量计划。

A. 拟订施工方案　　B. 编制施工准备工作计划

C. 编制施工总进度计划　　D. 施工总平面图设计

13. 对纠正施工成本管理目标偏差具有相当重要作用的施工成本管理措施是（　　）。

A. 技术措施　　B. 经济措施

C. 组织措施　　D. 合同措施

14. 下列进度控制措施中，属于管理措施的是（　　）。

A. 建立进度控制的会议制度　　B. 改变施工机具

C. 制定项目进度控制的工作流程　　D. 选用有利的施工技术

15. 取得建造师注册证书的人员是否担任工程项目施工项目经理由（　　）决定。

A. 项目业主　　B. 项目监理单位

C. 建筑施工企业　　D. 建设行政主管部门

16. 建筑施工企业因暂时生产经营困难无法按劳动合同约定的日期支付工资的，应当向劳动者说明情况，并经与工会或职工代表协商一致后，可以延期支付工资，但最长不得超过（　　）日。

A. 30　　B. 45

C. 60　　D. 90

17. 下列风险因素中，属于组织风险的是（　　）。

A. 工程资金供应的条件　　B. 现场防火设施的可用性

C. 施工方案　　D. 业主方人员的能力

18. 工程监理单位在实施监理过程中，发现存在安全事故隐患的，应当（　　）。

A. 要求施工单位整改　　B. 要求施工单位暂时停止施工

C. 及时报告建设单位　　D. 暂时吊销其资质证书

19. 建设工程项目施工成本控制存在于（　　）阶段。

A. 从设计到施工　　B. 招投标

C. 施工　　D. 从投标阶段开始直至竣工验收

20. 编制施工项目成本计划，关键是确定项目的（　　）。

A. 概算成本　　B. 目标成本

C. 成本构成　　D. 实际成本

21. 按成本构成，施工成本可分解为人工费、材料费、施工机具使用费和（　　）等。

A. 规费　　　　　　　　　　　　　　B. 措施项目费

C. 社会保险费　　　　　　　　　　　D. 企业管理费

22. 关于项目工程师成本管理职责的说法，正确的是（　　）。

A. 组织编制项目成本管理手册　　　　B. 编制月度成本计划表

C. 指定采用新技术降低成本的措施　　D. 进行成本核算，编制月度成本核算表

23. 某工程部分工作的费用偏差分析结果见下表，错误的是（　　）。

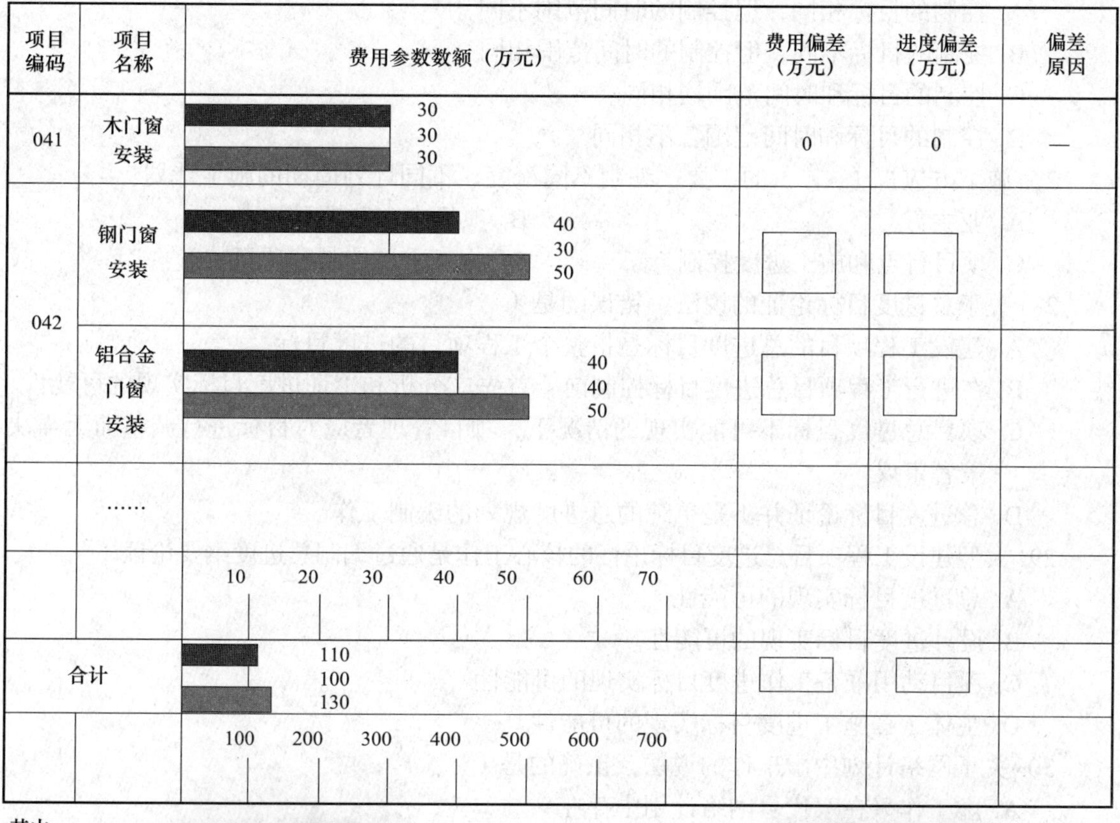

A. 木门窗安装按照计划进度完成

B. 钢门窗安装的费用偏差为 −20 万元

C. 铝合金门窗安装的费用偏差为 −10 万元

D. 三类门窗安装的进度偏差为 10 万元

24. 某施工项目某月的成本数据见下表。错误的是（　　）。

项目	单位	计划	实际	差额
预算成本	万元	280	320	＋40
成本降低率	%	3	4.8	＋1.8

A. 预算成本增加对成本降低额的影响是 1.2 万元

B. 成本降低率提高对成本降低额的影响是 5.46 万元

C. 实际的成本降低额是 15.36 万元

D. 预算成本和成本降低率对成本降低额的影响是 6.96 万元

25. 下列选项中，不属于专项成本分析的是（ ）。

A. 资金成本分析　　B. 成本盈亏异常分析

C. 工期成本分析　　D. 敏感性分析

26. 关于业主和参与各方进度控制任务的说法，正确的是（ ）。

A. 控制的目标相同，但控制的时间范围不同

B. 控制的目标不同，但控制的时间范围相同

C. 控制的目标和时间范围均相同

D. 控制的目标和时间范围各不相同

27. 施工方应视（ ）的需要，编制不同深度、不同计划周期的施工计划。

A. 业主方　　B. 项目内容和项目特点

C. 项目特点和施工进度控制　　D. 施工质量控制和项目特点

28. 关于总进度目标论证的说法，错误的是（ ）。

A. 建设工程项目的总进度目标是指整个工程项目的进度目标

B. 在进行工程项目总进度目标控制前，首先应分析和论证进度目标实现的可能性

C. 项目总进度目标不可能实现的情况下，项目管理者应对目标进行调整而无需决策者审议

D. 总进度目标论证并不是单纯的总进度规划的编制工作

29. 大型建设工程项目总进度目标论证的核心工作是通过编制总进度纲要论证（ ）。

A. 总进度目标实现的可能性

B. 设计进度目标实现的可能性

C. 项目动用准备工作进度目标实现的可能性

D. 主体工程施工进度目标实现的可能性

30. 关于网络计划中虚工作的说法，正确的是（ ）。

A. 虚工作只在双代号网络计划中存在

B. 虚工作一般不消耗资源但占用时间

C. 虚工作可以正确表达工作间逻辑关系

D. 双代号时标网络计划中虚工作用波形线表示

31. 某工程双代号时标网络计划如下图所示，如果 B、D、I 三项工作共用一台施工机械且必须按顺序施工，则（ ）。

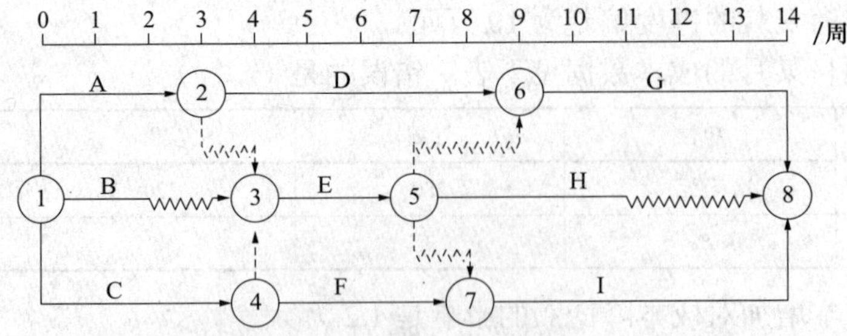

A. 总工期不会延长，且施工机械在现场也不会闲置

B. 总工期不会延长，但施工机械会在现场闲置 1 周

C. 总工期会延长 1 周，但施工机械在现场不会闲置

D. 总工期会延长 1 周，且施工机械会在现场闲置 1 周

32. 某工作 A 有 2 个紧后工作 B、C，工作 A、B 之间的时间间隔为 1 天，工作 A、C 之间的时间间隔为 2 天，其中工作 B 的总时差为 2 天，工作 C 的总时差为 3 天，则工作 A 的总时差为（　　）天。

A. 2　　B. 3

C. 4　　D. 5

33. 某工程单代号搭接网络计划如下图所示，节点中下方数字为该工作的持续时间，其中的关键工作为（　　）。

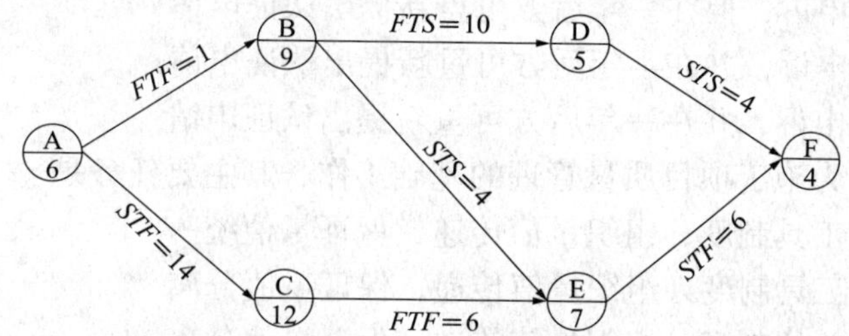

A. 工作 A、工作 C 和工作 E　　B. 工作 B、工作 D 和工作 F

C. 工作 C、工作 E 和工作 F　　D. 工作 B、工作 E 和工作 F

34. 某时标网络图计划执行到第 6 天结束时检查实际进度如前锋线所示，则 E 工作尚有总时差（　　）周。

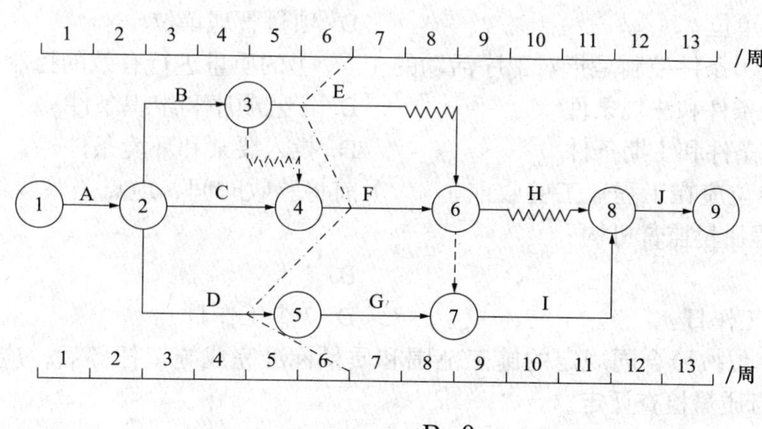

A. −1　　B. 0

C. 1　　D. 2

35. 为确保进度目标的实现，应编制与进度计划相适应的资源需求计划，包括资金需求计划和其他资源需求计划，以反映工程实施的各时段所需要的资源。这属于进度控制的（　　）。

A. 管理措施　　B. 经济措施

C. 技术措施　　D. 组织措施

36. 环境因素的控制主要包括自然环境、社会环境、管理环境和（ ）。

A. 经济环境 B. 质量监督

C. 作业环境 D. 法律环境

37. 质量风险识别的工作包括：①将风险识别的结果汇总成为质量风险识别报告；②采用层次分析法画出质量风险结构层次图；③分析每种风险的促发因素。正确的质量风险识别顺序是（ ）。

A. ①—②—③ B. ②—③—①

C. ②—①—③ D. ③—②—①

38. 某施工承包企业通过质量管理体系认证后，由于管理不善，经认证机构调查做出了撤销其认证的决定，则该企业（ ）。

A. 不能提出申诉，不能再重新提出认证申请

B. 不能提出申诉，但在一年后方可重新提出认证申请

C. 可以提出申诉，并在半年后方可重新提出认证申请

D. 可以提出申诉，并在一年后方可重新提出认证申请

39. 计量控制作为施工项目质量管理的基础工作，其主要任务是（ ）。

A. 统一计量工具制度，组织量值传递，保证量值统一

B. 统一计量工具制度，组织量值传递，保证量值分离

C. 统一计量单位制度，组织量值传递，保证量值分离

D. 统一计量单位制度，组织量值传递，保证量值统一

40. 工程项目施工期间需要进行局部设计变更，先将变更意图或请求报送监理工程师审查，经（ ）审核认可并签发《设计变更通知书》后，再由监理工程师下达《变更指令》。

A. 监理单位 B. 设计单位

C. 建设单位 D. 项目管理单位

41. 工序施工条件控制是指对工序活动的（ ）的质量进行有效的控制。

A. 合同条件和法规条件 B. 工艺顺序和组织条件

C. 技术条件和工期条件 D. 投入要素和环境条件

42. 建设单位应在工程竣工验收前（ ）前将验收时间、地点、验收组名单书面通知该工程的工程质量监督机构。

A. 3 天 B. 7 天

C. 3 个工作日 D. 7 个工作日

43. 施工单位按照合同规定的施工范围和质量标准完成施工任务后，应先（ ）组织有关人员进行质量检查评定。

A. 自行 B. 由监理单位

C. 由建设单位 D. 由设计单位

44. 凡是工程质量不合格，影响使用功能或工程（ ），必须进行返修、加固或报废处理。

A. 构件尺寸 B. 结构安全

C. 建筑檐高 D. 结构美观

45. 在施工质量处理过程中，按照施工验收规范和相关的质量标准，并结合实际测量、试验和检测等方法，评价质量事故的处理是否达到预期目的，是否依然存在隐患。这

属于（　　）。

A. 事故原因分析　　B. 事故处理方案

C. 事故处理　　D. 事故处理的鉴定验收

46. 在对混凝土工程的质量管理过程中，通过对混凝土工程进行抽样检查或检验试验所得到的关于施工质量问题、偏差、缺陷、不合格等方面的统计数据，以及造成质量问题的原因分析统计数据，可采用（　　）进行状况描述。

A. 直方图法　　B. 因果分析图法

C. 排列图法　　D. 分层法

47. 关于建设工程质量政府监督的说法，正确的是（　　）。

A. 建设工程政府监督机构不对设计单位的质量行为进行监督

B. 查处施工质量事故不属于政府质量监督机构的责任

C. 涉及结构安全和使用功能的施工质量是政府监督检查的重点

D. 建设工程政府监督只涉及工程的施工阶段

48. 在建设工程项目决策阶段，建设单位职业健康安全与环境管理的任务是（　　）。

A. 对环境保护和安全设施的设计提出建议

B. 办理有关安全和环境保护的各种审批手续

C. 对生产安全事故的防范提出指导意见

D. 将保证安全施工的措施报有关管理部门备案

49. 新建、改建、扩建工程项目的安全设施，必须与主体工程（　　）。

A. 同时规划、同时批准、同时立项　　B. 同时设计、同时施工、同时使用

C. 同时参与、同时标识、同时发包　　D. 同时发布、同时销售、同时上市

50. 施工安全控制程序包括：①安全技术措施计划的落实和实施；②编制建设工程项目安全技术措施计划；③安全技术措施计划的验证；④确定每项具体建设工程项目的安全目标；⑤持续改进。其正确的顺序是（　　）。

A. ②—③—④—①—⑤　　B. ②—④—①—③—⑤

C. ④—②—①—③—⑤　　D. ④—②—③—①—⑤

51. 应急预案体系由综合应急预案、专项应急预案和（　　）构成。

A. 总体应急预案　　B. 分部应急预案

C. 现场处置方案　　D. 现场应急措施

52. 建设工程安全生产事故应急预案的管理，包括应急预案的评审、（　　）和奖惩。

A. 存档、执行　　B. 备案、执行

C. 存档、实施　　D. 备案、实施

53. 关于高层建筑施工垃圾处理的说法，正确的是（　　）。

A. 将各楼层施工垃圾焚烧后装入密封容器吊走

B. 将施工垃圾洒水后沿临边窗口倾倒至地面后集中处理

C. 将施工垃圾从电梯井倾倒至地面后集中处理

D. 将各楼层施工垃圾装入密封容器吊走

54. 施工现场文明施工管理组织的第一责任人是（　　）。

A. 监理工程师　　B. 业主代表

C. 项目经理　　　　　　　　　　　　　　D. 项目总工程师

55. 关于招标投标的说法，正确的是（　　）。

A. 招标人必须委托招标代理机构代为其办理招标事宜

B. 招标人采用邀请招标，应当向三家以上具备承担招标项目能力的法人发出投标邀请书

C. 乙级工程招标代理机构只能承担工程投资额 5000 万元以下的工程招标代理业务

D. 乙级工程招标代理机构不可以跨省、自治区、直辖市承担业务

56. 某工程项目开工前，发包人向承包人提供了有关施工现场的地下管线资料，承包商按合同要求对管线予以保护。由于发包人提供的资料不准确，导致承包人在正常施工过程中对地下管线造成了破坏，根据施工合同示范文本规定，对该情况的处理应是（　　）。

A. 保护费用由发包人承担，事故损失由承包人承担

B. 保护费用与事故损失均由发包人承担

C. 保护费用由承包人承担，事故损失由发包人承担

D. 保护费用与事故损失均由承包人承担

57. 关于施工专业分包的说法，正确的是（　　）。

A. 承包人应提供全套总包合同供分包人查阅

B. 承包人应向分包人提供合同专用条款中约定的设备和设施，费用由分包人承担

C. 分包人不参加由发包人组织的图纸会审，由承包人向分包人进行设计交底

D. 承包人应向分包人提供与分包工程相关的各种证件、批件和各种相关资料

58. 某工程项目施工过程中，先后发生了多次暂停施工，由于工程师未能按约定提供图纸，导致暂停施工 5 天；由于承包人已完工程出现质量问题，工程师要求进行质量整改，导致暂停施工 8 天；由于发包人未能按合同约定支付工程款，导致承包人暂停施工 10 日。根据施工合同示范文本的规定，对上述情况导致的暂停施工，承包人可获得的工期顺延为（　　）天。

A. 10　　　　　　　　　　　　　　B. 13

C. 15　　　　　　　　　　　　　　D. 23

59. 在工期紧迫，无法按照常规编制招标文件招标时，可采用的成本加酬金合同的形式是（　　）。

A. 成本加固定费用合同　　　　　　B. 成本加固定比例费用合同

C. 成本加奖金合同　　　　　　　　D. 最大成本加费用合同

60. 如果采用单价合同，业主的工作量将会增加，主要表现在（　　）工作量加大。

A. 风险管理　　　　　　　　　　　B. 合同管理

C. 施工管理　　　　　　　　　　　D. 核实已完成工程量

61. 某招标工程的项目估算价为 1 亿元人民币，则投标保证金不得超过（　　）万元。

A. 80　　　　　　　　　　　　　　B. 100

C. 200　　　　　　　　　　　　　D. 250

62. 履约担保的形式中，（　　）是指当承包商违约时，其担保公司或保险公司用该项担保金去完成施工任务或者向发包人支付该项保证金。

A. 违约金　　　　　　　　　　　　B. 保留金

C. 履约担保书　　　　　　　　　　　　D. 银行履约保函

63. 施工合同分析中，对工程师权限和责任分析属于（　　）分析的内容。

A. 合同法律基础　　　　　　　　　　　B. 发包人责任

C. 承包人主要任务　　　　　　　　　　D. 合同争议解决方式

64. 下列合同实施偏差的调整措施中，属于组织措施的是（　　）。

A. 增加资金投入　　　　　　　　　　　B. 变更技术方案

C. 增加人员投入　　　　　　　　　　　D. 变更合同条款

65. 修改的总费用法是对总费用的改进，即在总费用计算的原则上，去掉一些不合理的因素，如（　　），使其更合理。

A. 计算该时段内所有施工工作所有的损失

B. 与该项工作部分无关的和有关的费用列入总费用

C. 将计算索赔款的时段局限于受到外界影响的时间，而不是整个施工期

D. 按该项目工作原定单价进行核算，乘以实际完成的该项工作的工程量，得出调整后的报价费用

66. 某工程项目总价值 1000 万元，合同工期为 18 个月，现承包人因建设条件发生变化需增加额外工程费用 50 万元，则承包方提出工期索赔为（　　）个月。

A. 0.9　　　　　　　　　　　　　　　B. 1.2

C. 1.5　　　　　　　　　　　　　　　D. 3.6

67. 美国建筑师学会（AIA）的合同条件主要用于（　　）工程。

A. 房屋建筑　　　　　　　　　　　　　B. 铁路和公路

C. 石油化工　　　　　　　　　　　　　D. 大型地基设施

68. 从合同的计价方式看，《施工合同条件》（新红皮书）是（　　）合同。

A. 单价　　　　　　　　　　　　　　　B. 固定总价

C. 可调总价　　　　　　　　　　　　　D. 成本加酬金

69. 项目信息管理的目的是通过（　　）为项目建设的增值服务。

A. 有效的项目信息处理和交流　　　　　B. 有效的项目信息存档和处理

C. 有效的项目信息收集和存储　　　　　D. 有效的项目信息传输的组织和控制

70. 按信息的内容属性，建设工程项目的信息可以分为（　　）。

A. 设计准备信息、设计信息、招标投标信息、施工过程信息等

B. 投资控制信息、进度控制信息、质量控制信息等

C. 组织类信息、管理类信息、经济类信息等

D. 第一维、第二维、第三维

二、多项选择题

71. 建设工程项目的全寿命管理包括（　　）。

A. 决策管理　　　　　　　　　　　　　B. 开发管理

C. 设施管理　　　　　　　　　　　　　D. 项目管理

E. 保修管理

72. 关于矩阵组织结构的说法，正确的有（　　）。

A. 职能组织结构是一种传统的组织结构模式

B. 在最高指挥者（部门）下设纵向和横向两种不同类型的工作部门

C. 宜用于大的组织系统

D. 有多个矛盾的指令源

E. 指令来自于纵向和横向两个工作部门，因此其指令源为两个

73. 关于项目施工总承包模式特点的说法，正确的有（　　）。

A. 不利于投资控制

B. 业主选择承包商范围小

C. 开工日期不可能太早，建设周期会延长

D. 与平行发包模式相比，组织协调工作量大

E. 项目质量好坏在很大程度上取决于总承包单位的管理水平和技术水平

74. 下列工程项目中，属于大型房屋建筑工程有（　　）。

A. 某大型企业一栋 12 层的职工宿舍　　B. 某市中心 180m 高的金茂大厦

C. 某单体建筑面积 5 万 m^2 博物馆　　D. 某单跨跨度 20m 的会展中心

E. 某建筑面积 20 万 m^2 的住宅小区

75. 动态控制在投资控制的应用中，通过项目投资计划值和实际值的比较，如发现偏差，则可采取的纠偏措施有（　　）。

A. 优化施工方法　　B. 改变施工机具

C. 调整投资控制的方法和手段　　D. 制订节约投资的奖励措施

E. 采取限额设计的方法

76. 关于施工企业劳动用工和工资支付管理的说法，正确的有（　　）。

A. 对企业自有职工的管理是各级政府主管部门明令必须加强管理的重点对象

B. 目前我国施工企业劳动用工大致有企业自有职工、劳务分包企业用工和施工企业直接雇用的短期用工三种情况

C. 劳务分包企业不得使用未签订劳动合同的劳动者

D. 建筑施工企业应当至少每月向劳动者支付一次工资，且支付部分不得低于当地最低工资标准

E. 建筑施工企业应当将工资直接发放给劳动者本人

77. 风险管理包括（　　）和控制方面的工作。

A. 策划　　B. 组织

C. 领导　　D. 评估

E. 协调

78. 根据《中华人民共和国建筑法》，工程监理人员如认为工程施工不符合（　　）的，则有权要求建筑施工企业改正。

A. 工程设计要求　　B. 监理规划

C. 施工技术标准　　D. 合同约定

E. 监理实施细则

79. 关于指导性成本计划的说法，正确的有（　　）。

A. 以合同价为依据

B. 以项目实施方案为依据

C. 采用企业的施工定额通过施工预算的编制而成

D. 是选派项目经理阶段的预算成本计划

E. 是项目经理的责任成本目标

80. 关于限额领料的说法，正确的有（　　）。

A. 限额领料的形式可按照分部工程、分项工程、单位工程分为三种

B. 现行的施工预算定额或企业内部消耗定额，是制定限额用量的标准

C. 限额领料由于事先已经进行过调整，所以工程完工后无需核算

D. 以施工班组为对象进行的限额领料是按分部工程实行的限额领料

E. 以项目经理部或分包单位为对象的限额领料是按单位工程实行的限额领料

81. 关于施工成本分析依据的说法，正确的有（　　）。

A. 业务核算的范围比会计、统计核算要广

B. 业务核算同会计核算和统计核算一样都有一套特定的系统的方法

C. 资产、负债、所有者权益、营业收入、利润等会计五要素指标，主要是通过会计来核算

D. 业务核算的目的，在于迅速取得资料，在经济活动中及时采取措施进行调整

E. 统计核算的计量尺度和会计相同，可以用货币计算，也可以用实物或劳动量计算

82. 在项目总进度计划目标论证中，调查研究和收集资料应包括的工作有（　　）。

A. 了解和收集项目决策阶段有关项目进度目标确定的情况和资料

B. 收集类似项目的进度资料

C. 了解和调查该项目的总体部署

D. 了解当地政府主管部门的报批流程

E. 了解和调查该项目实施的主客观条件等

83. 某工程双代号网络计划如下图所示，正确的有（　　）。

A. 网络计划中两项虚工作的自由时差都为 0

B. 关键线路有两条

C. 计算工期为 17 天

D. 工作 B 的最迟完成时间为第 7 天

E. 工作 H 的总时差为 0

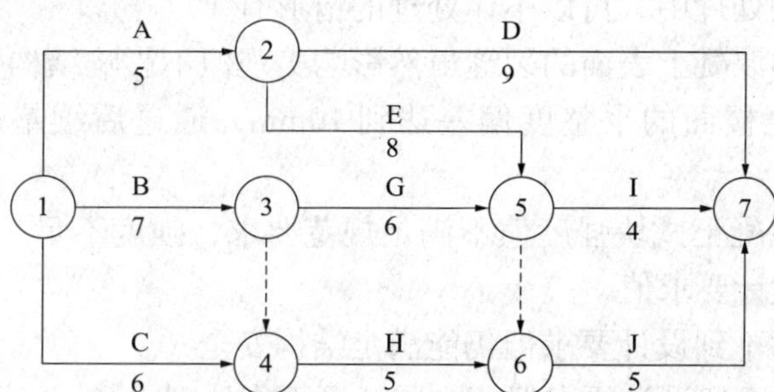

84. 某工程单代号网络计划如下图所示，正确的有（　　）。

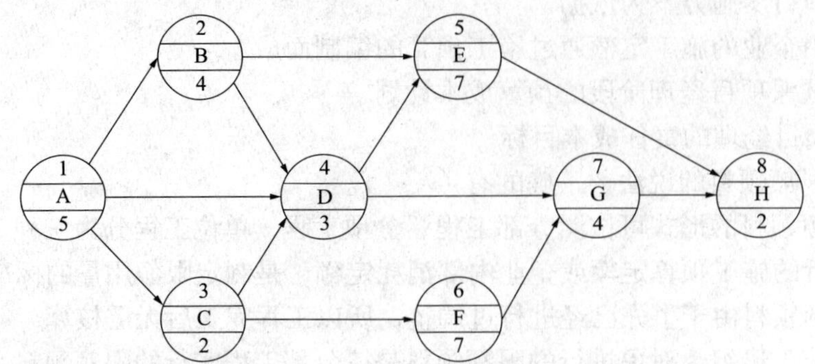

A. B是关键工作　　B. 关键线路长度为21

C. D工作的自由时差为1　　D. F工作的最迟开始时间为7

E. C工作的总时差为1

85. 建设工程项目进度控制的措施，包括（　　）。

A. 组织措施　　B. 管理措施

C. 经济措施　　D. 技术措施

E. 领导措施

86. 建设工程项目质量控制体系，一般应形成（　　）的结构形态。

A. 多元化　　B. 多层次

C. 结构化　　D. 唯一性

E. 多单元

87. 施工质量计划的基本内容，一般应包括（　　）。

A. 工程特点及施工条件分析

B. 施工质量检验、检测、试验工作的计划安排

C. 施工质量控制点的监理旁站记录

D. 质量管理组织机构和职责，人员及资源配置计划

E. 施工材料、设备等的质量管理及控制措施

88. 工程项目竣工质量验收的依据有（　　）。

A. 工程施工承包合同　　B. 工程施工质量验收统一标准

C. 专业工程施工质量验收规范　　D. 批准的设计文件、施工图纸及说明书

E. 施工组织设计文件

89. 施工质量事故处理中，可以不作处理的情形有（　　）。

A. 某些部位的混凝土表面的裂缝虽然影响美观但不影响结构安全

B. 混凝土现浇楼面的平整度偏差达到10mm，通过后续垫层和面层的施工可以弥补

C. 某检验批混凝土试块强度值不满足规范要求，强度不足，但其实际强度达到规范允许和设计要求值

D. 质量缺陷达不到设计要求但仍能满足结构安全

E. 质量缺陷达不到设计要求但业主同意可不作处理

90. 正常直方图，其形状特征有（　　）。

A. 中间低

B. 两边低

C. 两边高

D. 成对称

E. 中间高

91. 根据《建设工程安全生产管理条例》，施工单位应当组织专家进行论证、审查的专项施工方案有（ ）。

A. 深基坑工程

B. 起重吊装工程

C. 脚手架工程

D. 高大模板工程

E. 拆除、爆破工程

92. 建设工程安全施工的处理原则包括事故原因未查清不放过、事故责任人和周围群众没有受到教育不放过以及（ ）。

A. 事故受害人没有获得赔偿不放过

B. 事故责任人未受到处理不放过

C. 事故没有制定切实可行的整改措施不放过

D. 事故处理结构没有得到反馈不放过

E. 事故经过没有形成档案不放过

93. 固体废物处理的基本思想有（ ）。

A. 采取资源化的处理

B. 采取减量化的处理

C. 采取无害化的处理

D. 对固体废弃物产生的全过程进行控制

E. 全部采取集中掩埋的方法处理

94. 投标人须知是招标文件的重要组成部分，投标人须知应包括的内容有（ ）。

A. 招标文件的组成

B. 投标文件的组成

C. 招投标时间安排

D. 评标办法

E. 投标报价的原则

95. 建筑材料采购合同中，交货日期的确定可以采用的方式有（ ）。

A. 需方提货的，以需方提货日期为准

B. 供方负责送货的，以货发出日期为准

C. 供方负责送货的，以需方收货戳记的日期为准

D. 需方提货的，以供方合同规定通知的提货日期为准

E. 委托运输部门运输的，以向承运单位提出申请的日期为准

96. 对业主而言，成本加酬金合同的优点有（ ）。

A. 可以通过分段施工缩短工期

B. 可以减少承包商的对立情绪

C. 可以转移风险，有利于业主的投资控制

D. 可以根据自身力量和需要，较深入地介入和控制工程施工和管理

E. 可以利用承包商的施工技术专家，帮助改进或弥补设计中的不足

97. 关于预付款担保说法，正确的有（ ）。

A. 预付款担保是指承包人与发包人签订合同后领取预付款之前，为保证正确、合理使用发包人支付的预付款而提供的担保

B. 预付款担保不可由担保公司提供保证担保或采取抵押等形式，只能采取银行保

函这种形式

C. 承包人在施工期间，应当定期从发包人处取得同意预付款担保的银行保函减值的文件，并送交银行确认

D. 预付款担保金额与发包人的预付款是等值的

E. 发包人要求承包人提供预付款担保的，承包人应在发包人支付预付款 14 天前提供预付款担保，专用合同条款另有约定除外

98. 工程移交是一个重要的合同事件，工程一旦移交，说明（　　）。

A. 承包人施工任务的结束

B. 工程所有权的转让

C. 承包人保修责任的开始

D. 承包人项目管理任务的结束

E. 合同规定的工程款支付条款有效

99. 按照索赔当事人分类，索赔可分为（　　）之间索赔。

A. 承包人与保险人

B. 发包人与承包人

C. 承包人与分包人

D. 承包人与供货人

E. 发包人与分包人

100. 应用工程项目管理信息系统的主要意义包括（　　）。

A. 实现项目管理数据的集中存储

B. 有利于项目管理数据的检索和查询

C. 提高项目管理数据处理的效率

D. 确保项目管理数据处理的先进性

E. 可方便地形成各种项目管理需要的报表

模拟试题（二）答案及解析

一、单项选择题

1. C

【考点】建设工程管理的任务。

【解析】建设工程管理工作是一种增值服务工作，其核心任务是为工程的建设和使用增值，如下图所示。

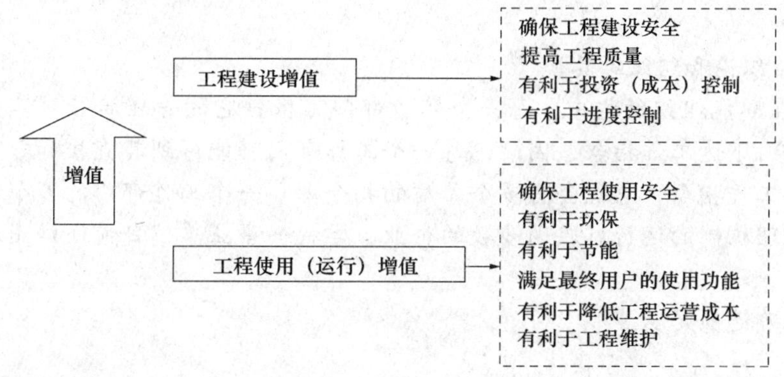

选项C属于工程使用（运行）增值。

因此，正确选项是C。

2. D

【考点】业主方项目管理的目标和任务。

【解析】项目的投资目标、进度目标和质量目标之间既有矛盾的一面，也有统一的一面，它们之间的关系是对立的统一关系。要加快进度往往需要增加投资，欲提高质量往往也需要增加投资，过度地缩短进度会影响质量目标的实现，这都表现了目标之间关系矛盾的一面；但通过有效的管理，在不增加投资的前提下，也可缩短工期和提高工程质量，这反映了目标之间关系统一的一面。

因此，正确选项是D。

3. D

【考点】施工方项目管理的目标和任务。

【解析】由于施工方是受业主方的委托承担工程建设任务，施工方必须树立服务观念，为项目建设服务，为业主提供建设服务；另外，合同也规定了施工方的任务和义务，因此施工方作为项目建设的一个重要参与方，其项目管理不仅应服务于施工方本身的利益，也必须服务于项目的整体利益。

施工总承包方或施工总承包管理方必须按工程合同规定的工期目标和质量目标完成建设任务。而施工总承包方或施工总承包管理方的成本目标是由施工企业根据其生产和经营的情况自行确定的。分包方则必须按工程分包合同规定的工期目标和质量目标完成建设任务，分包方的成本目标是该施工企业内部自行确定的。

按国际工程的惯例，当采用指定分包商时，不论指定分包商与施工总承包方，或与施工总承包管理方，或与业主方签订合同，由于指定分包商合同在签约前必须得到施工总承包方或施工总承包管理方的认可，因此，施工总承包方或施工总承包管理方应对合同规定的工期目标和质量目标负责。

因此，正确选项是D。

4. C

【考点】组织结构在项目管理中的应用。

【解析】在矩阵组织结构中，每一项纵向和横向交汇的工作，指令来自于纵向和横向两个工作部门，因此其指令源为两个。

因此，正确选项是C。

5. A

【考点】组织论和组织工具。

【解析】在职能组织结构中，每一个职能部门可根据它的管理职能对其直接和非直接的下属工作部门下达工作指令，因此，每一个工作部门可能得到其直接和非直接的上级工作部门下达的工作指令，它就会有多个矛盾的指令源。一个工作部门的多个矛盾的指令源会影响企业管理机制的运行。我国多数的企业、学校、事业单位目前还沿用这种传统的组织结构模式。

因此，正确选项是A。

6. A

【考点】建设工程项目策划。

【解析】项目实施阶段策划的工作内容包括：项目实施的环境和条件的调查与分析、项目目标的分析和再论证、项目实施的组织策划、项目实施的管理策划、项目实施的合同策划、项目实施的经济策划、项目实施的技术策划、项目实施的风险策划。所以，只有选项A属于项目实施阶段的工作内容。

因此，正确选项是A。

7. B

【考点】建设工程项目策划。

【解析】技术策划其主要工作内容包括：

（1）技术方案分析和论证；

（2）关键技术分析和论证；

（3）技术标准、规范的应用和制定。

因此，正确选项是B。

8. C

【考点】项目总承包的模式。

【解析】设计采购施工总承包（EPC—Engineering，Procurement，Construction），“设计采购施工总承包是指工程总承包企业按照合同约定，承担工程项目的设计、采购、施工、试运行服务等工作，并对承包工程的质量、安全、工期、造价全面负责”[引自建设部《关于培育发展工程总承包和工程项目管理企业的指导意见》（建市［2003］30号）］。设计采购施工总承包已在我国石油和石化等工业建设项目中得到成功的应用。

因此，正确选项是C。

9. C

【考点】项目总承包的模式。

【解析】根据《建设项目工程总承包管理规范》GB/T 50538—2017，工程总承包企业受业主委托，按合同约定对工程建设项目的勘察、设计、采购、施工、试运行等实行全过程或若干阶段的承包。

因此，正确选项是C。

10. D

【考点】施工任务委托的模式。

【解析】施工总承包管理模式的内涵是：业主方（建设单位）委托一个施工单位或由多个施工单位组成的施工联合体或施工合作体作为施工总承包管理单位，业主方另委托其他施工单位作为分包单位进行施工。施工总承包管理单位负责对所有分包人的管理和组织协调，包括对发包人的质量控制。

因此，正确选项是D。

11. B

【考点】项目管理规划的内容。

【解析】建设工程项目管理规划内容涉及的范围和深度，在理论上和工程实践中并没有统一的规定，应视项目的特点而定。由于项目实施过程中主客观条件的变化是绝对的，不变则是相对的；在项目进展过程中平衡是暂时的，不平衡则是永恒的，因此，建设工程项目管理规划必须随着情况的变化而进行动态调整。

因此，正确选项是B。

12. C

【考点】施工组织总设计的内容。

【解析】施工组织总设计的主要内容如下（参考《建筑施工组织设计规范》GB/T 50502—2009）：工程概况；总体施工部署；施工总进度计划；总体施工准备与主要资源配置计划；主要施工方法；施工总平面布置。

因此，正确选项是C。

13. C

【考点】项目目标动态控制的纠偏措施。

【解析】组织是目标能否实现的决定性因素。应充分重视组织措施对项目目标控制的作用。

因此，正确选项是C。

14. A

【考点】项目目标动态控制的纠偏措施。

【解析】建立进度控制的会议制度属于管理措施；改变施工机具和选用有利的施工技术属于技术措施；制定项目进度控制的工作流程属于组织措施。

因此，正确选项是A。

15. C

【考点】施工企业项目经理的性质。

【解析】2003年2月27日《国务院关于取消第二批行政审批项目和改变一批行政审批项目管理方式的决定》(国发［2003］5号)规定:“取消建筑施工企业项目经理资质核准,由注册建造师代替,并设立过渡期。”

建筑业企业项目经理资质管理制度向建造师执业资格制度过渡的时间定为五年,即从国发［2003］5号文印发之日起至2008年2月27日止。过渡期内,凡持有项目经理资质证书或者建造师注册证书的人员,经其所在企业聘用后均可担任工程项目施工的项目经理。过渡期满后,大、中型工程项目施工的项目经理必须由取得建造师注册证书的人员担任;但取得建造师注册证书的人员是否担任工程项目施工的项目经理,由企业自主决定。

因此,正确选项是C。

16. A

【考点】施工企业人力资源的任务。

【解析】建筑施工企业因暂时生产经营困难无法按劳动合同约定的日期支付工资的,应当向劳动者说明情况,并经与工会或职工代表协商一致后,可以延期支付工资,但最长不得超过30日。超过30日不支付劳动者工资的,属于无故拖欠工资行为。

因此,正确选项是A。

17. D

【考点】建设工程项目的风险类型。

【解析】组织风险,如:

(1)组织结构模式;

(2)工作流程组织;

(3)任务分工和管理职能分工;

(4)业主方(包括代表业主利益的项目管理方)人员的构成和能力;

(5)设计人员和监理工程师的能力;

(6)承包方管理人员和一般技工的能力;

(7)施工机械操作人员的能力和经验;

(8)损失控制和安全管理人员的资历和能力等。

因此,正确选项是D。

18. A

【考点】建设监理工作的主要任务。

【解析】督促施工单位进行安全自查工作,巡视检查施工现场安全生产情况,对实施监理过程中,发现存在安全事故隐患的,应签发监理工程师通知单,要求施工单位整改;情况严重的,总监理工程师应及时下达工程暂停指令,要求施工单位暂时停止施工,并及时报告业主。施工单位拒不整改或者不停止施工的,应通过业主及时向有关主管部门报告。

因此,正确选项是A。

19. D

【考点】施工成本控制。

【解析】建设工程项目施工成本控制应贯穿于项目从投标阶段开始直至竣工验收的全过程，它是企业全面成本管理的重要环节。

因此，正确选项是D。

20. B

【考点】成本计划的类型。

【解析】成本计划的编制以成本预测为基础，关键是确定目标成本。

因此，正确选项是B。

21. D

【考点】按成本组成编制成本计划的方法。

【解析】施工成本可以按成本构成分解为人工费、材料费、施工机具使用费和企业管理费等。

因此，正确选项是D。

22. C

【考点】成本控制的依据和程序。

【解析】下表为项目成本岗位责任考核表。

序号	岗位名称	职　责	检查方法	检查人	检查时间
1	项目经理	1. 建立项目成本管理组织 2. 组织编制项目施工成本管理手册 3. 定期或不定期地检查有关人员管理行为是否符合岗位职责要求	1. 查看有无组织结构图 2. 查看《项目施工成本管理手册》	上级或自查	开工初期检查一次，以后每月检查一次
2	项目工程师	1. 指定采用新技术降低成本的措施 2. 编制总进度计划 3. 编制总的工具及设备使用计划	1. 查看资料 2. 现场实际情况与计划进行对比	项目经理或其委托人	开工初期检查一次，以后每月检查1～2次
3	主管材料员	1. 编制材料采购计划 2. 编制材料采购月报表 3. 对材料管理工作每周组织检查一次 4. 编制月材料盘点表及材料收发结存报表	1. 查看资料 2. 现场实际情况与管理制度中的要求进行对比	项目经理或其委托人	每月或不定期抽查
4	成本会计	1. 编制月度成本计划 2. 进行成本核算，编制月度成本核算表 3. 每月编制一次材料复核报告	1. 查看资料 2. 审核编制依据	项目经理或其委托人	每月检查一次
5	施工员	1. 编制月度用工计划 2. 编制月材料需求计划 3. 编制月度工具及设备计划 4. 开具限额领料单	1. 查看资料 2. 计划与实际对比，考核其准确性及实用性	项目经理或其委托人	每月或不定期抽查

因此，正确选项是C。

23. B

【考点】偏差分析法。

【解析】进度偏差（*SV*）＝已完工作预算费用（*BCWP*）－计划工作预算费用

（*BCWS*）。费用偏差（*CV*）＝已完工作预算费用（*BCWP*）－已完工作实际费用（*ACWP*）故选项 B 中，钢门窗安装的费用偏差应为 40 － 50 ＝－ 10 万元。

因此，正确选项是 B。

24. B

【考点】成本分析的差额计算法。

【解析】预算成本增加对成本降低额的影响程度

（320 － 280）×4.8% ＝ 1.2 万元

成本降低率提高对成本降低额的影响程度

（4.8% － 3%）×320 ＝ 5.76 万元

以上两项合计：1.2 ＋ 5.79 ＝ 5.96 万元

实际的成本降低额是 320×4.8% ＝ 15.36 万元

因此，正确选项是 B。

25. D

【考点】专项成本分析的内容。

【解析】针对与成本有关的特定事项的分析，包括成本盈亏异常分析、工期成本分析、资金成本分析等内容。

（1）成本盈亏异常分析

施工项目出现成本盈亏异常情况，必须引起高度重视，必须彻底查明原因并及时纠正。

检查成本盈亏异常的原因，应从经济核算的“三同步”入手。因为项目经济核算的基本规律是：在完成多少产值、消耗多少资源、发生多少成本之间，有着必然的同步关系。如果违背这个规律，就会发生成本的盈亏异常。

“三同步”检查是提高项目经济核算水平的有效手段，不仅适用于成本盈亏异常的检查，也可用于月度成本的检查。“三同步”检查可以通过以下五个方面的对比分析来实现。

① 产值与施工任务单的实际工程量和形象进度是否同步；

② 资源消耗与施工任务单的实耗人工、限额领料单的实耗材料、当期租用的周转材料和施工机械是否同步；

③ 其他费用（如材料价、超高费和台班费等）的产值统计与实际支付是否同步；

④ 预算成本与产值统计是否同步；

⑤ 实际成本与资源消耗是否同步。

通过以上五个方面的分析，可以探明成本盈亏的原因。

（2）工期成本分析

工期成本分析是计划工期成本与实际工期成本的比较分析。计划工期成本是指在假定完成预期利润的前提下计划工期内所耗用的计划成本；而实际成本是在实际工期中耗用的实际成本。

工期成本分析一般采用比较法，即将计划工期成本与实际工期成本进行比较，然后应用“因素分析法”分析各种因素的变动对工期成本差异的影响程度。

（3）资金成本分析

资金与成本的关系是指工程收入与成本支出的关系。根据工程成本核算的特点，工程收入与成本支出有很强的相关性。进行资金成本分析通常应用“成本支出率”指标，即成本支出占工程款收入的比例，计算公式如下：

$$成本支出率=\frac{计算期实际成本支出}{计算期实际工程款收入}\times 100\%$$

通过对“成本支出率”的分析，可以看出资金收入中用于成本支出的比重；结合储备金和结存资金的比重，分析资金使用的合理性。

因此，正确选项是D。

26. D

【考点】项目进度控制的任务。

【解析】业主方进度控制的任务是控制整个项目实施阶段的进度，从设计准备阶段到项目动用前的准备阶段；设计方进度控制的任务是依据设计任务委托合同对设计工作进度的要求控制设计工作进度，并使之与招标、施工、物资采购等工作进度相协调；施工方进度控制的任务是依据施工任务委托合同对施工进度的要求控制施工进度；供货方控制的任务是根据供货合同对供货的要求控制供货进度，供货进度计划应包括供货的所有环节，如采购、加工制造、运输等。

因此，正确选项是D。

27. C

【考点】项目进度控制的任务。

【解析】在进度计划编制方面，施工方应视项目的特点和施工进度控制的需要，编制深度不同的控制性、指导性和实施性施工的进度计划，以及按不同计划周期（年度、季度、月度和旬）的施工计划等。

因此，正确选项是C。

28. C

【考点】项目总进度目标论证的工作内容。

【解析】建设工程项目的总进度目标指的是整个工程项目的进度目标，它是在项目决策阶段项目定义时确定的，项目管理的主要任务是在项目的实施阶段对项目的目标进行控制。在进行建设工程项目总进度目标控制前，首先应分析和论证进度目标实现的可能性。若项目总进度目标不可能实现，则项目管理者应提出调整项目总进度目标的建议，并提请项目决策者审议。

在建设工程项目总进度目标论证时，往往还没有掌握比较详细的设计资料，也缺乏比较全面的有关工程发包的组织、施工组织和施工技术等方面的资料，以及其他有关项目实施条件的资料，因此，总进度目标论证并不是单纯的总进度规划的编制工作，它涉及许多工程实施的条件分析和工程实施策划方面的问题。

因此，正确选项是C。

29. A

【考点】项目总进度目标论证的工作内容。

【解析】大型建设工程项目总进度目标论证的核心工作是通过编制总进度纲要论证总进度目标实现的可能性。

因此，正确选项是A。

30. C

【考点】工程网络计划的编制方法。

【解析】在双代号网络计划中，为了正确地表达工作之间的逻辑关系，往往需要应用虚工作（虚箭线）。虚工作是实际工作中并不存在的一项虚设工作，故它既不占用时间，也不消耗资源，一般起着工作之间的联系、区分和断路三个作用。时标网络计划中应以实箭线表示工作，以虚箭线表示虚工作，以波形线表示工作的自由时差。

因此，正确选项是 C。

31. C

【考点】双代号网络计划的时间参数计算。

【解析】由于 B、D、I 三项工作共用一台施工机械且必须按顺序施工，且 D 工作和 I 工作都为关键工作，所以 I 工作必须延迟一天开始，即总工期延长一天，B 工作开始时间安排在第二周可以使施工机械不闲置。

因此，正确选项是 C。

32. B

【考点】工程网络计划的总时差计算。

【解析】总时差应等于本工作与其紧后工作之间的时间间隔加上该紧后工作的总时差所得之和的最小值，所以 $TF_{\mathrm{A}} = \min\{3, 5\} = 3$。

因此，正确选项是 B。

33. B

【考点】单代号搭接网络计划关键工作的识别。

【解析】该单代号搭接网络有三条线路，A—B—D—F，A—B—E—F，A—C—E—F，其长度分别为 27，11，20，但是由于 B 工作出现最早时间为负的情况，需要与起点相连，这样工作 A 就有机动时间，因此最终的关键工作是工作 B、D、F。

因此，正确选项是 B。

34. B

【考点】考察实际进度前锋线的应用。

【解析】由于 $TF_{\mathrm{E}} = LF_{\mathrm{E}} - EF_{\mathrm{E}} = LS_{\mathrm{I}} - EF_{\mathrm{E}} = 8 - 7 = 1$，第 6 天检查该进度计划时 E 工作拖后一天，因此 E 工作没有总时差了。

因此，正确选项是 B。

35. B

【考点】建设工程项目进度控制的措施。

【解析】建设工程项目进度控制的经济措施涉及资金需求计划、资金供应的条件和经济激励措施等。为确保进度目标的实现，应编制与进度计划相适应的资源需求计划（资源进度计划），包括资金需求计划和其他资源（人力和物力资源）需求计划，以反映工程实施的各时段所需要的资源。本题中，编制与进度计划相适应的资源需求计划属于进度控制的经济措施。

因此，正确选项是 B。

36. C

【考点】项目质量的影响因素。

【解析】建设工程项目质量的影响因素，主要是指在项目质量目标策划、决策和实现过程中影响质量形成的各种客观因素和主观因素，包括人的因素、机械因素、材料因素、方法因素和环境因素（简称人、机、料、法、环）等。其中，影响项目质量的环境因素，又包括项目的自然环境因素、社会环境因素、管理环境因素和作业环境因素。

因此，正确选项是C。

37. B

【考点】质量风险识别。

【解析】项目质量风险的识别可分三步进行：

（1）采用层次分析法画出质量风险结构层次图。可以按风险的种类列出各类风险因素可能造成的质量风险；也可以按项目结构图列出各个子项目可能存在的质量风险；还可以按工作流程图列出各个实施步骤（或工序）可能存在的质量风险。不要轻易否定或排除某些风险，对于不能排除但又不能确认存在的风险，宁可信其有不可信其无。

（2）分析每种风险的促发因素。分析的方法可以采用头脑风暴法、专家调查（访谈）法、经验判断法和因果分析图等。

（3）将风险识别的结果汇总成为质量风险识别报告。报告没有固定格式，通常可以采用列表的形式，内容包括：风险编号，风险的种类，促发风险的因素，可能发生的风险事故的简单描述，以及风险承担的责任方等。

因此，正确选项是B。

38. D

【考点】施工企业质量管理体系的建立与认证。

【解析】当获证企业发生质量管理体系存在严重不符合规定，或在认证暂停的规定期限未予以整改，或发生其他构成撤销体系认证资格情况时，认证机构做出撤销认证的决定。企业不服可提出申诉。撤销认证的企业一年后可重新提出认证申请。

因此，正确选项是D。

39. D

【考点】计量控制。

【解析】这是施工质量控制的一项重要基础工作。施工过程中的计量，包括施工生产时的投料计量、施工测量、监测计量以及对项目、产品或过程的测试、检验、分析计量等。开工前要建立和完善施工现场计量管理的规章制度；明确计量控制责任者和配置必要的计量人员；严格按规定对计量器具进行维修和校验；统一计量单位，组织量值传递，保证量值统一，从而保证施工过程中计量的准确。

因此，正确选项是D。

40. B

【考点】施工与设计的协调。

【解析】在施工期间无论是建设单位、设计单位或施工单位提出，需要进行局部设计变更的内容，都必须按照规定的程序，先将变更意图或请求报送监理工程师审查，经设计单位审核认可并签发《设计变更通知书》后，再由监理工程师下达《变更指令》。

因此，正确选项是B。

41. D

【考点】工序施工条件控制。

【解析】工序施工条件是指从事工序活动的各生产要素质量及生产环境条件。工序施工条件控制就是控制工序活动的各种投入要素质量和环境条件质量。控制的手段主要有：检查、测试、试验、跟踪监督等。

因此，正确选项是D。

42. D

【考点】竣工质量验收的程序。

【解析】建设单位应在工程竣工验收前7个工作日前将验收时间、地点、验收组名单书面通知该工程的工程质量监督机构。建设单位组织竣工验收会议。

因此，正确选项是D。

43. A

【考点】竣工质量验收的程序。

【解析】施工单位按照合同规定的施工范围和质量标准完成施工任务后，应自行组织有关人员进行质量检查评定。自检合格后，向现场监理机构提交工程竣工预验收申请报告，要求组织工程竣工预验收。

因此，正确选项是A。

44. B

【考点】工程质量问题和质量事故的分类。

【解析】凡是工程质量不合格，影响使用功能或工程结构安全，造成永久质量缺陷或存在重大质量隐患，甚至直接导致工程倒塌或人身伤亡，必须进行返修、加固或报废处理，按照由此造成直接经济损失的大小分为质量问题和质量事故。

因此，正确选项是B。

45. D

【考点】施工质量问题和质量事故的处理。

【解析】事故处理的质量检查鉴定，应严格按施工验收规范和相关质量标准的规定进行，必要时还应通过实际量测、试验和仪器检测等方法获取必要的数据，以便准确地对事故处理的结果作出鉴定，形成鉴定结论。

因此，正确选项是D。

46. C

【考点】排列图法的应用。

【解析】在质量管理过程中，通过抽样检查或检验试验所得到的关于质量问题、偏差、缺陷、不合格等方面的统计数据，以及造成质量问题的原因分析统计数据，均可采用排列图方法进行状况描述，它具有直观、主次分明的特点。

因此，正确选项是C。

47. C

【考点】建设工程项目质量的政府监督。

【解析】监督工程建设的各方主体（包括建设单位、施工单位、材料设备供应单位、设计勘察单位和监理单位等）的质量行为是否符合国家法律法规及各项制度的规定，故A

不符合要求。对施工过程中发生的质量问题、质量事故进行查处，故 B 不符合要求。监督检查工程实体的施工质量，尤其是地基基础、主体结构、专业设备安装等涉及结构安全和使用功能的施工质量。对施工过程中发生的质量问题、质量事故进行查处，故 C 正确。建设工程政府监督涉及工程的开工前、施工阶段和验收阶段的监督，故 D 不符合要求。

因此，正确选项是 C。

48. B

【考点】建设工程职业健康安全与环境管理的要求。

【解析】在建设工程项目决策阶段，建设单位应按照有关建设工程法律法规的规定和强制性标准的要求，办理各种有关安全与环境保护方面的审批手续。对需要进行环境影响评价或安全预评价的建设工程项目，应组织或委托有相应资质的单位进行建设工程项目环境影响评价和安全预评价。

因此，正确选项是 B。

49. B

【考点】安全生产管理制度。

【解析】"三同时"制度是指凡是我国境内新建、改建、扩建的基本建设项目（工程），技术改建项目（工程）和引进的建设项目，其安全生产设施必须符合国家规定的标准，必须与主体工程同时设计、同时施工、同时投入生产和使用。安全生产设施主要是指安全技术方面的设施、职业卫生方面的设施、生产辅助性设施。

因此，正确选项是 B。

50. C

【考点】施工安全技术措施和安全技术交底。

【解析】施工安全的控制程序：(1) 确定每项具体建设工程项目的安全目标；(2) 编制建设工程项目安全技术措施计划；(3) 安全技术措施计划的落实和实施；(4) 安全技术措施计划的验证；(5) 持续改进根据安全技术措施计划的验证结果，对不适宜的安全技术措施计划进行修改、补充和完善。

因此，正确选项是 C。

51. C

【考点】应急预案体系的构成。

【解析】应急预案应形成体系，通常由综合应急预案、专项应急预案和现场处置方案组成。

因此，正确选项是 C。

52. D

【考点】生产安全事故应急预案的管理。

【解析】建设工程生产安全事故应急预案的管理包括应急预案的评审、备案、实施和奖惩。

因此，正确选项是 D。

53. D

【考点】施工垃圾的清理。

【解析】高大建筑物清理施工垃圾时，要使用封闭式的容器或者采取其他措施处理高空废弃物，严禁凌空随意抛撒。施工现场除设有符合规定的装置外，禁止在现场焚烧油毡、橡胶、塑料、皮革、树叶、枯草、各种包装物等废弃物以及其他会产生有毒、有害烟尘和恶臭气体的物质。

因此，正确选项是 D。

54. C

【考点】现场文明施工的管理。

【解析】建设文明施工的管理组织要求，应确立项目经理为现场文明施工的第一责任人，以各专业工程师、施工质量、安全、材料、保卫等现场项目经理部人员为成员的施工现场文明管理组织，共同负责本工程现场文明施工工作。

因此，正确选项是 C。

55. B

【考点】招标信息的发布。

【解析】招标人不具备自行招标能力的，必须委托具备相应资质的招标代理机构代为办理招标事宜。

工程招标代理机构资格分为甲、乙两级。其中乙级工程招标代理机构只能承担工程投资额（不含征地费、大市政配套费与拆迁补偿费）3000 万元以下的工程招标代理业务。

工程招标代理机构可以跨省、自治区、直辖市承担工程招标代理业务。

因此，正确选项是 B。

56. B

【考点】《建设工程施工合同（示范文本）》GF—2017—0201 提供基础资料。

【解析】发包人应当在移交施工现场前向承包人提供施工现场及工程施工所必需的毗邻区域内供水、排水、供电、供气、供热、通信、广播电视等地下管线资料，气象和水文观测资料，地质勘察资料，相邻建筑物、构筑物和地下工程等有关基础资料，并对所提供资料的真实性、准确性和完整性负责。按照法律规定确需在开工后方能提供的基础资料，发包人应尽其努力及时地在相应工程施工前的合理期限内提供，合理期限应以不影响承包人的正常施工为限。

因此，正确选项是 B。

57. D

【考点】工程承包人（总承包单位）的主要责任和义务。

【解析】承包人应提供总包合同（有关承包工程的价格内容除外）供分包人查阅。分包人应全面了解总包合同的各项规定（有关承包工程的价格内容除外）。向分包人提供与分包工程相关的各种证件、批件和各种相关资料，向分包人提供具备施工条件的施工场地；组织分包人参加发包人组织的图纸会审，向分包人进行设计图纸交底；提供合同专用条款中约定的设备和设施，并承担因此发生的费用；随时为分包人提供确保分包工程的施工所要求的施工场地和通道等，满足施工运输的需要，保证施工期间的畅通；负责整个施工场地的管理工作，协调分包人与同一施工场地的其他分包人之间的交叉配合，确保分包人按照经批准的施工组织设计进行施工。

因此，正确选项是 D。

58. C

【考点】工期延误。

【解析】发包人未能按合同约定提供图纸或所提供图纸不符合合同约定的，发包人未能按合同约定日期支付工程预付款、进度款或竣工结算款的，由发包人承担由此延误的工期和（或）增加的费用。

因此，正确选项是 C。

59. B

【考点】成本加酬金合同的形式。

【解析】成本加固定比例费用合同：工程成本中直接费加一定比例的报酬费，报酬部分的比例在签订合同时由双方确定。这种方式的报酬费用总额随成本加大而增加，不利于缩短工期和降低成本。一般在工程初期很难描述工作范围和性质，或工期紧迫，无法按常规编制招标文件招标时采用。

因此，正确选项是 B。

60. D

【考点】单价合同。

【解析】采用单价合同对业主的不足之处是，业主需要安排专门力量来核实已经完成的工程量，需要在施工过程中花费不少精力，协调工作量大。另外，用于计算应付工程款的实际工程量可能超过预测的工程量，即实际投资容易超过计划投资，对投资控制不利。

因此，正确选项是 D。

61. C

【考点】投标保证金额度。

【解析】根据《中华人民共和国招标投标法实施条例》规定，投标保证金不得超过招标项目估算价的 2%。

因此，正确选项是 C。

62. C

【考点】履约担保书的概念。

【解析】由担保公司或者保险公司开具履约担保书，当承包人在执行合同过程中违约时，开出担保书的担保公司或者保险公司用该项担保金去完成施工任务或者向发包人支付完成该项目所实际花费的金额，但该金额必须在保证金的担保金额之内。

因此，正确选项是 C。

63. B

【考点】施工合同分析的任务。

【解析】合同分析，在不同的时期，为了不同的目的，有不同的内容，通常有：合同的法律基础、承包人的主要任务、发包人的责任、合同价格、施工工期、违约责任、验收移交和保修、索赔程序和争议的解决等几个方面。

其中，发包人的责任主要分析发包人(业主)的合作责任。其责任通常有如下几方面：

（1）业主雇用工程师并委托其在授权范围内履行业主的部分合同责任。

（2）业主和工程师有责任对平行的各承包人和供应商之间的责任界限作出划分，对这方面的争执作出裁决，对他们的工作进行协调，并承担管理和协调失误造成的损失。

（3）及时作出承包人履行合同所必需的决策，如下达指令、履行各种批准手续、作出认可、答复请示，完成各种检查和验收手续等。

（4）提供施工条件，如及时提供设计资料、图纸、施工场地、道路等。

（5）按合同规定及时支付工程款，及时接收已完工程等。

因此，正确选项是B。

64. C

【考点】施工合同实施的控制。

【解析】根据合同实施偏差分析的结果，承包商应采取相应的调整措施。调整措施可分为：

（1）组织措施，如增加人员投入，调整人员安排，调整工作流程和工作计划等。

（2）技术措施，如变更技术方案，采用新的高效率的施工方案等。

（3）经济措施，如增加资金投入，采取经济激励措施等。

（4）合同措施，如进行合同变更，签订附加协议，采取索赔手段等。

因此，正确选项是C。

65. C

【考点】修正的总费用法中修正的内容。

【解析】修正的总费用法是对总费用法的改进，即在总费用计算的原则上，去掉一些不合理的因素，使其更合理。修正的内容如下：（1）将计算索赔款的时段局限于受到外界影响的时间，而不是整个施工期；（2）只计算受影响时段内的某项工作所受影响的损失，而不是计算该时段内所有施工工作所受的损失；（3）与该项工作无关的费用不列入总费用中；（4）对投标报价费用重新进行核算：按受影响时段内该项工作的实际单价进行核算，乘以实际完成的该项工作的工程量，得出调整后的报价费用。

因此，正确选项是C。

66. A

【考点】工期索赔的比例分析法。

【解析】工期索赔值也可以按照造价的比例进行分析：

工期索赔值＝原合同工期 × 附加或新增工程造价 / 原合同总价

所以，本题中：$18 \times 50/1000 = 0.9$ 个月

因此，正确选项是A。

67. A

【考点】美国AIA系列合同条件。

【解析】美国建筑师学会（AIA）成立于1857年，是重要的建筑师专业组织，致力于提高建筑师的专业水平。AIA出版的系列合同文件在美国建筑业及国际工程承包领域具有较高的权威性。

因此，正确选项是A。

68. A

【考点】施工合同条件。

【解析】《施工合同条件》（Condition of Contract for Construction，简称“新红皮书”）。

"新红皮书"与原"红皮书"相对应，但其名称改变后合同的适用范围更大。该合同主要用于由发包人设计的或由咨询工程师设计的房屋建筑工程（Building Works）和土木工程（Engineering Works）的施工项目。合同计价方式属于单价合同，但也有某些子项采用包干价格。

因此，正确选项是 A。

69. D

【考点】项目信息管理的目的。

【解析】项目的信息管理的目的旨在通过有效的项目信息传输的组织和控制为项目建设提供增值服务。

因此，正确选项是 D。

70. C

【考点】项目信息的分类。

【解析】A 选项是按项目实施的工作过程分类，B 选项是按项目管理工作的任务，D 选项是按多维进行分类。

因此，正确选项是 C。

二、多项选择题

71. B、C、D

【考点】建设工程项目管理的发展趋势。

【解析】将项目决策阶段的开发管理（DM——Development Management）、实施阶段的项目管理（PM——Project Management）和使用阶段的设施管理（FM——Facility Management）集成为项目全寿命管理（Lifecycle Management）。

因此，正确选项是 B、C、D。

72. B、C、E

【考点】组织结构在项目管理中的应用。

【解析】矩阵组织结构是一种较新型的组织结构模式，故选项 A 错误。在矩阵组织结构最高指挥者（部门）下设纵向和横向两种不同类型的工作部门，选项 B 正确。纵向工作部门如人、财、物、产、供、销的职能管理部门，横向工作部门如生产车间等。一个施工企业，如采用矩阵组织结构模式，则纵向工作部门可以是计划管理、技术管理、合同管理、财务管理和人事管理部门等，而横向工作部门可以是项目部。

一个大型建设项目如采用矩阵组织结构模式，则纵向工作部门可以是投资控制、进度控制、质量控制、合同管理、信息管理、人事管理、财务管理和物资管理等部门，而横向工作部门可以是各子项目的项目管理部。矩阵组织结构适宜用于大的组织系统，选项 C 正确在上海地铁和广州地铁一号线建设时都采用了矩阵组织结构模式。在矩阵组织结构中，每一项纵向和横向交汇的工作，指令来自于纵向和横向两个工作部门，因此其指令源为两个，故选项 E 正确。选项 C 是职能组织结构的特征。

因此，正确选项是 B、C、E。

73. B、C、E

【考点】施工任务委托的模式。

【解析】施工总承包模式在开工前就有较明确的合同价，有利于业主的总投资控制，故选项 A 错误；由于业主只负责对施工总承包单位的管理及组织协调，其组织与协调的工作量比平行发包会大大减少，这对业主有利，故选项 D 错误。

因此，正确选项是 B、C、E。

74. B、C、E

【考点】施工组织总设计的内容。

【解析】在我国，大型房屋建筑工程标准一般指：

(1) 25 层以上的房屋建筑工程；

(2) 高度 100m 及以上的构筑物或建筑物工程；

(3) 单体建筑面积 3 万 m^2 及以上的房屋建筑工程；

(4) 单跨跨度 30m 及以上的房屋建筑工程；

(5) 建筑面积 10 万 m^2 及以上的住宅小区或建筑群体工程；

(6) 单项建安合同额 1 亿元及以上的房屋建筑工程。

因此，正确选项是 B、C、E。

75. A、C、D、E

【考点】动态控制在投资控制中的应用。

【解析】通过项目投资计划值和实际值的比较，如发现偏差，则必须采取相应的纠偏措施进行纠偏，如：采取限额设计的方法、调整投资控制的方法和手段、采用价值工程的方法、制定节约投资的奖励措施、调整或修改设计，优化施工方法等。

因此，正确选项是 A、C、D、E。

76. B、C、D、E

【考点】施工企业劳动用工和工资支付管理。

【解析】劳务分包企业用工和施工企业直接雇佣的短期用工，俗称农民工，是目前施工企业劳务用工的主力军。对这部分用工的管理存在问题较多，是各级政府主管部门明令必须加强管理的重点对象。

因此，正确选项是 B、C、D、E。

77. A、B、C、E

【考点】风险管理。

【解析】风险管理包括策划、组织、领导、协调和控制等方面的工作。

因此，正确选项是 A、B、C、E。

78. A、C、D

【考点】监理的工作方法。

【解析】"工程监理人员认为工程施工不符合工程设计要求、施工技术标准和合同约定的，有权要求建筑施工企业改正。工程监理人员发现工程设计不符合建筑工程质量标准或者合同约定的质量要求的，应当报告建设单位要求设计单位改正"。

因此，正确选项是 A、C、D。

79. A、D、E

【考点】施工成本计划的类型。

【解析】指导性成本计划是选派项目经理阶段的预算成本计划，是项目经理的责任成本目标。它是以合同价为依据，按照企业的预算定额标准制定的设计预算成本计划，且一般情况下确定责任总成本目标。

因此，正确选项是A、D、E。

80. B、E

【考点】施工成本材料费的控制。

【解析】限额领料的依据

（1）准确的工程量。它是按工程施工图纸计算的正常施工条件下的数量，是计算限额领料量的基础。

（2）现行的施工预算定额或企业内部消耗定额，是制定限额用量的标准。

（3）施工组织设计，是计算和调整非实体性消耗材料的基础。

（4）施工过程中发包人认可的变更洽商单，它是调整限额量的依据。

限额领料的实施：

（1）确定限额领料的形式。施工前，根据工程的分包形式，与使用单位确定限额领料的形式。

（2）签发限额领料单。根据双方确定的限额领料形式，根据有关部门编制的施工预算和施工组织设计，将所需材料数量汇总后编制材料限额数量，经双方确认后下发。

（3）限额领料单的应用。限额领料单一式三份，一份交保管员作为控制发料的依据；一份交使用单位，作为领料的依据；一份由签发单位留存，作为考核的依据。

（4）限额量的调整。在限额领料的执行过程中，会有许多因素影响材料的使用，如：工程量的变更、设计更改、环境因素的影响等。限额领料的主管部门在限额领料的执行过程中要深入施工现场，了解用料情况，根据实际情况及时调整限额数量，以保证施工生产的顺利进行和限额领料制度的连续性、完整性。

（5）限额领料的核算。根据限额领料形式，工程完工后，双方应及时办理结算手续，检查限额领料的执行情况，对用料情况进行分析，按双方约定的合同，对用料节超进行奖罚兑现。

因此，正确选项是B、E。

81. A、C、D

【考点】施工成本分析的依据。

【解析】业务核算是各业务部门根据业务工作的需要建立的核算制度，它包括原始记录和计算登记表，如单位工程及分部分项工程进度登记，质量登记，工效、定额计算登记，物资消耗定额记录，测试记录等。业务核算的范围比会计、统计核算要广。业务核算的目的，在于迅速取得资料，以便在经济活动中及时采取措施进行调整。

会计核算主要是价值核算。会计是对一定单位的经济业务进行计量、记录、分析和检查，作出预测，参与决策，实行监督，旨在实现最优经济效益的一种管理活动。它通过设置账户、复式记账、填制和审核凭证、登记账簿、成本计算、财产清查和编制会计报表等一系列有组织有系统的方法，来记录企业的一切生产经营活动，然后据此提出一些用货币来反映的有关各种综合性经济指标的数据，如资产、负债、所有者权益、收入、费用和利润等。

统计核算是利用会计核算资料和业务核算资料，把企业生产经营活动客观现状的大量数据，按统计方法加以系统整理，以发现其规律性。它的计量尺度比会计宽，可以用货币计算，也可以用实物或劳动量计量。

因此，正确选项是A、C、D。

82. A、B、C、E

【考点】项目总进度目标论证的工作内容。

【解析】调查研究和收集资料包括如下工作：

（1）了解和收集项目决策阶段有关项目进度目标确定的情况和资料；

（2）收集与进度有关的该项目组织、管理、经济和技术资料；

（3）收集类似项目的进度资料；

（4）了解和调查该项目的总体部署；

（5）了解和调查该项目实施的主客观条件等。

因此，正确选项是A、B、C、E。

83. A、B、D

【考点】双代号网络计划时间参数的计算。

【解析】该双代号网络计划的关键线路为A—E—J和B—G—J两条，长度均为18天，即计算工期为18天，虚工作3-4最早完成时间为7，紧后工作H的最早开始时间也为7，自由时差为0，虚工作5-6在关键线路上，自由时差也为0，因此两项虚工作的自由时差都为0，工作B为关键工作，最迟完成时间和最早开始时间相同为7，工作H的最迟完成时间 $LF_H = 13$，$EF_H = 12$，总时差 $TF_H = 1$。

因此，正确选项是A、B、D。

84. A、B、E

【考点】单代号网络计划的时间参数计算。

【解析】该单代号网络计划的关键线路为A—B—D—E—H，长度为21，B是关键工作，D工作也为关键工作，总时差为0，F工作的最迟完成时间 $LF_F = LS_G = 15$，所以F工作的最迟开始时间为 $LS_F = 8$，C工作的最迟完成时间为工作DF的最迟开始时间的最小值，D为关键工作，$LS_D = 9$，$LS_F = 8$，因此C工作的最迟完成时间 $LF_C = 8$，最早完成时间 $EF_C = 7$，总时差 $TF_C = 1$。

因此，正确选项是A、B、E。

85. A、B、C、D

【考点】建设工程项目进度控制的措施。

【解析】建设工程项目进度控制的措施包括组织、管理、经济、技术措施。

因此，正确选项是A、B、C、D。

86. B、E

【考点】项目质量控制体系的结构。

【解析】建设工程项目质量控制体系，一般形成多层次、多单元的结构形态，这是由其实施任务的委托方式和合同结构所决定的。

因此，正确选项是B、E。

87. A、B、D、E

【考点】施工质量计划的基本内容。

【解析】在已经建立质量管理体系的情况下，质量计划的内容必须全面体现和落实企业质量管理体系文件的要求（也可引用质量体系文件中的相关条文），编制程序、内容和编制依据符合有关规定，同时结合本工程的特点，在质量计划中编写专项管理要求。施工质量计划的基本内容一般应包括：

（1）工程特点及施工条件（合同条件、法规条件和现场条件等）分析；

（2）质量总目标及其分解目标；

（3）质量管理组织机构和职责，人员及资源配置计划；

（4）确定施工工艺与操作方法的技术方案和施工组织方案；

（5）施工材料、设备等物资的质量管理及控制措施；

（6）施工质量检验、检测、试验工作的计划安排及其实施方法与检测标准；

（7）施工质量控制点及其跟踪控制的方式与要求；

（8）质量记录的要求等。

因此，正确选项是 A、B、D、E。

88. A、B、C、D

【考点】竣工质量验收的依据。

【解析】工程项目竣工质量验收的依据有：

（1）国家相关法律法规和建设主管部门颁布的管理条例和办法；

（2）工程施工质量验收统一标准；

（3）专业工程施工质量验收规范；

（4）批准的设计文件、施工图纸及说明书；

（5）工程施工承包合同；

（6）其他相关文件。

因此，正确选项是 A、B、C、D。

89. B、C、D

【考点】施工质量问题和质量事故的处理。

【解析】可不作专门处理的情况有：不影响结构安全和使用功能的；后道工序可以弥补的质量缺陷；法定检测单位鉴定合格的；出现的质量缺陷，经检测鉴定达不到设计要求，但经原设计单位核算，仍能满足结构安全和使用功能的。

因此，正确选项是 B、C、D。

90. B、D、E

【考点】直方图法的应用。

【解析】正常直方图呈正态分布，其形状特征是中间高、两边低、成对称状态。

因此，正确选项是 B、D、E。

91. A、D

【考点】安全生产管理制度。

【解析】依据《建设工程安全生产管理条例》第二十六条的规定：施工单位应当在施工组织设计中编制安全技术措施和施工现场临时用电方案，对下列达到一定规模的危险性较大的分部分项工程编制专项施工方案，并附具安全验算结果，经施工单位技术负责人、总监理工程师签字后实施，由专职安全生产管理人员进行现场监督，包括基坑支护与降水工程；土方开挖工程；模板工程；起重吊装工程；脚手架工程；拆除、爆破工程；国务院建设行政主管部门或者其他有关部门规定的其他危险性较大的工程。对上述所列工程中涉及深基坑、地下暗挖工程、高大模板工程的专项施工方案，施工单位还应当组织专家进行论证、审查。

因此，正确选项是A、D。

92. B、C

【考点】考察建设工程安全事故的处理原则。

【解析】一旦事故发生，通过应急预案的实施，尽可能防止事态的扩大和减少事故的损失。通过事故处理程序，查明原因，制定相应的纠正和预防措施，避免类似事故的再次发生。

事故处理的原则（“四不放过”原则）

国家对发生事故后的“四不放过”处理原则，其具体内容如下：

（1）事故原因未查清不放过

要求在调查处理伤亡事故时，首先要把事故原因分析清楚，找出导致事故发生的真正原因，未找到真正原因决不轻易放过。直到找到真正原因并搞清各因素之间的因果关系才算达到事故原因分析的目的。

（2）事故责任人未受到处理不放过

这是安全事故责任追究制的具体体现，对事故责任者要严格按照安全事故责任追究的法律法规的规定进行严肃处理；不仅要追究事故直接责任人的责任，同时要追究有关负责人的领导责任。当然，处理事故责任者必须谨慎，避免事故责任追究的扩大化。

（3）事故责任人和周围群众没有受到教育不放过

使事故责任者和广大群众了解事故发生的原因及所造成的危害，并深刻认识到搞好安全生产的重要性，从事故中吸取教训，提高安全意识，改进安全管理工作。

（4）事故没有制定切实可行的整改措施不放过

必须针对事故发生的原因，提出防止相同或类似事故发生的切实可行的预防措施，并督促事故发生单位加以实施。只有这样，才算达到了事故调查和处理的最终目的。

因此，正确选项是B、C。

93. A、B、C、D

【考点】建设工程施工现场环境保护的措施固体废物的处理。

【解析】固体废物处理的基本思想是：采取资源化、减量化和无害化的处理，对固体废物产生的全过程进行控制。

因此，正确选项是A、B、C、D。

94. A、B、C、E

【考点】施工投标的内容。

【解析】“投标人须知”是招标人向投标人传递基础信息的文件，包括工程概况、招标内容、招标文件的组成、投标文件的组成、报价的原则、招标投标时间安排等关键的信息。

因此，正确选项是A、B、C、E。

95. C、D

【考点】建筑材料采购合同交货日期的确定。

【解析】供货方负责送货的，以采购方收货戳记的日期为准；采购方提货的，以供货方按合同规定通知的提货日期为准；凡委托运输部门或单位运输、送货或代运的产品，一般以供货方发运产品时承运单位签发的日期为准，不是以向承运单位提出申请的日期为准。

因此，正确选项是C、D。

96. A、B、D、E

【考点】成本加酬金合同。

【解析】对业主而言，成本加酬金合同的优点有：

（1）可以通过分段施工缩短工期，而不必等待所有施工图完成才开始招标和施工。

（2）可以减少承包商的对立情绪，承包商对工程变更和不可预见条件的反应会比较积极和快捷。

（3）可以利用承包商的施工技术专家，帮助改进或弥补设计中的不足。

（4）业主可以根据自身力量和需要，较深入地介入和控制工程施工和管理。

（5）也可以通过确定最大保证价格约束工程成本不超过某一限值，从而转移一部分风险。

对承包商来说，成本加酬金合同比固定总价的风险低，利润比较有保证，因而比较有积极性。其缺点是合同的不确定性，由于设计未完成，无法准确确定合同的工程内容、工程量以及合同的终止时间，有时难以对工程计划进行合理安排。

因此，正确选项是A、B、D、E。

97. A、C、D

【考点】预付款担保的内容。

【解析】预付款担保可采用银行保函、担保公司担保等形式，具体由合同当事人在专用合同条款中约定。故B错误。

发包人要求承包人提供预付款担保的，承包人应在发包人支付预付款7天前提供预付款担保，专用合同条款另有约定除外。故E错误。

因此，正确选项是A、C、D。

98. A、B、C、E

【考点】工程移交的概念。

【解析】竣工验收合格即办理移交。移交作为一个重要的合同事件，同时又是一个重要的法律概念。它表示：

（1）业主认可并接收工程，承包人工程施工任务的完结；

（2）工程所有权的转让；

（3）承包人工程照管责任的结束和业主工程照管责任的开始；

（4）保修责任的开始；

（5）合同规定的工程款支付条款有效。

因此，正确选项是A、B、C、E。

99. A、B、C、D

【考点】索赔的分类。

【解析】按索赔有关当事人分类：

（1）承包人与发包人之间的索赔；
（2）承包人与分包人之间的索赔；
（3）承包人或发包人与供货人之间的索赔；
（4）承包人或发包人与保险人之间的索赔。
因此，正确选项是A、B、C、D。

100. A、B、C、E

【考点】工程项目管理信息系统的主要意义。

【解析】应用工程项目管理信息系统的主要意义是：
（1）实现项目管理数据的集中存储；
（2）有利于项目管理数据的检索和查询；
（3）提高项目管理数据处理的效率；
（4）确保项目管理数据处理的准确性；
（5）可方便地形成各种项目管理需要的报表。
因此，正确选项是A、B、C、E。

一级建造师《建设工程项目管理》模拟试题（三）

一、单项选择题

1. 关于项目管理和工程管理的说法，正确的是（　　）。

A. 工程项目管理的时间是项目的全寿命周期

B. 建设工程管理的时间是项目的实施阶段

C. 项目管理的核心任务是项目目标论证

D. 工程管理的核心任务是为项目的建设和使用增值

2. 项目管理的核心任务是（　　）。

A. 目标控制　　B. 成本控制

C. 质量控制　　D. 进度控制

3. 关于影响系统目标实现因素的说法，正确的是（　　）。

A. 系统组织决定了系统目标

B. 增加人员数量一定会有助于系统目标的实现

C. 生产方法与工具的选择与协调目标实现无关

D. 组织是影响系统目标实现的决定性因素

4. 反映了一个组织系统中各子系统之间或各元素（各工作部门或各管理人员）之间的指令关系的是（　　）。

A. 组织结构模式　　B. 组织分工

C. 工作流程组织　　D. 组织论

5. 编制项目管理任务分工表时，首先进行项目管理任务的分解，然后（　　）。

A. 确定项目管理的各项工作流程

B. 分析项目管理合同结构模式

C. 明确项目经理和各主管工作部门或主管人员的工作任务

D. 分析组织管理方面存在的问题

6. 关于建设工程项目策划的说法，正确的是（　　）。

A. 工程项目策划是一个封闭性的工作步骤

B. 工程项目策划只针对建设工程项目的决策和实施

C. 工程项目策划其实质就是知识组合的过程

D. 工程项目策划旨在为项目建设的决策和实施增值

7. 下列工作中，属于项目实施阶段经济策划的是（　　）。

A. 项目成本报表　　B. 项目效益分析

C. 项目建设成本分析　　D. 融资方案

8. 建设项目工程总承包的主要意义并不在于总价包干和“交钥匙”，其核心是通过设计与施工过程的组织集成，促进设计与施工的紧密结合，以达到为项目（　　）的目的。

A. 增加效益　　B. 建设完工

C. 便于管理　　D. 建设增值

9. 关于施工总承包管理模式的说法，正确的是（　　）。

A. 施工总承包管理单位应参与全部工程的施工

B. 施工总承包管理单位负责所有分包合同的招标工作

C. 业主进行施工总承包管理单位招标时，应先确定工程总造价

D. 业主不需要等待施工图设计完成后再进行施工总承包管理单位的招标

10. 建设项目工程总承包的基本出发点是借鉴工业生产组织的经验，实现建设生产过程的（　　）。

A. 管理现代化　　B. 组织集成化

C. 施工机械化　　D. 生产高效化

11. 建设工程项目管理规划是指导项目管理工作的（　　）文件。

A. 指导性　　B. 实践性

C. 纲领性　　D. 概念性

12. 在施工组织设计的基本内容中，用以衡量组织施工水平的是（　　）。

A. 施工部署　　B. 技术经济指标

C. 施工进度计划　　D. 施工方案

13. 项目目标动态控制的核心是（　　）。

A. 收集项目目标的实际值

B. 通过项目目标的计划值和实际值的比较，确定项目目标的目标值

C. 事前分析可能导致项目目标偏离的各种影响因素

D. 在项目实施的过程中定期地进行项目目标的计划值和实际值的比较

14. 通过调整进度管理的方法和手段来对项目目标进行纠偏，这属于纠偏措施中的（　　）。

A. 技术措施　　B. 管理措施

C. 组织措施　　D. 经济措施

15. 施工项目经理在承担工程项目施工的管理过程中，是以（　　）身份处理与所承担的工程项目有关的外部关系。

A. 施工企业决策者　　B. 施工企业法定代表人

C. 施工企业法定代表人的代表　　D. 建设单位项目管理者

16. 根据《建设工程项目管理规范》GB/T 50326—2017，项目管理目标责任书应在项目实施之前，由（　　）制定。

A. 项目技术负责人　　B. 企业法定代表人的授权人

C. 项目经理与项目发包人协商　　D. 企业法定代表人与项目经理协商

17. 建设工程项目的风险中，属于经济与管理风险的是（　　）。

A. 组织结构模式

B. 工作流程组织

C. 现场与公用防火设施的可用性及其数量

D. 施工机械操作人员的能力和经验

18. 施工招标阶段，建设监理工作的主要任务是（　　）。

A. 审核分包单位资质条件

B. 协助业主办理招标申请

C. 查验施工单位的施工测量放线成果

D. 检查施工单位工程质量、安全生产管理制度及组织机构和人员资格

19. 下列施工成本费用中，属于直接成本的是（　　）。

A. 管理人员工资　　B. 施工机具使用费

C. 办公费　　D. 差旅交通费

20. 采用企业施工定额通过施工预算的编制而形成的成本计划是（　　）。

A. 指导性成本计划　　B. 竞争性成本计划

C. 实施性成本计划　　D. 预测性成本计划

21. 关于施工预算、施工图预算“两算”对比的说法，正确的是（　　）。

A. “两算”对比的方法包括实物对比法

B. 一般情况下，施工图预算的材料消耗量及材料费比施工预算低

C. 一般情况下，施工图预算的人工数量及人工费比施工预算低

D. 施工预算的编制以预算定额为依据，施工图预算的编制以施工定额为依据

22. 关于施工成本控制的说法，正确的是（　　）。

A. 管理行为控制程序是进行成本过程控制的重点

B. 管理行为控制程序和指标控制程序是相互独立的

C. 施工成本管理体系由社会有关组织进行评审和认证

D. 要做好施工成本的过程控制，必须制定规范化的过程控制程序

23. 某施工项目部根据以往项目的材料实际耗用情况，结合具体施工项目要求，制定领用材料标准并控制发料。这种材料用量控制的方法是（　　）。

A. 定额控制　　B. 指标控制

C. 计量控制　　D. 包干控制

24. 在施工成本的各核算方法中，业务核算比（　　）。

A. 会计核算的范围广，比统计核算的范围窄

B. 会计核算的范围窄，比统计核算的范围广

C. 会计核算和统计核算的范围广

D. 会计核算和统计核算的范围窄

25. 下列施工成本分析方法中，可用来分析各种因素对成本影响程度的是（　　）。

A. 相关比率法　　B. 比重分析法

C. 连环置换法　　D. 动态比率法

26. 建设工程项目进度控制工作包括：① 编制进度计划；② 调整进度计划；③ 进度目标的分析和论证；④ 跟踪检查计划的执行情况。其正确的工作顺序是（　　）。

A. ①—②—③—④　　B. ③—①—②—④

C. ③—①—④—②　　D. ④—②—③—①

27. 下列建设工程项目进度控制的工作中，属于施工方进度控制的是（　　）。

A. 编制项目现场布置图　　B. 编制项目施工的工作计划
C. 协调设计、招标的工作进度　　D. 部署项目动工准备工作进度

28. 建设工程项目的总进度目标是指（　　）。
A. 项目策划阶段的进度目标　　B. 项目管理规划编制阶段的进度目标
C. 整个工程项目的进度目标　　D. 项目设计、施工、维护阶段的进度目标

29. 建设工程项目的总进度目标是在（　　）确定的。
A. 业主与各参与方的共同协商下　　B. 业务与施工方的协商下
C. 项目施工准备阶段　　D. 项目决策阶段项目定义时

30. 与工程网络计划方法相比，横道图进度计划方法的缺点是（　　）。
A. 不能直观表示计划中工作的持续时间
B. 不能确定计划中的关键工作和时差
C. 不能直观表示计划完成所需要的时间
D. 不能确定实施计划所需要的资源数量

31. 关于双代号时标网络计划特点的说法，正确的是（　　）。
A. 可以在图上直接显示工作开始与结束时间和自由时差，但不能显示关键线路
B. 不能在图上直接显示工作开始与结束时间，但可以直接显示自由时差和关键线路
C. 可以在图上直接显示工作开始与结束时间，但不能显示自由时差和关键线路
D. 可以在图上直接显示工作开始与结束时间，自由时差和关键线路

32. 在网络计划中，某工作的最早开始时间和最早完成时间分别为第4天和第10天，则说明该工作实际上最早应从开工后（　　）。
A. 第4天上班时刻开始，第10天下班时刻完成
B. 第4天上班时刻开始，第9天下班时刻完成
C. 第5天上班时刻开始，第10天下班时刻完成
D. 第5天上班时刻开始，第11天下班时刻完成

33. 某单代号网络计划如下图所示，工作B的自由时差为（　　）。

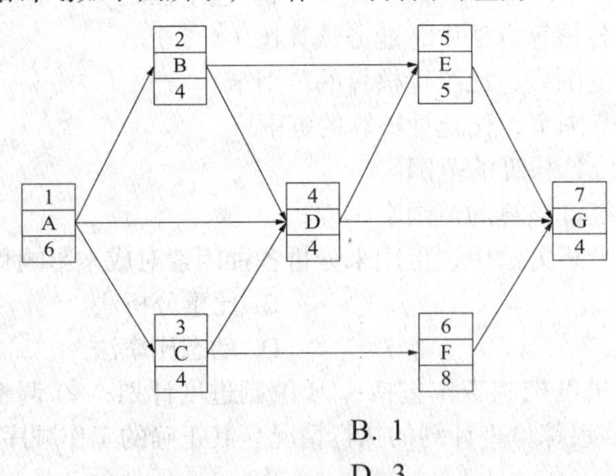

A. 0　　B. 1
C. 2　　D. 3

34. 某工程网络计划中，工作P的紧后工作有Q、S，工作Q的最早开始时间为第5天，最迟开始时间为第9天，工作S的最早开始时间为第6天，最迟开始时间为第10天，工

作 P 的自由时差为 2 天。则工作 P 的总时差为（　　）天。

A. 7　　　　B. 4

C. 5　　　　D. 6

35. 编制项目进度控制的工作流程、进行有关进度控制会议的组织设计。这属于进度控制的（　　）。

A. 技术措施　　　　B. 经济措施

C. 组织措施　　　　D. 管理措施

36. 根据《建设工程质量管理条例》，未经（　　）签字，建设单位不拨付工程款，不进行竣工验收。

A. 监理工程师　　　　B. 施工单位项目经理

C. 总监理工程师　　　　D. 建设单位项目负责人

37. 下列项目质量风险中，属于管理风险的是（　　）。

A. 社会上的腐败现象和违法行为

B. 项目实施人员对工程技术的应用不当

C. 工程质量责任单位的质量管理体系存在缺陷

D. 采用不够成熟的新结构、新技术、新工艺

38. 质量管理的 PDCA 循环中，处置（A）阶段的第一步工作是（　　）。

A. 核对是否严格执行了计划的行动方案

B. 评价计划执行的结果

C. 采取应急措施，解决当前的质量问题

D. 信息反馈管理部门，为今后类似问题的质量预防提供借鉴

39. 工程项目施工方案中，施工的技术、工艺、方法和机械、设备、模具等施工手段的配置属于（　　）。

A. 施工技术方案　　　　B. 施工组织方案

C. 施工管理方案　　　　D. 施工控制方案

40. 下列施工准备工作的质量控制工作中，属于施工技术准备工作质量控制的是（　　）。

A. 施工平面图控制　　　　B. 施工组织设计交底

C. 计量控制　　　　D. 测量控制

41. 下列质量控制点中，属于工程测量定位质量控制点的是（　　）。

A. 基坑（槽）的尺寸　　　　B. 预埋件的位置

C. 基础杯口弹线　　　　D. 定位轴线

42. 检验批应有（　　）组织验收。

A. 建设单位　　　　B. 监理工程师

C. 施工单位技术员　　　　D. 政府部门

43. 检验批质量验收不合格，当检测鉴定达不到设计要求，但经过原设计单位核算仍能满足结构安全和使用功能的检验批，则（　　）。

A. 仍须对其进行相应的加固，以确保达到质量要求

B. 应对其重新进行检测并进行重新验收

C. 予以验收

D. 不能予以验收

44. 根据《关于做好房屋建筑和市政基础设施工程质量事故报告和调查处理工作的通知》(建质[2010]111号)，按照工程质量事故、人员伤亡和经济损失，事故分为（　　）个等级。

A. 2　　B. 3

C. 4　　D. 5

45. 某防洪堤坝填筑压实后，其压实土的干密度未达到规定值，经核算将影响土体的稳定且不满足抗渗能力的要求，其处理措施是（　　）。

A. 限制使用　　B. 修补处理

C. 不作处理　　D. 返工处理

46. 利用直方图分布位置判断生产过程的质量状况和能力，如果质量特性数据的分布（　　），说明生产过程的质量能力处于临界状态，易出现不合格。

A. 偏下限　　B. 充满质量标准的上下界限

C. 居中且边界与上下限有一定距离　　D. 超出质量标准的出上下限

47. 建设工程政府质量监督机构在监理工程质量监督档案时，应按（　　）建立。

A. 单项工程　　B. 单位工程

C. 分部工程　　D. 分项工程

48. 关于职业健康安全与环境管理体系合规性评价的说法，正确的是（　　）。

A. 合规性评价是最高管理者对管理体系的系统评价

B. 合规性评价是管理体系自我保证和自我监督的一种机制

C. 合规性评价是管理体系接受政府监督的一种机制

D. 合规性评价是对相关的法律的执行情况进行评价

49. 根据《建设部关于加强建筑以外伤害保险工作的指导意见》，应当为施工现场从事施工作业和管理人员办理建筑意外伤害保险并支付保险费的单位是（　　）。

A. 建设主管部门　　B. 建设项目业主方

C. 安全生产监督管理部门　　D. 建筑施工企业

50. 根据原劳动部和建设部有关规定，建筑施工企业管理人员的安全教育中不包括（　　）。

A. 班组长和安全员的安全教育　　B. 行政管理干部的安全教育

C. 特种作业人员的安全教育　　D. 企业安全管理人员的安全教育

51. 关于建设工程生产安全事故应急预案的说法，正确的是（　　）。

A. 综合应急预案是应对各类事故的综合性文件

B. 施工企业的综合应急预案和专项应急预案可以合并编制

C. 编制应急预案的目的是消除安全事故的发生

D. 综合应急预案应制定明确的救援程序和具体的应急救援措施

52. 综合应急预案中，施工单位的危险性分析的内容包括（　　）。

A. 预防与预警　　B. 应急指挥机构及职责

C. 危险源与风险分析　　D. 应急事故类型和危害程度分析

53. 根据《环境保护法》和《环境影响评价法》，包含防治污染设施的建设工程项目，其防治污染的设施必须经（　　）验收合格后，该项目方可投入生产或使用。

A. 环境保护行政主管部门　　B. 建设单位的上级主管部门

C. 工程质量监督机构　　D. 安全生产行政管理部门

54. 根据《建筑施工场界环境噪声排放标准》GB 12523—2011，混凝土搅拌机夜间的噪声限值为（　　）dB。

A. 55　　B. 60

C. 65　　D. 70

55. 关于招标文件出售的说法，正确的是（　　）。

A. 自招标文件出售之日起至停止出售之日止，最短不得少于 5d

B. 招标人应当按资格预审表规定的时间、地点出售招标文件

C. 招标人在售出招标文件后，可随时终止招标

D. 招标文件售出后，可以退还

56. 建筑材料采购合同中规定，当事人任何一方不能准确履行合同义务时，都可以以（　　）的形式承担违约赔偿责任。

A. 保留金　　B. 违约金

C. 保证金　　D. 现金

57. 根据《建设工程施工合同（示范文本）》GF—2017—0201，工程师的检查检验不应影响施工的正常进行，如影响施工正常进行，检查检验不合格时，影响正常施工的费用由（　　）承担。

A. 承包人　　B. 发包人

C. 工程师　　D. 发包人和承包人共同

58. 监理单位需要调换监理机构的总监理工程师人选时，应（　　）。

A. 通知业主后即可调换　　B. 无需通知业主即可调换

C. 取得业主方书面同意后才能调换　　D. 监理单位承担连带责任

59. 某工程由于图纸、规范等准备不充分，招标人仅能制定一个估算指标，则在工程招标时宜采用成本加酬金合同形式中的（　　）。

A. 成本加固定费用合同　　B. 成本加固定比例费用合同

C. 成本加奖金合同　　D. 最大成本加费用合同

60. 对于总价合同，如果在施工过程中施工内容和有关条件与施工招标文件一致时，业主支付给承包商的价款额是（　　）。

A. 合同总价格　　B. 合同总价格加价格风险因素

C. 合同总价格加政策风险因素　　D. 合同总价格加法律风险因素

61. 根据《工程建设项目施工招标投标办法》，施工投标保证金的数额一般不得超过投标总价的（　　）。

A. 2%　　B. 4%

C. 5%　　D. 8%

62. 银行履约保函是由商业银行开具的担保证明，通常为合同金额的（　　）左右。

A. 2%　　B. 5%

C. 10%　　D. 20%

63. 根据《建筑市场诚信行为信息管理办法》，不良行为记录信息公布期限一般为（　　）。

A. 6 个月～ 3 年　　B. 1 ～ 3 年

C. 3 个月～ 3 年　　D. 3 年以上

64. 对建设工程施工合同中发包人的责任进行分析时，主要分析其（　　）。

A. 报批责任　　B. 监督责任

C. 组织责任　　D. 合作责任

65. 关于建设工程索赔程序的说法，正确的是（　　）。

A. 设计变更发生后，承包人应在 28 天内向发包人提交索赔通知

B. 索赔事件在持续进行，承包人应在事件终了后立即提交索赔报告

C. 索赔意向通知发出后 14 天内，承包人应向工程师提交索赔报告及有关资料

D. 工程师在收到承包人送交的索赔报告的有关资料后 28 天内未予答复或未对承包人进一步要求，视为该索赔已被认可

66. 工程施工过解中发生索赔事件以后，承包人首先要做的工作是（　　）。

A. 向监理工程师提交索赔证据　　B. 提交索赔报告

C. 提出索赔意向通知　　D. 与业主就索赔事项进行谈判

67. 关于国际工程施工承包合同争议解决方式的说法，正确的是（　）。

A. 能较好地表达双方对协商谈判结果的不满意和争取解决争议的决心

B. 由于调解人的介入，增加了解决争议的公正性

C. 程序简单，但灵活性不够

D. 节约时间、精力和费用

68. 当协商和调解不成时，国际工程承包合同争议解决的常用方式是（　　）。

A. 协商解决　　B. 调解

C. 诉讼　　D. 仲裁

69. 关于项目信息管理的说法，正确的是（　　）。

A. 项目的信息管理是通过对各种数据的管理，使项目的信息能方便和有效地获取和处理

B. 项目的信息管理的目的旨在通过有效的项目数据传输的组织和控制为项目建设的增值服务。

C. 建设工程项目的信息是指实施过程中产生的信息，以及其他与项目建设有关的信息

D. 建设工程项目的信息包括项目的组织类信息、管理类信息、经济类信息、技术类信息和法规类信息

70. 在建设工程信息项目信息处理的方法中，关于数据通信网络的说法，错误的是（　　）。

A. 基于网络的信息处理平台由数据处理设备、数据通信网络和软件系统

B. 通过基于互联网的项目信息门户 ASP 模式为众多项目服务的公用信息平台实现业主方内部、业主方和项目参与各方，以及项目参与各方之间的信息交流、协

同工作和文档管理

C. 数据通信网络主要有四种类型：局域网、广域网、城域网和省域网

D. 基于互联网的项目专用网站，是基于互联网的项目信息门户的一种方式，是为某一项目的信息处理专门建立的网站

二、多选选择题

71. 关于组织结构模式、组织分工和工作流程组织的说法，正确的有（　　）。

A. 组织结构模式反映指令关系

B. 组织分工是指工作任务分工

C. 工作流程组织反映工作间逻辑关系

D. 组织结构模式是一种相对静态的组织关系

E. 组织分工和工作流程组织都是动态组织关系

72. 项目管理工作流程组织包括（　　）。

A. 管理职能分工　　B. 物质流程组织

C. 工作任务分工　　D. 信息处理工作流程组织

E. 管理工作流程组织

73. 关于施工总承包模式下合同控制特点的说法，正确的有（　　）。

A. 业主只需要进行一次招标　　B. 业主与施工总承包商签约

C. 招标及合同管理工作量将会减小　　D. 业主需进行多次招标

E. 招标及合同管理工作量将会增大

74. 施工方案的主要内容包括（　　）。

A. 工程概况　　B. 施工安排

C. 作业区施工平面布置图设计　　D. 施工进度计划

E. 技术组织措施、质量保证措施和安全施工措施

75. 下列项目目标动态控制的纠偏措施中，属于技术措施的是（　　）。

A. 调整设计　　B. 改进施工方法

C. 调整项目管理分工　　D. 选择高效的施工机具

E. 调整项目管理工作流程组织

76. 造成个人沟通障碍的原因有（　　）。

A. 个性因素所引起的障碍

B. 信息传递不及时或不适时和知识经验的局限

C. 对信息的态度不同所造成的障碍

D. 知识、经验水平的差距所导致的障碍

E. 沟通者的畏惧感以及个人心理品质也会造成沟通障碍

77. 建设工程项目的组织风险有（　　）。

A. 设计人员的能力　　B. 组织人员的能力

C. 安全管理人员的能力　　D. 一般技工的能力

E. 经理工程师的能力

78. 建设工程监理应当依照法律、行政法规及有关的技术标准、设计文件和建筑工程

承包合同，对承包单位在（　　）等方面，代表建设单位实施监督。

A. 组织协调　　B. 施工质量

C. 建设工期　　D. 施工方案

E. 建设资金使用

79. 关于竞争性成本计划的说法，正确的有（　　）。

A. 该成本计划对本企业完成投标工作所需要支出的全部费用进行估算

B. 是施工项目投标及签订合同阶段的估算成本计划

C. 以合同价为依据

D. 按照企业的预算定额标准制定的设计预算成本计划

E. 以招标文件中合同条件、投标者须知、技术规范等为依据

80. 施工阶段成本控制中，人工费的控制方法有（　　）。

A. 制定先进合理的企业内部劳动定额并严格执行

B. 加强职工的技术培训和多种施工作业技能的培训

C. 成立设备管理领导小组，负责设备调度、检查、维修等事宜

D. 提高生产工人的技术水平和作业队的组织管理水平

E. 实行弹性需求的劳务管理制度

81. 比较法进行施工成本分析时，通常的比较形式有（　　）。

A. 将实际指标与目标指标对比

B. 将本期实际指标与下期计划指标对比

C. 将本期实际指标与上期实际指标对比

D. 与本行业平均水平对比

E. 与本行业先进水平对比

82. 大型建设工程项目总进度纲要的主要内容包括（　　）。

A. 项目实施的总体部署　　B. 总进度规划

C. 各子系统进度规划　　D. 进度目标控制方法

E. 总进度目标实现的条件和应采取的措施

83. 当计算工期超过计划工期时，可压缩关键工作的持续时间以满足要求，在确定缩短持续时间的关键工作时，宜选择（　　）。

A. 有多项紧前工作的工作

B. 缩短持续时间而不影响质量和安全的工作

C. 有充足备用资源的工作

D. 单位时间消耗资源量大的工作

E. 缩短持续时间所增加的费用相对较少的工作

84. 某分部工程双代号时标网络计划如下图所示，正确的有（　　）。

A. 关键线路是工作 A、D、H、L 组成的线路

B. 关键线路是工作 C、E、I、L 组成的线路

C. 工作 G 的总时差与自由时差相等

D. 工作 H 的总时差为 2 天

E. 工作 D 的总时差为 1 天

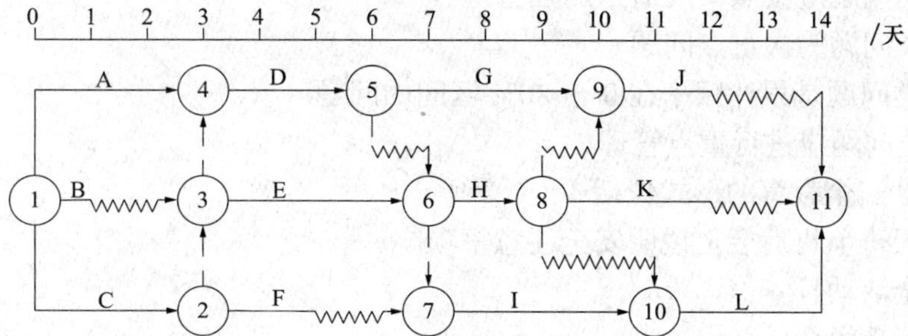

85. 下列进度控制的措施中，属于管理措施的有（　　）。

A. 优选工程项目设计、施工方案

B. 落实资金供应的条件

C. 选择合理的合同结构

D. 选择工程承发包模式

E. 利用工程网络计划的方法编制进度计划

86. TQC 即全面质量管理的主要特点有（　　）。

A. 提倡防御为主

B. 领导参与质量方针和目标的制定

C. 提倡科学管理

D. 以产品质量为中心

E. 提倡用数据说话

87. 工程项目施工质量验收合格，应符合的要求有（　　）。

A. 符合《建筑工程施工质量验收统一标准》GB 50300—2013 和相关专业验收规范的规定

B. 符合工程勘察、设计文件的要求

C. 符合地方性政策对工程建设施工质量的规定

D. 符合工程建设环境质量的相关要求

E. 符合施工承包合同的约定

88. 单位（子单位）工程质量验收合格，应符合的规定有（　　）。

A. 单位（子单位）工程所含分部（子分部）工程的质量均应验收合格

B. 质量控制资料应完整

C. 单位（子单位）工程所含分部工程有关安全和功能的检验资料应完整

D. 所有功能项目的检查结果符合相关专业质量验收规范的规定

E. 观感质量验收应符合要求

89. 施工质量事故处理的基本要求有（　　）。

A. 施工质量事故的处理应达到安全可靠、不留隐患

B. 施工中必须按照图纸和施工验收规范、操作规程进行

C. 重视消除造成质量事故的原因，注意综合治理

D. 要严格按照制度进行质量检查和验收

E. 正确确定处理的范围和正确选择处理的时间和方法

90. 在 ABC 分类法中，关于 A 类问题的说法，正确的有（　　）。

A. A 类问题为不重要的问题

B. A 类问题应按照常规适当加强管理

C. A 类问题为次重点问题

D. A 类问题是累计频率在 0 ～ 80% 区间的问题

E. A 类问题应进行重点管理

91. 经常性安全教育的形式包括（　　）等。

A. 每天班前班后会上说明安全注意事项

B. 安全活动日

C. 事故现场会

D. 典型事例安全教育

E. 张贴安全生产招贴画、宣传标语及标志

92. 职业伤害事故，可以按照（　　）进行分类。

A. 事故发生的原因

B. 事故严重程度

C. 事故处理的原则类

D. 事故责任人的性质

E. 事故造成的人员伤亡或直接经济损失

93. 建设工程施工工地上常见的固体废物主要有（　　）。

A. 建筑渣土

B. 废弃的散装大宗建筑材料

C. 生活垃圾

D. 粪便

E. 周转使用的包装材料

94. 投标人获得招标文件之后，应该重点研究招标文件中的（　　）。

A. 投标人须知

B. 投标书附录与合同条件

C. 技术说明

D. 保留金数额

E. 永久性工程之外的报价补充文件

95. 建筑材料采购合同中，合同的主要条款有（　　）。

A. 采购材料的名称、型号

B. 订购的数量和计算方法

C. 材料的交付方式

D. 违约责任

E. 要求买方提供履约保函

96. 对业主而言，成本加酬金合同形式的优点有（　　）。

A. 可以通过成本控制提高经济效益

B. 可以通过分段施工缩短工期

C. 可以减少承包商的对立情绪

D. 可以利用承包商的施工技术专家，帮助改进或弥补设计中的不足

E. 可以根据自身力量和需要，较深入地介入和控制工程施工和管理

97. 根据《FIDIC 土木工程施工合同条件》，关于履约担保的说法，正确的有（　　）。

A. 承包人可自行确定提供履约担保的机构

B. 承包人根据合同完成施工和竣工，并修补了任何缺陷之前，履约担保将一直有效

C. 如果合同要求承包人为其正确履行合同取得担保时，承包人应在收到中标函之后 28 天内，按投标书附件中注明的金额取得担保，并将此保函提交给业主

D. 在承包人根据合同完成施工和竣工后，在发出缺陷责任书之后，可以对该担保

提出索赔

E. 在任何情况下，发包人在按照履约担保提出索赔之前，皆应通知承包人，说明导致索赔的违约性质

98. 在施工合同分析中，发包人的合作责任有（　　）。

A. 按合同规定按时支付工程款

B. 及时提供设计资料、图纸、施工现场等施工条件

C. 及时做出承包人履行合同所必需的决策

D. 对平行的各承包人和供应商之间的责任界限做出划分

E. 施工现场的管理，给发包人的管理人员提供生活和工作条件

99. 下列选项中，可以作为建设工程索赔证据的有（　　）。

A. 来往信件

B. 口头协议

C. 官方的物价指数

D. 设备的采购凭证

E. 图纸

100. 工程项目管理信息系统中，成本控制的功能包括（　　）。

A. 投标估算的数据计算和分析

B. 计划资金投入和实际资金投入的比较分析

C. 计划施工成本

D. 计算实际成本

E. 根据工程的进展进行施工成本预测

模拟试题（三）答案及解析

一、单项选择题

1. D

【考点】建设工程管理的内涵、建设工程项目管理的任务。

【解析】选项 A 的正确说法应为工程项目管理的时间是项目的实施阶段；选项 B 的正确说法应为建设工程管理的时间是项目的全寿命周期；选项 C 的正确说法应为项目管理的核心任务是目标控制。

因此，正确选项是 D。

2. A

【考点】建设工程项目管理的目标和任务。

【解析】项目管理的核心任务是项目的目标控制。

因此，正确选项是 A。

3. D

【考点】建设工程项目的组织。

【解析】系统的目标决定了系统的组织，而组织是目标能否实现的决定性因素，这是组织论的一个重要结论。如果把一个建设项目的项目管理视为一个系统，其目标决定了项目管理的组织，而项目管理的组织是项目管理目标能否实现的决定性因素，由此可见项目管理组织的重要性。

因此，正确选项是 D。

4. A

【考点】组织论和组织工具。

【解析】组织论是一门学科，它主要研究系统的组织结构模式、组织分工和工作流程组织它是与项目管理学相关的一门非常重要的基础理论学科。组织结构模式反映了一个组织系统中各子系统之间或各元素（各工作部门或各管理人员）之间的指令关系。组织分工反映了一个组织系统中各子系统或各元素的工作任务分工和管理职能分工。组织结构模式和组织分工都是一种相对静态的组织关系。工作流程组织则可反映一个组织系统中各项工作之间的逻辑关系，是一种动态关系。

因此，正确选项是 A。

5. C

【考点】管理职能分工。

【解析】为编制项目管理任务分工表，首先应对项目实施的各阶段的费用（投资或成本）控制、进度控制、质量控制、合同管理、信息管理和组织协调等管理任务进行详细分解，在此基础上定义项目经理和费用（投资或成本）控制、进度控制、质量控制、合同管理、信息管理和组织协调等主管工作部门或主管人员的工作任务。

因此，正确选项是C。

6. D

【考点】建设工程项目策划。

【解析】建设工程项目策划指的是通过调查研究和收集资料，在充分占有信息的基础上，针对建设工程项目的决策和实施，或决策和实施中的某个问题，进行组织、管理、经济和技术等方面的科学分析和论证，旨在为项目建设的决策和实施增值。

工程项目策划的过程是专家知识的组织和集成，以及信息的组织和集成的过程，其实质是知识管理的过程，即通过知识的获取，经过知识的编写、组合和整理，形成新的知识。

工程项目策划是一个开放性的工作过程，它需整合多方面专家的知识。

因此，正确选项是D。

7. A

【考点】建设工程项目策划。

【解析】选项B、C、D均为项目决策阶段经济策划的工作内容，选项A是实施阶段经济策划的工作。

因此，正确选项是A。

8. D

【考点】项目总承包的模式。

【解析】建设项目工程总承包的主要意义并不在于总价包干和“交钥匙”，其核心是通过设计与施工过程的组织集成，促进设计与施工的紧密结合，以达到为项目建设增值的目的。应该指出，即使采用总价包干的方式，稍大一些的项目也难以用固定总价包干，而多数采用变动总价合同。

因此，正确选项是D。

9. D

【考点】施工任务委托的模式。

【解析】施工总承包管理模式（Managing Contractor）的内涵是：业主方委托一个施工单位或由多个施工单位组成的施工联合体或施工合作体作为施工总承包管理单位，业主方另委托其他施工单位作为分包单位进行施工。一般情况下，施工总承包管理单位不参与具体工程的施工，但如施工总承包管理单位也想承担部分工程的施工，它也可以参加该部分工程的投标，通过竞争取得施工任务。

在进度控制方面，不需要等待施工图设计完成后再进行施工总承包管理的招标，分包合同的招标也可以提前，这样就有利于提前开工，有利于缩短建设周期。

一般情况下，所有分包合同的招标投标、合同谈判以及签约工作均由业主负责，业主方的招标及合同管理工作量较大。

在进行对施工总承包管理单位的招标时，只确定施工总承包管理费，而不确定工程总造价，这可能成为业主控制总投资的风险。

因此，正确选项是D。

10. B

【考点】项目总承包的模式。

【解析】建设项目工程总承包的基本出发点是借鉴工业生产组织的经验，实现建设生产过程的组织集成化，以克服由于涉及与施工的分离致使投资增加、由于设计和施工的不协调而影响建设进度等弊病。

因此，正确选项是 B。

11. C

【考点】建设工程项目管理规划的内容和编制方法。

【解析】建设工程项目管理规划（国际上常用的术语为：Project Brief，Project Implementation Plan，Project Management Plan）是指导项目管理工作的纲领性文件。

因此，正确选项是 C。

12. B

【考点】施工组织设计的基本内容。

【解析】技术经济指标用以衡量组织施工的水平，它是对施工组织设计文件的技术经济效益进行全面评价。

因此，正确选项是 B。

13. D

【考点】项目目标的动态控制和项目目标的主动控制。

【解析】项目目标动态控制的核心是，在项目实施的过程中定期地进行项目目标的计划值和实际值的比较，当发现项目目标偏离时采取纠偏措施。

因此，正确选项是 D。

14. B

【考点】项目目标动态控制的纠偏措施。

【解析】管理措施（包括合同措施），分析由于管理的原因而影响项目目标实现的问题，并采取相应的措施，如调整进度管理的方法和手段，改变施工管理和强化合同管理等。

因此，正确选项是 B。

15. C

【考点】施工企业项目经理的工作性质。

【解析】建筑施工企业项目经理，是指受企业法定代表人委托，对工程项目施工过程全面负责的项目管理者，是建筑施工企业法定代表人在工程项目上的代表人。

因此，正确选项是 C。

16. D

【考点】施工企业项目经理的责任。

【解析】《建设工程项目管理规范》GB/T 50326—2017 第 4.5.1 条：项目管理目标责任书应在项目实施之前，由组织法定代表人或其授权人与项目管理机构负责人协商制定。

因此，正确选项是 D。

17. C

【考点】建设工程项目的风险类型。

【解析】组织结构模式、工作流程组织、施工机械操作人员的能力和经验属于组织风险；现场与公用防火设施的可用性及其数量属于经济与管理风险。

因此，正确选项是 C。

18. B

【考点】建设监理工作的主要任务。

【解析】建设监理工作的主要任务，并没有一个统一的规定，视业主的需求而定。一般情况下包括以下工作内容:（1）拟订或参与拟订建设工程施工招标方案;（2）准备建设工程施工招标条件;（3）协助业主办理招标申请;（4）参与或协助编写施工招标文件;（5）参与建设工程施工招标的组织工作;（6）参与施工合同的商签。

因此，正确选项是 B。

19. B

【考点】施工成本管理的任务。

【解析】管理人员工资、办公费、差旅交通费等是间接成本。人工费、材料费和施工机具使用费等是直接成本。

因此，正确选项是 B。

20. C

【考点】成本计划的类型。

【解析】竞争性成本计划是施工项目投标及签订合同阶段的估算成本计划。这类成本计划以招标文件中的合同条件、投标者须知、技术规范、设计图纸和工程量清单为依据，以有关价格条件说明为基础，结合调研、现场踏勘、答疑等情况，根据施工企业自身的工料消耗标准、水平、价格资料和费用指标等，对本企业完成投标工作所需要支出的全部费用进行估算。在投标报价过程中，虽也着力考虑降低成本的途径和措施，但总体上比较粗略。

指导性成本计划是选派项目经理阶段的预算成本计划，是项目经理的责任成本目标。它是以合同价为依据，按照企业的预算定额标准制定的设计预算成本计划，且一般情况下确定责任总成本目标。

实施性成本计划是项目施工准备阶段的施工预算成本计划，它是以项目实施方案为依据，以落实项目经理责任目标为出发点，采用企业的施工定额通过施工预算的编制而形成的实施性施工成本计划。

因此，正确选项是 C。

21. A

【考点】施工成本计划的类型。

【解析】施工预算的编制以施工定额为主要依据，施工图预算的编制以预算定额为主要依据。“两算”对比的方法有实物对比法和金额对比法。“两算”对比的内容有:

（1）人工量及人工费的对比分析

施工预算的人工数量及人工费比施工图预算一般要低 6% 左右。这是由于两者使用不同定额造成的。例如，砌砖墙项目中，砂子、标准砖和砂浆的场内水平运输距离，施工定额按 50m 考虑；而计价定额则包括了材料、半成品的超运距用工。同时，计价定额的人工消耗指标还考虑了在施工定额中未包括，而在一般正常施工条件下又不可避免发生的一些零星用工因素，如土建施工各工种之间的工序搭接所需停歇的时间；因工程质量检查和隐蔽工程验收而影响工人操作的时间；施工中不可避免的其他少数零星用工等。所以，施工定额的用工量一般都比预算定额低。

（2）材料消耗量及材料费的对比分析

施工定额的材料损耗率一般都低于计价定额，同时，编制施工预算时还要考虑扣除技术措施的材料节约量。所以，施工预算的材料消耗量及材料费一般低于施工图预算。

因此，正确选项是A。

22. D

【考点】成本控制的程序。

【解析】要做好施工成本的过程控制，必须制定规范化的过程控制程序。成本的过程控制中，有两类控制程序，一是管理行为控制程序，二是指标控制程序。管理行为控制程序是对成本全过程控制的基础，指标控制程序则是成本进行过程控制的重点。两个程序既相对独立又相互联系，既相互补充又相互制约。

成本管理体系的建立不同于质量管理体系，质量管理体系反映的是企业质量保证能力，由社会有关组织进行评审和认证；成本管理体系的建立是企业自身生存发展的需要，没有社会组织来评审和认证。

因此，正确选项是D。

23. B

【考点】施工成本控制的方法。

【解析】在保证符合设计要求和质量标准的前提下，合理使用材料，通过定额控制、指标控制、计量控制、包干控制等手段有效控制物资材料的消耗，具体方法如下：

（1）定额控制。对于有消耗定额的材料，以消耗定额为依据，实行限额领料制度。

（2）指标控制。对于没有消耗定额的材料，则实行计划管理和按指标控制的办法。根据以往项目的实际耗用情况，结合具体施工项目的内容和要求，制定领用材料指标，以控制发料。超过指标的材料，必须经过一定的审批手续方可领用。

（3）计量控制。准确做好材料物资的收发计量检查和投料计量检查。

（4）包干控制。在材料使用过程中，对部分小型及零星材料（如钢钉、钢丝等）根据工程量计算出所需材料量，将其折算成费用，由作业者包干控制。

因此，正确选项是B。

24. C

【考点】施工成本分析的依据。

【解析】会计核算主要是价值核算。会计是对一定单位的经济业务进行计量、记录、分析和检查，作出预测，参与决策，实行监督，旨在实现最优经济效益的一种管理活动。统计核算是利用会计核算资料和业务核算资料，把企业生产经营活动客观现状的大量数据，按统计方法加以系统整理，以发现其规律性。

业务核算是各业务部门根据业务工作的需要建立的核算制度，它包括原始记录和计算登记表，如单位工程及分部分项工程进度登记，质量登记，工效、定额计算登记，物资消耗定额记录，测试记录等。业务核算的范围比会计、统计核算要广。会计和统计核算一般是对已经发生的经济活动进行核算，而业务核算不但可以核算已经完成的项目是否达到原定的目的、取得预期的效果，而且可以对尚未发生或正在发生的经济活动进行核算，以确定该项经济活动是否有经济效果，是否有执行的必要。

因此，正确选项是C。

25. C

【考点】施工成本分析的方法。

【解析】施工成本分析的基本方法包括比较法、因素分析法、差额计算法、比率法等。其中，因素分析法又称连环置换法，可用来分析各种因素对成本的影响程度。在进行分析时，假定众多因素中的一个因素发生了变化，而其他因素则不变，然后逐个替换，分别比较其计算结果，以确定各个因素的变化对成本的影响程度。

因此，正确选项是C。

26. C

【考点】建设工程项目进度控制。

【解析】进度控制必须是一个动态的管理过程。它包括：

（1）进度目标的分析和论证。其目的是论证进度目标是否合理，进度目标有否可能实现。如果经过科学的论证，目标不可能实现，则必须调整目标。

（2）在收集资料和调查研究的基础上编制进度计划。

（3）进度计划的跟踪检查与调整。它包括定期跟踪检查所编制进度计划的执行情况，若其执行有偏差，则采取纠偏措施，并视必要调整进度计划。

因此，正确选项是C。

27. B

【考点】项目进度控制的任务。

【解析】施工方进度控制的任务是依据施工任务委托合同对施工进度的要求控制施工进度，这是施工方履行合同的义务。在进度计划编制方面，施工方应视项目的特点和施工进度控制的需要，编制深度不同的控制性、指导性和实施性施工的进度计划，以及按不同计划周期（年度、季度、月度和旬）的施工计划等。

因此，正确选项是B。

28. C

【考点】项目总进度目标论证的工作内容。

【解析】建设工程项目的总进度目标指的是整个工程项目的进度目标，它是在项目决策阶段项目定义时确定的，项目管理的主要任务是在项目的实施阶段对项目的目标进行控制。

因此，正确选项是C。

29. D

【考点】项目总进度目标论证的工作内容。

【解析】建设工程项目的总进度目标指的是整个工程项目的进度目标，它是在项目决策阶段项目定义时确定的，项目管理的主要任务是在项目的实施阶段对项目的目标进行控制。

因此，正确选项是D。

30. B

【考点】横道图进度计划的编制方法。

【解析】横道图计划表中的进度线与时间坐标相对应，这种表达方式较直观，易看懂计划编制的意图，横道图进度计划法也存在一些问题，如：

（1）工序之间的逻辑关系可以设法表达，但不易表达清楚；

（2）适用于手工编制计划；

（3）没有通过严谨的进度计划时间参数计算，不能确定计划的关键工作、关键路线与时差；

（4）计划调整只能用手工方式进行，其工作量较大；

（5）难以适应大的进度计划系统。

因此，正确选项是B。

31. D

【考点】双代号时标网络计划的特点。

【解析】双代号时标网络计划的特点之一：时标网络计划能在图上直接显示出各项工作的开始与完成时间、工作的自由时差及关键线路，故本题选D。

因此，正确选项是D。

32. C

【考点】网络进度计划的编制方法。

【解析】以网络计划的起点节点为开始节点的工作最早开始时间为零。最早开始时间等于紧前工作的最早完成时间。某工作的最早开始时间为第4天，即紧前工作第4天下班时刻完成，该工作最早第5天上班时刻开始。最早完成时间为第10天，即最早第10天下班时刻完成。

因此，正确选项是C。

33. A

【考点】单代号网络计划的时间参数计算。

【解析】该单代号网络计划的关键线路为A—B—D—E—G，其长度为23，因此工作B是关键工作，其总时差和自由时差都为0。

因此，正确选项是A。

34. D

【考点】工程网络计划的时间参数计算。

【解析】总时差应等于本工作与其紧后工作之间的时间间隔加上该紧后工作的总时差所得之和的最小值，工作P的自由时差为2天，即与工作Q的时间间隔为2天，与工作S的时间间隔为3天，由于$2+9-5=6<3+10-6=7$，所以工作P的总时差为6天。

因此，正确选项是D。

35. C

【考点】建设工程项目进度控制的措施。

【解析】组织是目标能否实现的决定性因素，为实现项目的进度目标，应充分重视健全项目管理的组织体系。在项目组织结构中应有专门的工作部门和符合进度控制岗位资格的专人负责进度控制工作。应编制项目进度控制的工作流程。进度控制工作包含了大量的组织和协调工作，而会议是组织和协调的重要手段，应进行有关进度控制会议的组织设计。

本题中，编制项目进度控制的工作流程、进行有关进度控制会议的组织设计属于进度控制的组织措施。

因此，正确选项是 C。

36. C

【考点】工程监理单位的质量责任和义务。

【解析】工程监理单位的质量责任和义务：

（1）工程监理单位应当依法取得相应等级的资质证书，在其资质等级许可的范围内承担工程监理业务，并不得转让工程监理业务。

（2）工程监理单位与被监理工程的施工承包单位以及建筑材料、建筑构配件和设备供应单位有隶属关系或者其他利害关系的，不得承担该项建设工程的监理业务。

（3）工程监理单位应当依照法律、法规以及有关技术标准、设计文件和建设工程承包合同，代表建设单位对施工质量实施监理，并对施工质量承担监理责任。

（4）工程监理单位应当选派具备相应资格的总监理工程师和监理工程师进驻施工现场。未经监理工程师签字，建筑材料、建筑构配件和设备不得在工程上使用或者安装，施工单位不得进行下一道工序的施工。未经总监理工程师签字，建设单位不拨付工程款，不进行竣工验收。

（5）监理工程师应当按照工程监理规范的要求，采取旁站、巡视和平行检验等形式，对建设工程实施监理。

由上述（4）可知，C 正确。

因此，正确选项是 C。

37. C

【考点】项目质量风险分析和控制。

【解析】从风险产生的原因分析，常见的质量风险有：自然风险、技术风险、管理风险、环境风险。

其中，管理风险是指工程项目的建设、设计、施工、监理等工程质量责任单位的质量管理体系存在缺陷，组织结构不合理，工作流程组织不科学，任务分工和职能划分不恰当，管理制度不健全，或者各级管理者的管理能力不足和责任心不强，这些因素都可能对项目质量造成损害。

因此，正确选项是 C。

38. C

【考点】质量管理的 PDCA 循环。

【解析】PDCA 循环中，A（Action）是指对于质量检查所发现的质量问题或质量不合格，及时进行原因分析，采取必要的措施，予以纠正，保持工程质量形成过程的受控状态。处置分纠偏和预防改进两个方面。前者是采取有效措施，解决当前的质量偏差、问题或事故；后者是将目前质量状况信息反馈到管理部门，反思问题症结或计划时的不周，确定改进目标和措施，为今后类似质量问题的预防提供借鉴。

因此，正确选项是 C。

39. A

【考点】工艺方案的质量控制。

【解析】施工工艺的先进合理是直接影响工程质量、工程进度及工程造价的关键因素，施工工艺的合理可靠也直接影响到工程施工安全。因此在工程项目质量控制系统中，制定和采用技术先进、经济合理、安全可靠的施工技术工艺方案，是工程质量控制的重要环节。对施工工艺方案的质量控制主要包括以下内容：

（1）深入正确地分析工程特征、技术关键及环境条件等资料，明确质量目标、验收标准、控制的重点和难点；

（2）制定合理有效的有针对性的施工技术方案和组织方案，前者包括施工工艺、施工方法，后者包括施工区段划分、施工流向及劳动组织等；

（3）合理选用施工机械设备和设置施工临时设施，合理布置施工总平面图和各阶段施工平面图；

（4）选用和设计保证质量和安全的模具、脚手架等施工设备；

（5）编制工程所采用的新材料、新技术、新工艺的专项技术方案和质量管理方案；

（6）针对工程具体情况，分析气象、地质等环境因素对施工的影响，制定应对措施。

因此，正确选项是A。

40. B

【考点】施工技术准备工作的质量控制。

【解析】施工技术准备是指在正式开展施工作业活动前进行的技术准备工作。这类工作内容繁多，主要在室内进行，例如：熟悉施工图纸，组织设计交底和图纸审查；进行工程项目检查验收的项目划分和编号；审核相关质量文件，细化施工技术方案和施工人员、机具的配置方案，编制施工作业技术指导书，绘制各种施工详图（如测量放线图、大样图及配筋、配板、配线图表等），进行必要的技术交底和技术培训。A、C、D三个选项的工作均属于现场施工准备工作的质量控制。

因此，正确选项是B。

41. D

【考点】质量控制点的设置。

【解析】一般建筑工程质量控制点的设置可参考下表。

质量控制点的设置表

分项工程	质量控制点
工程测量定位	标准轴线桩、水平桩、龙门板、定位轴线、标高
地基、基础（含设备基础）	基坑（槽）尺寸、标高、土质、地基承载力，基础垫层标高，基础位置、尺寸、标高，预埋件、预留洞孔的位置、标高、规格、数量，基础杯口弹线
砌体	砌体轴线，皮数杆，砂浆配合比，预留洞孔、预埋件的位置、数量，砌块排列
模板	位置、标高、尺寸，预留洞孔位置、尺寸，预埋件的位置，模板的承载力、刚度和稳定性，模板内部清理及润湿情况
钢筋混凝土	水泥品种、强度等级，砂石质量，混凝土配合比，外加剂比例，混凝土振捣，钢筋品种、规格、尺寸、搭接长度，钢筋焊接、机械连接，预留洞、孔及预埋件规格、位置、尺寸、数量，预制构件吊装或出厂（脱模）强度，吊装位置、标高、支承长度、焊缝长度
吊装	吊装设备的起重能力、吊具、索具、地锚
钢结构	翻样图、放大样

续表

分项工程	质量控制点
焊接	焊接条件、焊接工艺
装修	视具体情况而定

定位轴线属于工程测量定位中的质量控制点，所以D选项不正确。

因此，正确选项是D。

42. B

【考点】检验批质量验收。

【解析】检验批应由监理工程师组织施工单位项目专业质量（技术）负责人等进行验收。

因此，正确选项是B。

43. C

【考点】施工过程质量验收不合格的处理。

【解析】施工过程的质量验收是以检验批的施工质量为基本验收单元。检验批质量不合格可能是由于使用的材料不合格，或施工作业质量不合格，或质量控制资料不完整等原因所致，其处理方法有：

（1）在检验批验收时，发现存在严重缺陷的应推倒重做，有一般的缺陷可通过返修或更换器具、设备消除缺陷后重新进行验收；

（2）个别检验批发现某些项目或指标（如试块强度等）不满足要求难以确定是否验收时，应请有资质的法定检测单位检测鉴定，当鉴定结果能够达到设计要求时，应予以验收；

（3）当检测鉴定达不到设计要求，但经原设计单位核算仍能满足结构安全和使用功能的检验批，可予以验收；

（4）严重质量缺陷或超过检验批范围内的缺陷，经法定检测单位检测鉴定以后，认为不能满足最低限度的安全储备和使用功能，则必须进行加固处理，虽然改变外形尺寸，但能满足安全使用要求，可按技术处理方案和协商文件进行验收，责任方应承担经济责任；

（5）通过返修或加固处理后仍不能满足安全使用要求的分部工程严禁验收。

由上述第（3）条可知，选项C正确。

因此，正确选项是C。

44. C

【考点】工程质量问题和质量事故的分类。

【解析】按照住房和城乡建设部《关于做好房屋建筑和市政基础设施工程质量事故报告和调查处理工作的通知》（建质［2010］111号），根据工程质量事故、人员伤亡和经济损失，事故分为特别重大责任事故、重大事故、较大事故和一般事故四个等级。

因此，正确选项是C。

45. D

【考点】施工质量问题和质量事故的处理。

【解析】当工程质量缺陷经过返修、加固处理后仍不能满足规定的质量标准要求，或不具备补救可能性，则必须采取重新制作、重新施工的返工处理措施。

因此，正确选项是D。

46. B

【考点】直方图法的应用。

【解析】通过分布位置观察分析可知，生产过程的质量正常、稳定和受控，还必须在公差标准上、下界限范围内达到质量合格的要求，只有这样的正常、稳定和受控才是经济合理的受控状态；质量特性数据分布偏下限，易出现不合格；质量特性数据的分布宽度边界达到质量标准的上下界限，其质量能力处于临界状态；质量特性数据的分布居中且边界与质量标准的上下界限有较大的距离，说明其质量能力偏大，不经济。

因此，正确选项是B。

47. B

【考点】政府对项目质量监督的内容。

【解析】建设工程政府质量监督机构在建立工程质量监督档案时，应按单位工程建立。要求归档及时，资料记录等各类文件齐全，经监督机构负责人签字后归档，按规定年限保存。

因此，正确选项是B。

48. D

【考点】职业健康安全管理体系与环境管理体系的运行。

【解析】为了履行遵守法律法规要求的承诺，合规性评价分为公司级和项目组级评价两个层次进行。项目组级评价，由项目经理组织有关人员对施工中应遵守的法律法规和其他要求的执行情况进行一次合规性评价。当某个阶段施工时间超过半年时，合规性评价不少于一次。项目工程结束时应针对整个项目工程进行系统的合规性评价。公司级评价每年进行一次，制定计划后由管理者代表组织企业相关部门和项目组，对公司应遵守的法律法规和其他要求的执行情况进行合规性评价。各级合规性评价后，对不能充分满足要求的相关活动或行为，通过管理方案或纠正措施等方式进行逐步改进。上述评价和改进的结果，应形成必要的记录和证据，作为管理评审的输入。

因此，正确选项是D。

49. D

【考点】安全生产管理制度。

【解析】根据《建筑法》第四十八条规定，建筑职工意外伤害保险是法定的强制性保险。2003年5月23日建设部公布了《建设部关于加强建筑意外伤害保险工作的指导意见》（建质［2003］07号），从九个方面对加强和规范建筑意外伤害保险工作提出了较详尽的规定，明确了建筑施工企业应当为施工现场从事施工作业和管理的人员，在施工活动过程中发生的人身意外伤亡事故提供保障，办理建筑意外伤害保险、支付保险费，范围应当覆盖工程项目。同时，还对保险期限、金额、保费、投保方式、索赔、安全服务及行业自保等都提出了指导性意见。

因此，正确选项是D。

50. C

【考点】安全生产管理制度。

【解析】建筑施工企业安全生产教育培训一般包括对管理人员、特种作业人员和企业员工的安全教育。建筑施工企业管理人员的安全教育除选项A、B、D外，还包括：(1)企业领导的安全教育；(2)项目经理、技术负责人和技术干部的安全教育。

因此，正确选项是C。

51. A

【考点】生产安全事故应急预案编制的要求和内容。

【解析】选项B的正确说法应为：生产规模小、危险因素少的生产经营单位，其综合应急预案和专项应急预案可以合并编制。而非全部的生产经营企业。选项C的正确说法应为：编制应急预案的目的是防止一旦紧急情况发生时出现混乱，能够按照合理的响应流程采取适当的救援措施，预防和减少可能随之引发的职业健康安全和环境影响。选项D的正确说法应为：综合应急预案是从总体上阐述事故的应急方针、政策，应急组织结构及相应应急职责，应急行动、措施和保障等基本要求和程序，是应对各类事故的综合性文件。而专项应急预案应制定明确的救援程序和具体的应急救援措施。

因此，正确选项是A。

52. C

【考点】生产安全事故应急预案编制的要求和内容。

【解析】施工单位的危险性分析包括施工单位概况和危险源与风险分析。

因此，正确选项是C。

53. A

【考点】建设工程施工现场环境保护的要求。

【解析】防治污染的设施必须经原审批环境影响报告书的环境保护行政主管部门验收合格后，该建设工程项目方可投入生产或者使用。防治污染的设施不得擅自拆除或者闲置，确有必要拆除或者闲置的，必须征得所在地的环境保护行政主管部门同意。

因此，正确选项是A。

54. A

【考点】建设工程施工现场环境保护的措施噪声污染的防治。

【解析】根据《建筑施工场界环境噪声排放标准》GB 12523—2011，对建筑施工过程中场界环境噪声排放限值见下表。

建筑施工场界噪声排放限值表（单位：dB）

昼间	夜间
70	55

因此，正确选项是A。

55. A

【考点】招标信息的发布。

【解析】招标人应当按招标公告或者投标邀请书规定的时间、地点出售招标文件或资格预审文件。自招标文件或者资格预审文件出售之日起至停止出售之日止，最短不得少于5个工作日。

投标人必须自费购买相关招标或资格预审文件。招标人发售资格预审文件、招标文件收取的费用应当限于补偿印刷、邮寄的成本支出，不得以营利为目的。对于所附的设计文件，招标人可以向投标人酌收押金；对于开标后投标人退还设计文件的，招标人应当向投标人退还押金。招标文件或者资格预审文件售出后，不予退还。招标人在发布招标公告、发出投标邀请书后或者售出招标文件或资格预审文件后不得擅自终止招标。

因此，正确选项是A。

56. B

【考点】建筑材料采购合同违约责任。

【解析】当事人任何一方不能正确履行合同义务时，都可以以违约金的形式承担违约赔偿责任。双方应通过协商确定违约金的比例，并在合同条款内明确。

因此，正确选项是B。

57. A

【考点】监理人的质量检查和检验。

【解析】监理人的检查和检验不应影响施工正常进行。监理人的检查和检验影响施工正常进行的，且经检查检验不合格的，影响正常施工的费用由承包人承担，工期不予顺延；经检查检验合格的，由此增加的费用和（或）延误的工期由发包人承担。

因此，正确选项是A。

58. C

【考点】项目监理机构和人员。

【解析】监理人可根据工程进展和工作需要调整项目监理机构人员。监理人更换总监理工程师时，应提前7天向委托人书面报告，经委托人同意后方可更换；监理人更换项目监理机构其他监理人员，应以相当资格与能力的人员替换，并通知委托人。

因此，正确选项是C。

59. C

【考点】成本加酬金合同。

【解析】成本加酬金合同的形式主要有：

（1）成本加固定费用合同。根据双方讨论同意的工程规模、估计工期、技术要求、工作性质及复杂性、所涉及的风险等来考虑确定一笔固定数目的报酬金额作为管理费及利润，对人工、材料、机械台班等直接成本则实报实销。如果设计变更或增加新项目，当直接费超过原估算成本的一定比例（如10%）时，固定的报酬也要增加。在工程总成本一开始估计不准，可能变化不大的情况下，可采用此合同形式，有时可分几个阶段谈判付给固定报酬。这种方式虽然不能鼓励承包商降低成本，但为了尽快得到酬金，承包商会尽力缩短工期。有时也可在固定费用之外根据工程质量、工期和节约成本等因素，给承包商另加奖金，以鼓励承包商积极工作。

（2）成本加固定比例费用合同。工程成本中直接费加一定比例的报酬费，报酬部分的比例在签订合同时由双方确定。这种方式的报酬费用总额随成本加大而增加，不利于缩短工期和降低成本。一般在工程初期很难描述工作范围和性质，或工期紧迫，无法按常规编制招标文件招标时采用。

（3）成本加奖金合同。奖金是根据报价书中的成本估算指标制定的，在合同中对这个估算指标规定一个底点和顶点，分别为工程成本估算的 60% ～ 75% 和 110% ～ 135%。承包商在估算指标的顶点以下完成工程则可得到奖金，超过顶点则要对超出部分支付罚款。如果成本在底点之下，则可加大酬金值或酬金百分比。采用这种方式通常规定，当实际成本超过顶点对承包商罚款时，最大罚款限额不超过原先商定的最高酬金值。

在招标时，当图纸、规范等准备不充分，不能据以确定合同价格，而仅能制定一个估算指标时可采用这种形式。

（4）最大成本加费用合同

在工程成本总价合同基础上加固定酬金费用的方式，即当设计深度达到可以报总价的深度，投标人报一个工程成本总价和一个固定的酬金（包括各项管理费、风险费和利润）。如果实际成本超过合同中规定的工程成本总价，由承包商承担所有的额外费用，若实施过程中节约了成本，节约的部分归业主，或者由业主与承包商分享，在合同中要确定节约分成比例。在非代理型（风险型）CM 模式的合同中就采用这种方式。

因此，正确选项是 C。

60. A

【考点】总价合同。

【解析】总价合同也称作总价包干合同，即根据施工招标时的要求和条件，当施工内容和有关条件不发生变化时，业主付给承包商的价款总额就不发生变化。

因此，正确选项是 A。

61. A

【考点】投标保证金额度。

【解析】根据《招标投标法实施条例》，施工投标保证金的数额一般不得超过投标总价的 2%。

因此，正确选项是 A。

62. C

【考点】履约保函额度。

【解析】银行履约保函是由商业银行开具的担保证明，通常为合同金额的 10% 左右。银行保函分为有条件的银行保函和无条件的银行保函。

因此，正确选项是 C。

63. A

【考点】施工合同履行过程中的诚信自律。

【解析】不良行为记录信息的公布时间为行政处罚决定作出后 7 日内，公布期限一般为 6 个月～ 3 年；良好行为记录信息公布期限一般为 3 年，法律、法规另有规定的从其规定。

因此，正确选项是 A。

64. D

【考点】建设工程施工合同分析的内容。

【解析】建设工程施工合同分析中发包人的责任。这里主要分析发包人（业主）的合作责任。其责任通常有如下几方面：

（1）业主雇用工程师并委托其在授权范围内履行业主的部分合同责任；

（2）业主和工程师有责任对平行的各承包人和供应商之间的责任界限作出划分，对这方面的争执作出裁决，对他们的工作进行协调，并承担管理和协调失误造成的损失；

（3）及时作出承包人履行合同所必需的决策，如下达指令、履行各种批准手续、作出认可、答复请示，完成各种检查和验收手续等；

（4）提供施工条件，如及时提供设计资料、图纸、施工场地、道路等；

（5）按合同规定及时支付工程款，及时接收已完工程等。

因此，正确选项是D。

65. D

【考点】索赔资料准备阶段的主要工作。

【解析】在工程实施过程中发生索赔事件以后，或者承包人发现索赔机会，首先要提出索赔意向，即在合同规定时间内将索赔意向用书面形式及时通知发包人或者工程师，向对方表明索赔愿望、要求或者声明保留索赔权利。

FIDIC合同条件和我国《建设工程施工合同（示范文本）》GF—2017—0201都规定，承包人必须在发出索赔意向通知后的28天内或经过工程师同意的其他合理时间内向工程师提交一份详细的索赔文件和有关资料。如果干扰事件对工程的影响持续时间长，承包人则应按工程师要求的合理间隔（一般为28天），提交中间索赔报告，并在干扰事件影响结束后的28天提交一份最终索赔报告。否则将失去该事件请求补偿的索赔权利。

因此，正确选项是D。

66. C

【考点】索赔的程序。

【解析】在工程实施过程中发生索赔事件以后，或者承包人发现索赔机会，首先要提出索赔意向，即在合同规定时间内将索赔意向用书面形式及时通知发包人或者工程师，向对方表明索赔愿望、要求或者声明保留索赔权利，这是索赔工作程序的第一步。

因此，正确选项是C。

67. C

【考点】施工承包合同争议的解决方式。

【解析】通过调解解决合同争议有如下优点：提出调解，能较好地表达双方对协商谈判结果的不满意和争取解决争议的决心；由于调解人的介入，增加了解决争议的公正性，双方都会顾及声誉和影响，容易接受调解人的劝说和意见；程序简单，灵活性较大，调解不成，不影响采取其他解决途径；节约时间、精力和费用；双方关系仍比较友好，不伤感情。

因此，正确选项是C。

68. D

【考点】仲裁的概念。

【解析】由于诉讼在解决工程承包合同争议方面存在明显的缺陷，国际工程承包合同的争议，尤其是较大规模项目的施工承包合同争议，双方即使协商和调解不成功，也很少采用诉讼的方式解决。当协商和调解不成时，仲裁是国际工程承包合同争议解决的常用方式。

因此，正确选项是D。

69. D

【考点】项目信息管理的内容。

【解析】项目的信息管理是通过对各个系统、各项工作和各种数据的管理，使项目的信息能方便和有效地获取、存储、存档、处理和交流。项目的信息管理的目的旨在通过有效的项目信息传输的组织和控制为项目建设的增值服务。

建设工程项目的信息包括在项目决策过程、实施过程（设计准备、设计、施工和物资采购过程等）和运行过程中产生的信息，以及其他与项目建设有关的信息。

因此，正确选项是D。

70. C

【考点】项目信息处理的方法。

【解析】数据通信网络主要有三种类型：局域网、广域网、城域网。

因此，正确选项是C。

二、多项选择题

71. A、C、D

【考点】建设工程项目的组织。

【解析】组织结构模式反映了一个组织系统中各子系统之间或各元素（各工作部门或各管理人员）之间的指令关系。

组织分工反映了一个组织系统中各子系统或各元素的工作任务分工和管理职能分工。组织结构模式和组织分工都是一种相对静态的组织关系。

工作流程组织则可反映一个组织系统中各项工作之间的逻辑关系，是一种动态关系。

因此，正确选项是A、C、D。

72. B、D、E

【考点】项目管理工作流程组织。

【解析】工作流程组织包括管理工作流程组织、信息处理工作流程组织、物质流程组织。

因此，正确选项是B、D、E。

73. A、B、C

【考点】施工任务委托的模式。

【解析】施工总承包模式在合同控制方面有如下特点：

（1）业主只需要进行一次招标，与施工总承包商签约，因此招标及合同管理工作量将会减小；

（2）在很多工程实践中，采用的并不是真正意义上的施工总承包，而采用所谓的“费率招标”。“费率招标”实质上是开口合同，对业主方的合同管理和投资控制十分不利。

因此，正确选项是A、B、C。

74. A、B、D

【考点】施工方案的内容。

【解析】施工方案的主要内容如下:(1) 工程概况;(2) 施工安排;(3) 施工进度计划;(4) 施工准备与资源配置计划;(5) 施工方法及工艺要求。

因此，正确选项是A、B、D。

75. A、B、D

【考点】项目目标动态控制的纠偏措施。

【解析】技术措施，分析由于技术（包括设计和施工的技术）的原因而影响项目目标实现的问题，并采取相应的措施，如调整设计、改进施工方法和改变施工机具。

因此，正确选项是A、B、D。

76. A、C、D、E

【考点】沟通障碍。

【解析】个人的沟通障碍由以下多种原因造成:(1) 个性因素所引起的障碍;(2) 知识、经验水平的差距所导致的障碍;(3) 个体记忆不佳所造成的障碍;(4) 对信息的态度不同所造成的障碍;(5) 相互不信任所产生的障碍;(6) 沟通者的畏惧感以及个人心理品质也会造成沟通障碍。B选项属于组织的沟通障碍。

因此，正确选项是A、C、D、E。

77. A、C、D、E

【考点】建设工程项目的风险类型。

【解析】组织风险包括:(1) 组织结构模式;(2) 工作流程组织;(3) 任务分工和管理职能分工;(4) 业主方（包括代表业主利益的项目管理方）人员的构成和能力;(5) 设计人员和监理工程师的能力;(6) 承包方管理人员和一般技工的能力;(7) 施工机械操作人员的能力和经验;(8) 损失控制和安全管理人员的资历和能力等。

因此，正确选项是A、C、D、E。

78. B、C、E

【考点】监理的工作性质。

【解析】建筑工程监理应当依照法律、行政法规及有关的技术标准、设计文件和建筑工程承包合同，对承包单位在施工质量、建设工期和建设资金使用等方面，代表建设单位实施监督。

因此，正确选项是B、C、E。

79. A、B、E

【考点】施工成本计划的类型。

【解析】竞争性成本计划是施工项目投标及签订合同阶段的估算成本计划。这类成本计划以招标文件中的合同条件、投标者须知、技术规范、设计图纸和工程量清单为依据，以有关价格条件说明为基础，结合调研、现场踏勘、答疑等情况，根据施工企业自身的工料消耗标准、水平、价格资料和费用指标等，对本企业完成投标工作所需要支出的全部费用进行估算。在投标报价过程中，虽也着力考虑降低成本的途径和措施，但总体上比较粗略。

因此，正确选项是A、B、E。

80. A、B、D、E

【考点】人工费的控制。

【解析】加强劳动定额管理，提高劳动生产率，降低工程耗用人工工日，是控制人工费支出的主要手段。

（1）制定先进合理的企业内部劳动定额，严格执行劳动定额，并将安全生产、文明施工及零星用工下达到作业队进行控制。全面推行全额计件的劳动管理办法和单项工程集体承包的经济管理办法，以不超出施工图预算人工费指标为控制目标，实行工资包干制度。认真执行按劳分配的原则，使职工个人所得与劳动贡献相一致，充分调动广大职工的劳动积极性，以提高劳动力效率。把工程项目的进度、安全、质量等指标与定额管理结合起来，提高劳动者的综合能力，实行奖励制度。

（2）提高生产工人的技术水平和作业队的组织管理水平，根据施工进度、技术要求，合理搭配各工种工人的数量，减少和避免无效劳动。不断地改善劳动组织，创造良好的工作环境，改善工人的劳动条件，提高劳动效率。合理调节各工序人数安排情况，安排劳动力时，尽量做到技术工不做普通工的工作，高级工不做低级工的工作，避免技术上的浪费，既要加快工程进度，又要节约人工费用。

（3）加强职工的技术培训和多种施工作业技能的培训，不断提高职工的业务技术水平和熟练操作程度，培养一专多能的技术工人，提高作业工效。提倡技术革新和推广新技术，提高技术装备水平和工厂化生产水平，提高企业的劳动生产率。

（4）实行弹性需求的劳务管理制度。对施工生产各环节上的业务骨干和基本的施工力量，要保持相对稳定。对短期需要的施工力量，要做好预测、计划管理，通过企业内部的劳务市场及外部协作队伍进行调剂。严格做到项目部的定员随工程进度要求及时进行调整，进行弹性管理。要打破行业、工种界限，提倡一专多能，提高劳动力的利用效率。

选项C属于施工机械使用费的控制措施。

因此，正确选项是A、B、D、E。

81. A、C、D、E

【考点】施工成本比较分析法。

【解析】比较法又称“指标对比分析法”，是指对比技术经济指标，检查目标的完成情况，分析产生差异的原因，进而挖掘降低成本的方法。这种方法通俗易懂、简单易行、便于掌握，因而得到了广泛的应用，但在应用时必须注意各技术经济指标的可比性。比较法的应用通常有以下形式。

（1）将实际指标与目标指标对比

以此检查目标完成情况，分析影响目标完成的积极因素和消极因素，以便及时采取措施，保证成本目标的实现。在进行实际指标与目标指标对比时，还应注意目标本身有无问题，如果目标本身出现问题，则应调整目标，重新评价实际工作。

（2）本期实际指标与上期实际指标对比

通过本期实际指标与上期实际指标对比，可以看出各项技术经济指标的变动情况，反映施工管理水平的提高程度。

（3）与本行业平均水平、先进水平对比

通过这种对比，可以反映本项目的技术和经济管理水平与行业的平均及先进水平的差距，进而采取措施提高本项目管理水平。

因此，正确选项是A、C、D、E。

82. A、B、C、E

【考点】项目总进度目标论证的工作内容。

【解析】大型建设工程项目总进度目标论证的核心工作是通过编制总进度纲要论证总进度目标实现的可能性。总进度纲要的主要内容包括：

（1）项目实施的总体部署；

（2）总进度规划；

（3）各子系统进度规划；

（4）确定里程碑事件的计划进度目标；

（5）总进度目标实现的条件和应采取的措施等。

因此，正确选项是A、B、C、E。

83. B、C、E

【考点】关键工作持续时间压缩原理。

【解析】当计算工期不能满足计划工期时，可设法通过压缩关键工作的持续时间，以满足计划工期要求。在选择缩短持续时间的关键工作时，宜考虑下述因素：

（1）缩短持续时间而不影响质量和安全的工作；

（2）有充足备用资源的工作；

（3）缩短持续时间所需增加的费用相对较少的工作等。

因此，正确选项是B、C、E。

84. B、D

【考点】双代号时标网络计划的时间参数计算。

【解析】从该时标网络可以看出没有波形线的线路为C—E—I—J即关键线路，工作G的自由时差显然为0，总时差为2天，工作H的最迟完成时间应该是工作J、K、L的最迟开始时间的最小值，即11，所以工作H的总时差为2天，同理工作D的最迟完成时间为第8天，其总时差也为2天。

因此，正确选项是B、D。

85. C、D、E

【考点】建设工程项目进度控制的措施。

【解析】优选工程项目设计、施工方案属于进度控制的技术措施；落实资金供应条件属于进度控制的经济措施；选择合理的合同结构、选择工程承发包模式与利用工程网络计划的方法编制进度计划属于进度控制的管理措施。

因此，正确选项是C、D、E。

86. A、B、C、E

【考点】全面质量管理（TQC）的思想。

【解析】TQC的主要特点是：以顾客满意为宗旨；领导参与质量方针和目标的制定；提倡预防为主、科学管理、用数据说话等。在当今世界标准化组织颁布的ISO 9000:2005质量管理体系标准中，处处都体现了这些重要特点和思想。

因此，正确选项是A、B、C、E。

87. A、B、E

【考点】工艺方案的质量控制。

【解析】施工质量要达到的最基本要求是：通过施工形成的项目工程实体质量经检查验收合格。项目施工质量验收合格应符合下列要求：

（1）符合《建筑工程施工质量验收统一标准》GB 50300—2013 和相关专业验收规范的规定；

（2）符合工程勘察、设计文件的要求；

（3）符合施工承包合同的约定。

因此，正确选项是 A、B、E。

88. A、B、C、E

【考点】竣工质量验收的标准。

【解析】单位工程是工程项目竣工质量验收的基本对象。单位（子单位）工程质量验收合格应符合下列规定：

（1）单位（子单位）工程所含分部（子分部）工程的质量均应验收合格；

（2）质量控制资料应完整；

（3）单位（子单位）工程所含分部工程有关安全和功能的检验资料应完整；

（4）主要功能项目的抽查结果应符合相关专业质量验收规范的规定；

（5）观感质量验收应符合要求。

因此，正确选项是 A、B、C、E。

89. A、C、E

【考点】施工质量问题和资料事故的处理。

【解析】施工质量事故处理的基本要求：

（1）质量事故的处理应达到安全可靠、不留隐患、满足生产和使用要求、施工方便、经济合理的目的。

（2）消除造成事故的原因，注意综合治理，防止事故再次发生。

（3）正确确定技术处理的范围和正确选择处理的时间和方法。

（4）切实做好事故处理的检查验收工作，认真落实防范措施。

（5）确保事故处理期间的安全。

因此，正确选项是 A、C、E。

90. D、E

【考点】排列图法的应用。

【解析】根据统计数据画排列图时，将其中累计频率 0 ～ 80% 定为 A 类问题，即主要问题，进行重点管理；将累计频率在 80% ～ 90% 区间的问题定为 B 类问题，即次要问题，作为次重点管理；将其余累计频率在 90% ～ 100% 区间的问题定为 C 类问题，即一般问题，按照常规适当加强管理。

因此，正确选项是 D、E。

91. A、B、C、E

【考点】安全生产管理制度。

【解析】无论何种教育都不可能是一劳永逸的，安全教育同样如此，必须坚持不懈、经常不断地进行，这就是经常性安全教育。在经常性安全教育中，安全思想、安全态度教育最重要。进行安全思想、安全态度教育，要通过采取多种多样形式的安全教育活动，激发员工搞好安全生产的热情，促使员工重视和真正实现安全生产。经常性安全教育的形式有：每天的班前班后会上说明安全注意事项；安全活动日；安全生产会议；事故现场会；张贴安全生产招贴画、宣传标语及标志等。

因此，正确选项是A、B、C、E。

92. A、B、E

【考点】职业伤害事故的分类。

【解析】职业健康安全事故分两大类型，即职业伤害事故与职业病。职业伤害事故是指因生产过程及工作原因或与其相关的其他原因造成的伤亡事故。其分类有：

（1）按照事故发生的原因分类；

（2）按照事故严重程度分类；

（3）按照事故造成的人员伤亡或直接经济损失分类。

因此，正确选项是A、B、E。

93. A、B、C、D

【考点】施工现场固体废物的处理。

【解析】建设工程施工工地上常见的固体废物主要有：

（1）建筑渣土：包括砖瓦、碎石、渣土、混凝土碎块、废钢铁、碎玻璃、废屑、废弃装饰材料等；

（2）废弃的散装大宗建筑材料：包括水泥、石灰等；

（3）生活垃圾：包括炊厨废物、丢弃食品、废纸、生活用具、废电池、废日用品、玻璃、陶瓷碎片、废塑料制品、煤灰渣、废交通工具等；

（4）设备、材料等的包装材料；

（5）粪便。

因此，正确选项是A、B、C、D。

94. A、B、C、E

【考点】施工投标的内容。

【解析】投标人应该重点注意招标文件中的以下几个方面问题：投标人须知、投标书附录与合同条件、技术说明、永久性工程之外的报价补充文件。

因此，正确选项是A、B、C、E。

95. A、B、C、D

【考点】建筑材料采购合同的主要内容。

【解析】建筑材料采购合同的主要内容中有：包括购销物资的名称（注明牌号、商标）、品种、型号、规格、等级、花色、技术标准或质量要求等；合同中应该明确所采用的计量方法，并明确计量单位；交付方式可以是采购方到约定地点提货或供货方负责将货物送达指定地点两大类；当事人任何一方不能正确履行合同义务时，都可以以违约金的形式承担违约赔偿责任。双方应通过协商确定违约金的比例，并在合同条款内明确。

因此，正确选项是A、B、C、D。

96. B、C、D、E

【考点】成本加酬金合同的优点。

【解析】成本加酬金合同的优点：可以通过分段施工缩短工期，而不必等待所有施工图完成才开始招标和施工；可以减少承包商的对立情绪，承包商对工程变更和不可预见条件的反应会比较积极和快捷；可以利用承包商的施工技术专家，帮助改进或弥补设计中的不足；业主可以根据自身力量和需要，较深入地介入和控制工程施工和管理；也可以通过确定最大保证价格约束工程成本不超过某一限值，从而转移一部分风险。

因此，正确选项是B、C、D、E。

97. B、C、E

【考点】履约担保的有关规定。

【解析】FIDIC《土木工程施工合同条件》对履约担保的规定：

如果合同要求承包人为其正确履行合同取得担保时，承包人应在收到中标函之后28天内，按投标书附件中注明的金额取得担保，并将此保函提交给业主。该保函应与投标书附件中规定的货币种类及其比例相一致。当向业主提交此保函时，承包人应将这一情况通知工程师。该保函采取本条件附件中的格式或由业主和承包人双方同意的格式。提供担保的机构须经业主同意。除非合同另有规定，执行本款时所发生的费用应由承包人负担。

在承包人根据合同完成施工和竣工，并修补了任何缺陷之前，履约担保将一直有效。在发出缺陷责任证书之后，即不应对该担保提出索赔，并应在上述缺陷责任证书发出后14天内将该保函退还给承包人。

在任何情况下，业主在按照履约担保提出索赔之前，皆应通知承包人，说明导致索赔的违约性质。

因此，正确选项是B、C、E。

98. A、B、C、D

【考点】施工合同分析的任务。

【解析】发包人（业主）的合作责任，通常有如下几方面：

（1）业主雇用工程师并委托其在授权范围内履行业主的部分合同责任。

（2）业主和工程师有责任对平行的各承包人和供应商之间的责任界限作出划分，对这方面的争执作出裁决，对他们的工作进行协调，并承担管理和协调失误造成的损失。

（3）及时作出承包人履行合同所必需的决策，如下达指令、履行各种批准手续、作出认可、答复请示，完成各种检查和验收手续等。

（4）提供施工条件，如及时提供设计资料、图纸、施工场地、道路等。

（5）按合同规定及时支付工程款，及时接收已完工程等。

因此，正确选项是A、B、C、D。

99. A、C、D、E

【考点】常见的工程索赔证据。

【解析】常见的工程索赔证据有以下多种类型：

（1）各种合同文件，包括施工合同协议书及其附件、中标通知书、投标书、标准和技术规范、图纸、工程量清单、工程报价单或者预算书、有关技术资料和要求、施工过程中的补充协议等；

（2）工程各种往来函件、通知、答复等；

（3）建筑材料和设备的采购、订货、运输、进场、使用方面的记录、凭证和报表等；

（4）市场行情资料，包括市场价格、官方的物价指数、工资指数、中央银行的外汇比率等公布材料等。

因此，正确选项是 A、C、D、E。

100. A、C、D、E

【考点】我国实施国家信息化的总体思路。

【解析】选项 B 属于投资控制的功能。

因此，正确选项是 A、C、D、E。